알기쉬운

철도관련법 I

총칙 · 철도안전관리체계 · 철도종사자의 안전관리

원제무 · 서은영

박영사

머리말

철도차량 운전을 하는 기관사들이 철도안전법에 대해 전혀 모르고 철도차량을 운전한다고 가정하자. 그럼 어떤 일이 일어날까? 철도차량 운전중에 수시로 기관사의 과실이 일어나고 이로 인해 철도 사고가 다반사로 일어날 것은 뻔한 일이다. 여기에 철도안전법의 설 자리가 있는 것이다. 그래서 철도안전법을 공부해야 하는 것이다. 그럼 철도안전법은 구체적으로 어디에 필요한가? 철도안전법은 철도차량운전면허시험에 필수과목이라 철도차량운전면허를 따기 위해서는 핵심 과목인 철도안전법에서 60점 이상의 점수를 받지 않으면 안 된다. 이와 아울러 철도차량운전면허 시험을 치르기 위해 거쳐야 하는 관문인 교육훈련기관(철도아카데미) 일반인 반을 들어가기 위해서도 철도안전법 시험에 합격해야 한다.

그럼 철도안전법과 철도관련법의 차이는 무엇인가? 철도안전법은 철도 안전과 관련된 법으로 구성되어 있다. 철도안전법의 모체는 철도산업발전기본법이다. 이는 2004년 10월 22일 철도안전법이 특별법으로 탄생하기 전까지는 철도안전관련법을 철도산업발전기본법에서 일부로 다루어 왔다는 의미가 된다. 철도관련법은 철도안전법과 직간접으로 연관되어 있는 철도산업발전기본법, 철도사업법, 도시철도법 등을 포함하고 있다. 다시 말하면 철도안전법은 혼자 홀로서기를 못한다. 철도안전법은 이런 철도관련법들에 힘입어서 만들어진 종합적인 법률이라는 뜻이다. 이는 가까운 법률 간의 융합을 통하지 않고는 점점 더 복잡해지는 각종 안전관련 법률 사항을 다룰 수 없다는 이유이기도 하다.

누가 주로 철도안전법을 공부하는가? 주로 철도관련학과 대학생, 철도차량운전면허에 도전하는 일반인, 철도종사자 등이 된다. 그럼 철도차량운전면허에는 어떤 종류가 있는가? 고속철도차량운전면허, 제1종 전기차량운전면허, 제2종 전기차량운전면허, 디젤차량운전면허, 철도장비운전허, 노면전차운전면허의 6개 종류가 있다. 이들 철도차량운전면허를 따려면 핵심과목인 철도관련법 시험을 치르지 않으면 안 된다.

철도안전법, 시행령, 규칙은 국가 법률 체계상 어디에 위치하는 것일까? 철도안전법은 국회에서 만드는 법률의 하나이다. 법률은 국민투표에 의한 헌법 다음으로 효력을 가진다. 다음으로 철도안전법시행령은 명령이다. 이는 대통령이 제정한다. 시행령은 어떤 법이 있을 때 그에 대해 상세한 내용을 규율하기 위한 것으로 만들어 진다. 그 다음은 규칙이다. 규칙, 즉 시행규칙은 국토교통부 장관이 제정한다. 규칙은 시행령에서 위임된 사항과 그 시행에 필요한 사항을 정한 것이다. 예컨대 도시철도운전규칙은 국토교통부장관이 서울교통공사를 비롯한 전국의 도시철도운영사들에게 필요한 규칙을 만들어 놓은 것이다.

이 책은 새롭게 개정되어 시행되고 있는 철도안전법을 하나하나 파헤쳐서 알기 쉽게 씨줄과 날줄로 엮어보려고 노력한 산물이다. 무릇 책은 독자들에게 가깝게 다가가야 하고 이해하기 쉬워야 한다. 이 책에서는 독자들을 위해 내용 관련 사진과 그림을 대폭 넣으려고 최대한 노력하였다. 특히 예제와 구체적인 해설을 추가함으로써 혼자 스스로 공부하여도 충분히 학습이 가능하도록 배려하였다. 철도관련법 1권에서는 1장 총칙, 2장 철도안전관리체계, 3장 철도종사자의 안전관리라는 3개의 장을 다루고 있다.

철도운전면허시험 문항 수와 합격기준은 어떻게 될까? 문항 수는 각 과목 20문항이다(전기동차 구조 및 기능은 40문항). 철도관련법도 20문항이다. 필기시험은 시험과목당 100점을 만점으로 하여 매 과목 40점 이상(철도관련법의 경우 60점 이상) 총점 평균 60점 이상 득점한 자가 합격된다. 철도관련법 문제는 총 20문항이다. 현재까지 제2종철도차량운전면허시험 출제경향을 보면 철도관련법에서 12문제, 철도차량운전규칙에서 5문제, 도시철도운전규칙에서 3문제가 각각 출제되고 있는 것으로 나타났다. 저자들은 독자들이 이 책이 안내해주는 이정표대로 이해하면서 따라가다 보면 어느샌가 정상에 도달할 수 있으리라고 굳게 믿는다.

많은 독자 분들에게 이 책이 철도차량운전면허시험에 당당하게 합격하는 교두보 역할을 할 수 있을 것이라는 희망과 꿈을 가져본다.

이 책을 출판해 준 박영사의 안상준 대표님이 호의를 베풀어 주신 것에 대하여 감사를 드린다. 아울러 이 책의 편집과정에서 보여준 전채린 과장님의 정성과 열정에 마음 깊이 고마움을 드린다.

저자 원제무 · 서은영

차례

▣ 철도안전법 체계

[철도안전법 조문 구성(9장 83조)](2020.12.12 철도안전법 개정: 9장 83조로 구성)

1. 헌법, 법률, 명령, 규칙

1) 법의 적용순위

– 헌법 → 법률 → 명령 → 규칙의 순서이다.

[상위법 우선의 원칙]
헌법 → 법률 → 시행령(대통령령) → 시행규칙(총리령, 부령) → 조례 → 규칙 → 고시(공시, 공고와 공급) → 예규(관례) → 민속습관

– 상위법인 헌법은 국민투표로 법률은 국회에서 표결로 처리가 된다. 하위법은 상위법에 위배될 수 없다.

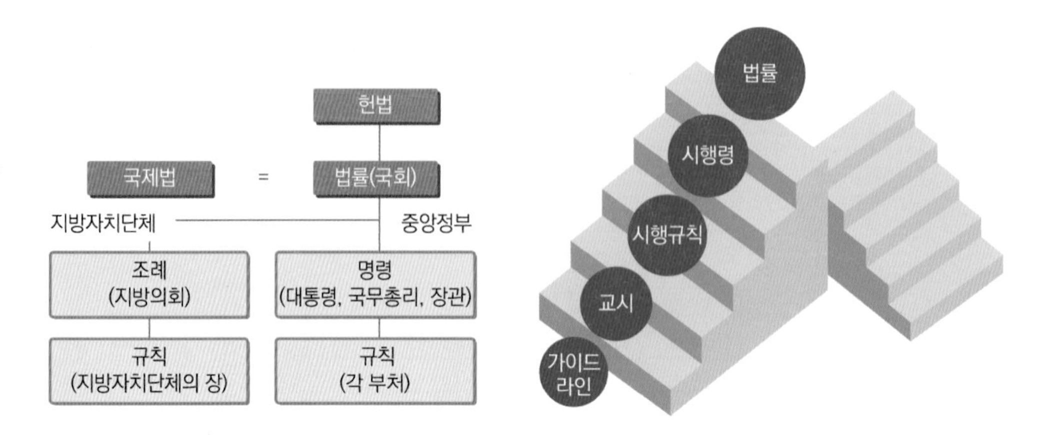

2) 법률 시행령과 시행규칙

(1) 법률

– 법률은 헌법 다음에 효력을 가지는 규정이다.
헌법상 정부와 국회의원이 법률안을 제출할 수 있다.
정부에서는 각 중앙행정기관에서 해당업무에 관한정책집행을 위해 법률안을 마련한다.

– 법은 국회에서 제정한다.

(2) 시행령

– 명령, 즉 시행령은 대통령이 제정한다.

– 시행령은 어떤 법이 있을 때 그에 대해 상세한 내용을 규율하기 위한 것으로 만들어진다.

(3) 규칙

– 규칙, 즉 시행규칙은 장관이 제정한다.

(4) 조례

– 조례는 특별시,직할시, 시, 군에서 정한다.

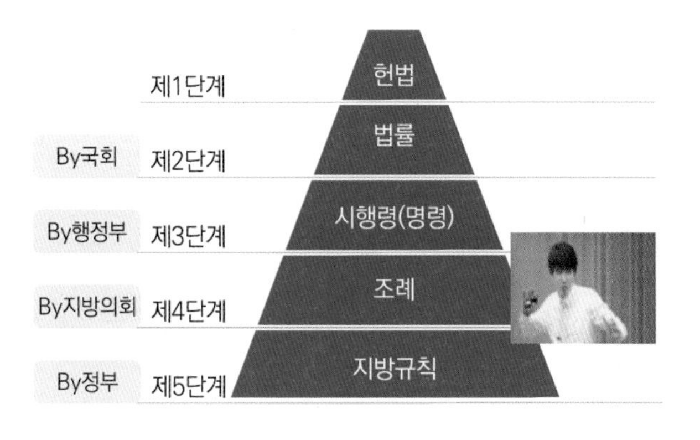

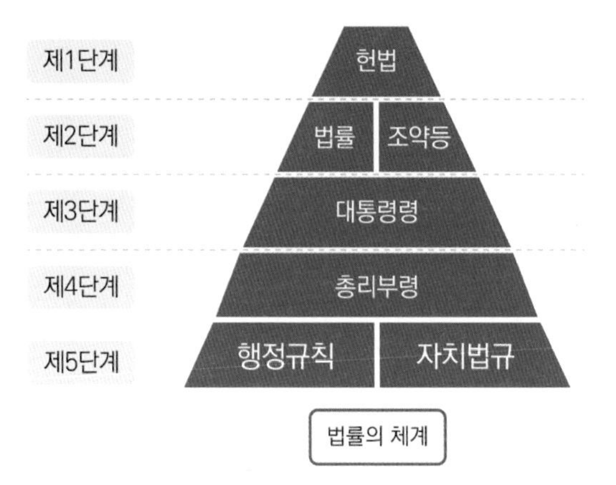

법률의 체계

[법의 위계구조]

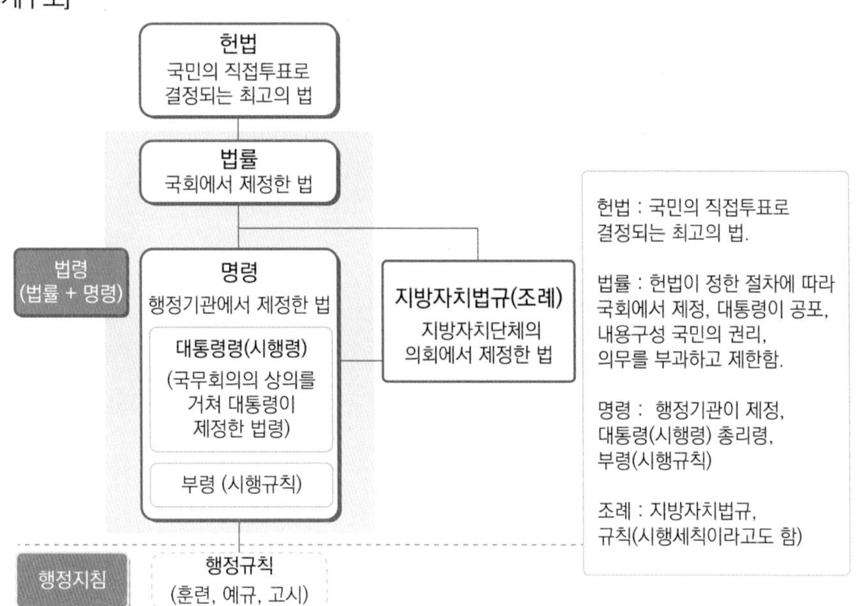

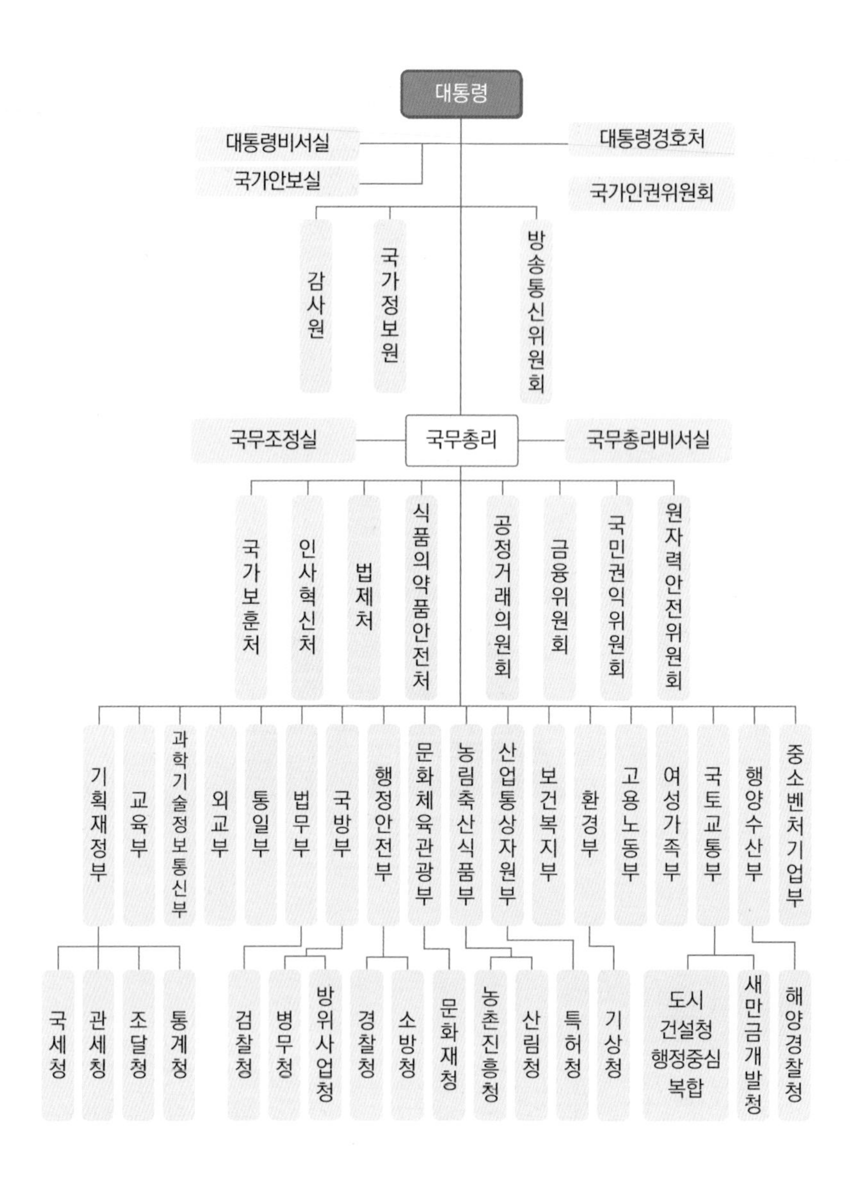

예제 **철도안전법에 대한 설명으로 올바른 것은?**

가. 철도안전법 시행령은 국무총리령이다.

나. 철도안전법 시행령은 법률이다.

다. 철도안전법은 대통령령이다.

라. 철도안전법 시행규칙은 국토교통부령이다.

해설 철도안전법 : 법

철도안전법 시행령 : 대통령령

철도안전법 시행 규칙 : 국토교통부령

[법의 위계구조]

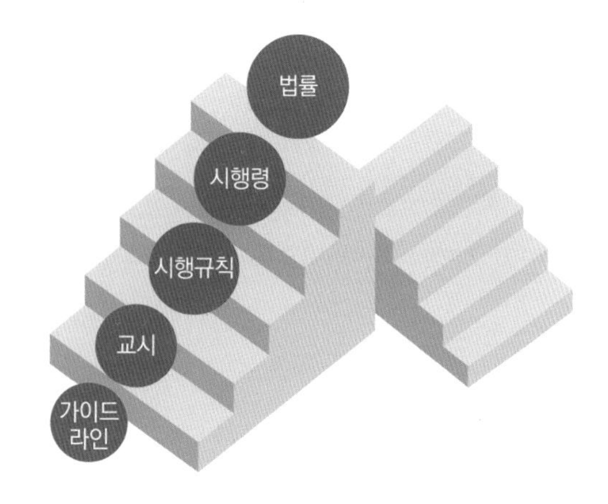

예제 철도안전법은 [ ]에서 제정한다.
철도안전법 시행령은 [ ]령이다.
철도안전법 시행 규칙은 [ ]령이다.

정답 국회, 대통령, 국토교통부

예제 철도안전법은 [ ]이다.

정답 법률

예제 [ ]은 어떤 법률을 시행하는데 필요한 규정을 주요 내용으로 하는 명령, 일반적으로 대통령령으로 제정된다.

정답 시행령(철도안전법 시행령)

예제 [ ]은 대통령의 시행에 대한 필요한 사항을 규정한, 일반적으로 국토교통령으로 제정된다.

정답 시행규칙(철도안전법 시행규칙)

예제 [ ]은 철도안전을 확보하기 위하여 필요한 사항을 정하는 특별법이다.

정답 철도안전법

[철도안전법]

2. 철도안전법 시행령 시행규칙-어떤 내용이 들어가나?(예)

1) 철도안전법 26조(철도차량 형식승인)(예)

① 국내에서 운행하는 철도차량을 제작하거나 수입하려는 자는 국토교통부령으로 정하는 바에 따라 해당 철도차량의 설계에 관하여 국토교통부장관의 형식승인을 받아야 한다.

② 제1항에 따라 형식승인을 받은 자가 승인받은 사항을 변경하려는 경우에는 국토교통부장관의 변경승인을 받아야 한다. 다만, 국토교통부령으로 정하는 경미한 사항을 변경하려는 경우에는 국토교통부장관에게 신고하여야 한다.

2) 철도안전법 시행령(철도차량 형식승인)(예)

예로서 철도안전법 26조의 철도차량 형식승인에 관련된 시행령은 철도안전법에서 위임된 사항과 기타 중요한 내용에 대하여 좀 더 구체적으로 규정하여 형식 형식운영제도에 도움을 주고자 영으로 만든 것이다.

[철도안전법의 시행령과 시행규칙](예)

시행령	시행규칙
안전관리체계관련 과징금의 부과기준	행정규칙(고시)
철도차량제작자승인 관련 과징금 부과기준	기술기준(고시)
철도차용품제작자승인 관련 과징금 부과기준	수수료(고시)
철도안전전문기술자의 자격기준	
과태료 부과기준	

3) 철도안전법 시행규칙(철도차량 형식승인)(예)

철도안전법 시행령에서 위임된 사항과 그 시행에 필요한 사항을 규정하여 형식승인제도의 체계적이고 원활한 운영을 꾀하고자 한다.

[시행규칙](예)

[행정규칙]	[기술수준]	[수수료]
• 철도차량 형식승인. 제작자승인/완성검사 시행지침 • 철도용품 형식승인/제작자승인 시행지침 • 철도기술심의위원회 구성/운영에 관한 규정 • 철도기술기준 관리지침 • 철도종합시험운행 시행지침 • 철도안전관리체계 승인 및 검사 시행지침	• 철도차량 기술수준 • 철도차량 제작자 승인 기술기준 • 철도차량 기술기준 • 철도용품 제작자 승인 기술기준 • 철도시설 기술기준 • 철도안전관리체계 기술기준	• 철도차량 형식 승인, 제작자승인, 완성검사 수수료 • 철도용품 형식승인, 제작자승인 수수료

[철도안전법 · 시행령 · 시행규칙]

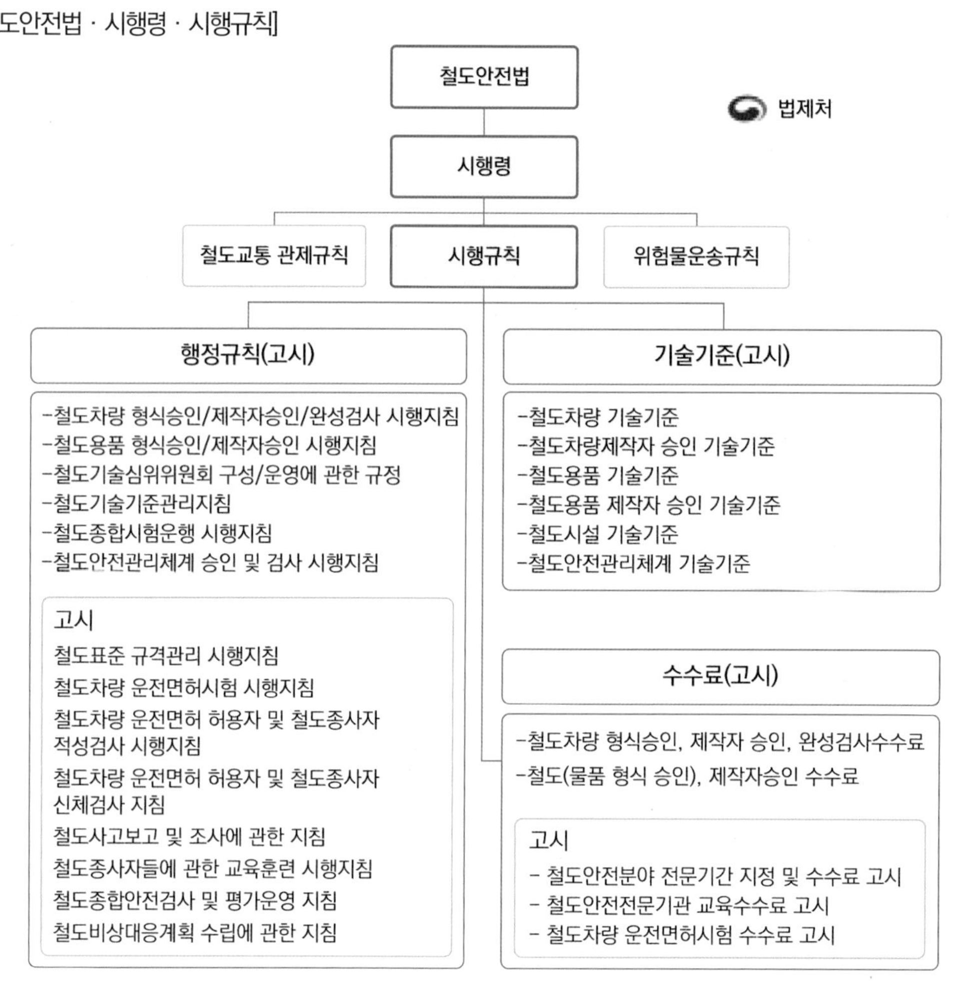

3. 철도관련 법체계

1) 철도관련법의 종류

(1) 철도산업발전기본법
(2) 철도건설법
(3) 철도안전법
(4) 철도사업법
(5) 도시철도법
(6) 궤도운송법 등이 있다.

- 철도산업발전기본법이 개념적으로 철도 관련법의 상위에 있어, 철도안전법(철도산업발전기본법 제14조)의 근간법으로 위치하지만, 철도건설법, 철도사업법, 도시철도법, 궤도운송법 등과는 독립적이다.

[철도 관련법 적용 대상]
(1) 지역간철도(일반, 고속) 및 광역철도: 철도산업발전기본법, 철도건설법, 철도사업법, 철도안전법
(2) 도시철도: 도시철도법, 철도안전법, 철도사업법, 궤도운송법
(3) 삭도 및 궤도: 궤도운송법

지역간철도(KTX)

삭도시설 종류(네이버 블로그)

도시철도: 지하철 안에서(프리미엄 벡터)

궤도: 월미바다열차- 조사부장 집무실

예제 철도관련법의 종류에는

1.(   )　　　　　　2.(   )
3.(   )　　　　　　4.(   )
5.(   )　　　　　　6.(   ) 등이 있다.

정답 (1) 철도산업발전기본법, (2) 철도건설법, (3) 철도안전법, (4) 철도사업법, (5) 도시철도법, (6) 궤도운송법 등이 있다.

예제 대통령령으로 정하는 주요 철도관계 법령은?

1.(   )　　　　　　2.(   )
3.(   )　　　　　　4.(   )
5.(   )　　　　　　6.(   )

정답 1. 도시철도법, 2. 철도건설법, 3. 철도사업법, 4. 철도산업발전기본법, 5. 한국철도공사(KORAIL), 6. 한국철도시설공단법

예제 대통령령으로 정하는 철도 관계 법령"에 해당하는 것은?

가. 철도산업기본법　　　　　　나. 철도산업법
다. 한국철도공사법　　　　　　라. 도시철도공사법

해설 철도안전법 시행령 제24조(철도 관계 법령의 범위) 법 제26조의4제3호 및 제4호: "대통령령으로 정하는 철도 관계 법령"이란 각각 다음 각 호의 어느 하나에 해당하는 법령을 말한다.

1. 「건널목 개량촉진법」
2. 「도시철도법」
3. 「철도건설법」
4. 「철도사업법」
5. 「철도산업발전 기본법」
6. 「한국철도공사법」
7. 「한국철도시설공단법」
8. 「항공 · 철도 사고조사에 관한 법률」

예제 **다음 중 철도차량 제작자승인의 결격사유 중 대통령령으로 정하는 철도관계법령의 범위에 속하지 않는 것은?**

가. 도시철도법　　　　나. 철도안전법
다. 항공 · 철도사고조사에 관한 법률　　　　라. 철도사업법

해설 시행령 제24조(철도 관계 법령의 범위): 철도차량 제작자승인의 결격사유 중 대통령령으로 정하는 철도관계법령의 범위에 속하지 않는 법은 철도안전법이다.

▣ 철도안전법 체계 및 철도산업발전기본법과의 관계

[철도안전법 법체계]

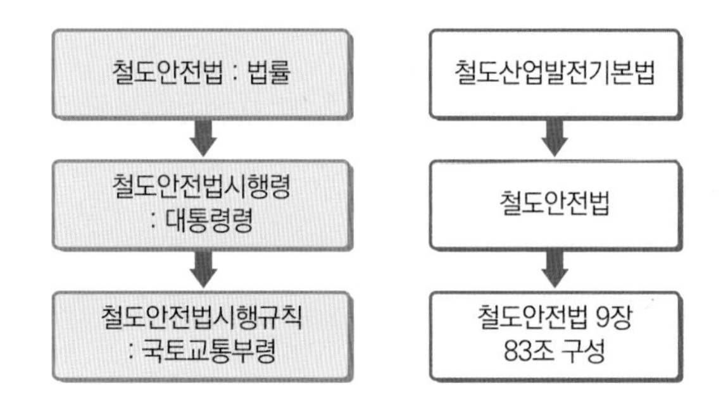

[철도산업발전기본법이 철도안전법의 제정근거]

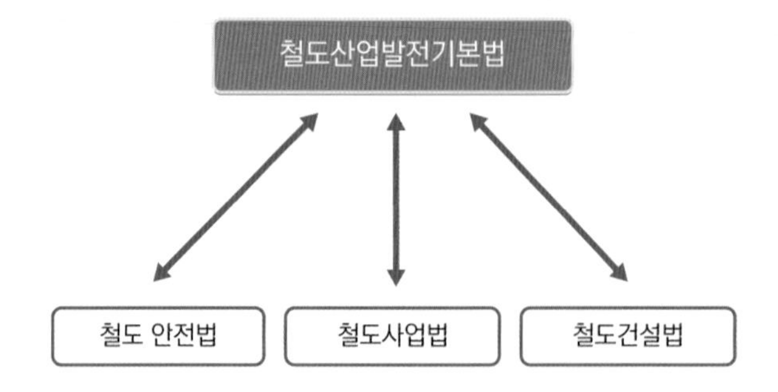

예제 철도산업발전기본법이 제정근거가 되는 3개의 법은?

정답 철도건설법, 철도사업법, 철도안전법

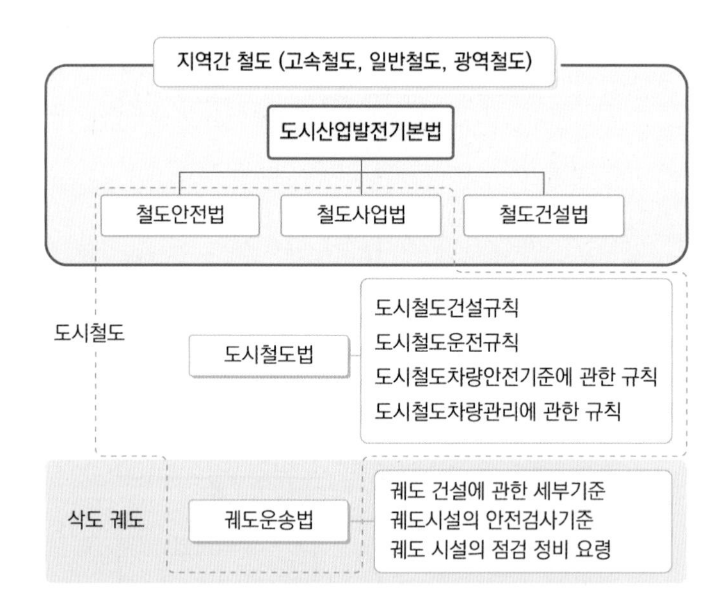

제1장

총칙

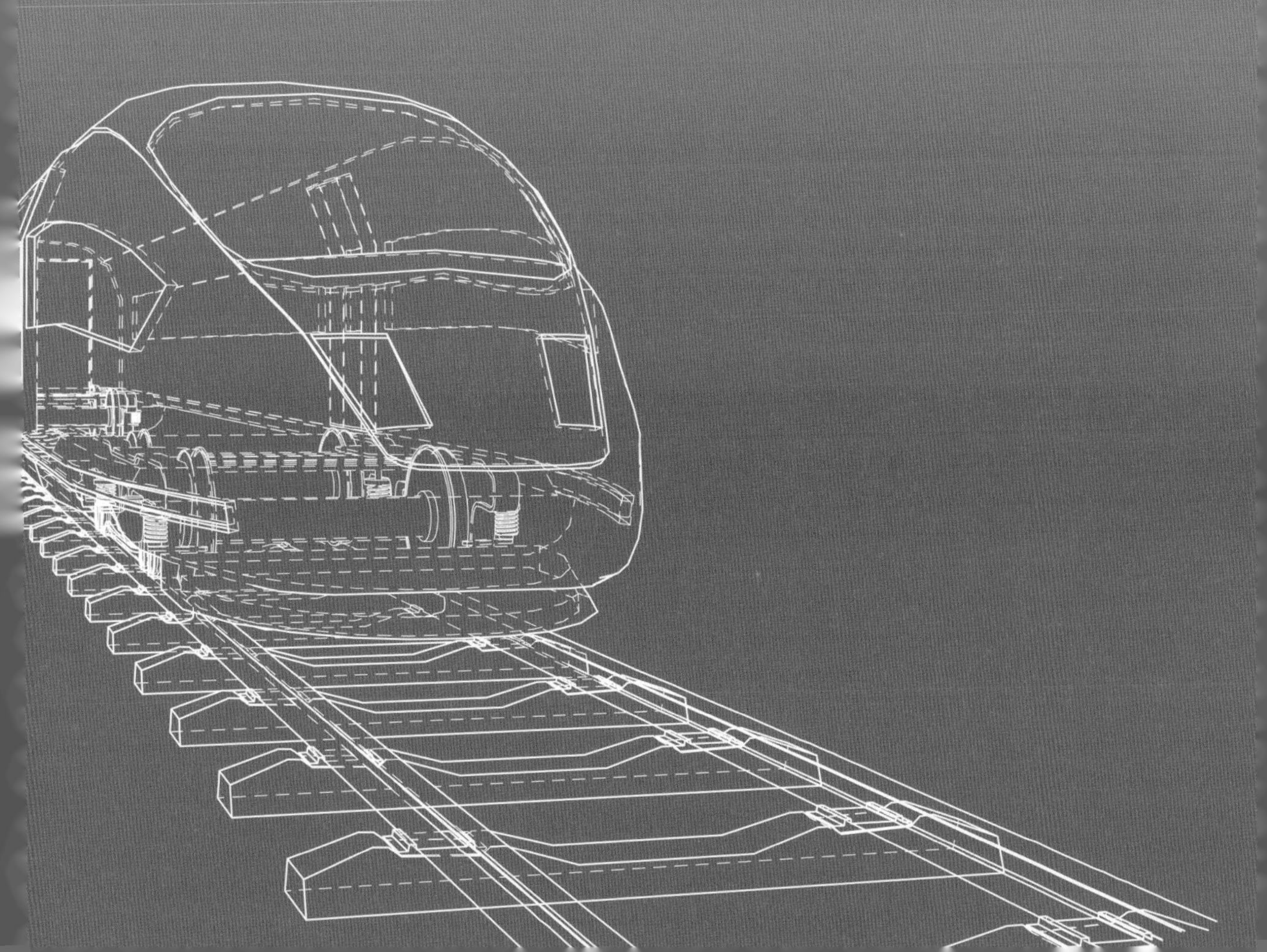

총칙

제1조(목적)

이 법은 철도안전을 확보하기 위하여 필요한 사항을 규정하고 철도안전 관리체계를 확립함으로써 공공복리의 증진에 이바지함을 목적으로 한다.

예제 **이 법은 철도안전을 확보하기 위하여 필요한 사항을 규정하고 [ ]를 확립함으로써 [ ]에 이바지함을 목적으로 한다.**

정답 철도안전 관리체계, 공공복리의 증진

예제 **다음 중 철도안전법의 궁극적인 목적은?**

가. 철도안전확보

나. 공공복리 증진

다. 국민경제발전에 이바지

라. 철도안전관리체계 확립

해설 철도안전법 제1조(목적): 이 법은 철도안전을 확보하기 위하여 필요한 사항을 규정하고 철도안전 관리체계를 확립함으로써 공공복리의 증진에 이바지함을 목적으로 한다.

예제 **다음 중 철도안전법의 궁극적인 목적으로만 묶인 것은?**

1. 철도안전확보
2. 공공복리의 증진
3. 국민경제발전에 이바지
4. 철도수송력 제고

가. 1, 2
나. 2, 3, 4
다. 1, 4
라. 1, 2, 4

예제 **철도안전법이 추구하는 목적으로 타당치 않은 것은?**

가. 철도안전의 확보
나. 효율적인 철도사업관리
다. 철도안전 관리체계의 확립
라. 공공복리의 증진

해설 철도안전법 제1조(목적): 철도안전을 확보하기 위하여 필요한 사항을 규정하고 철도안전 관리체계를 확립함으로써 (공공복리의 증진)에 이바지함을 목적으로 한다.

예제 **다음 중 철도안전을 확보하기 위하여 필요한 사항을 규정하고 철도안전 관리체계를 확립함으로써 공공복리의 증진에 이바지함을 목적으로 제정된 법률은?**

가. 도시철도법
나. 철도안전법
다. 철도사업법
라. 궤도운송법

해설 철도안전법 제1조(목적): 철도안전을 확보하기 위하여 필요한 사항을 규정하고 철도안전 관리체계를 확립함으로써 공공복리의 증진에 이바지함을 목적으로 한다.

예제 **철도안전법의 제정근거로 맞는 것은?**

가. 재난 및 안전관리기본법
나. 철도산업발전기본법
다. 산업안전보건법
라. 철도사업법

해설 철도안전법의 제정근거는 철도산업발전기본법이다.
철도산업발전기본법 제14조(철도안전) 제1항: 국가는 국민의 생명 · 신체 및 재산을 보호하기 위하여 철도안전에 필요한 법적 · 제도적 장치를 마련하고 이에 필요한 재원을 확보하도록 노력하여야 한다.

[철도산업발전기본법이 철도안전법의 제정근거]

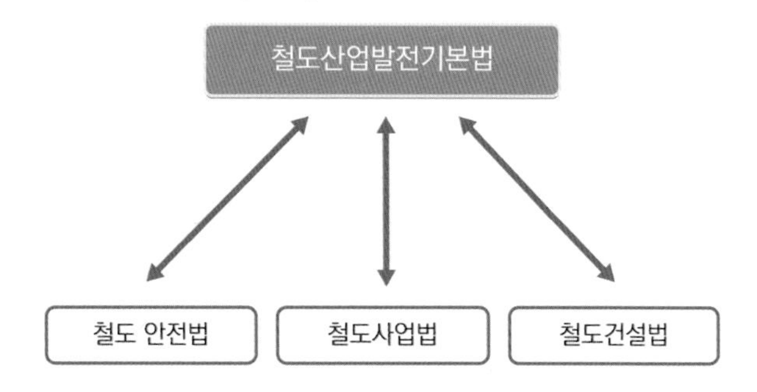

시행령 제1조(목적)

이 영은 「철도안전법」에서 위임된 사항과 그 시행에 필요한 사항을 규정함을 목적으로 한다.

예제 **이 영은 「 」에서 위임된 사항과 그 시행에 필요한 사항을 [ ]함을 목적으로 한다.**

정답 철도안전법, 규정

시행규칙 제1조(목적)

이 규칙은 「철도안전법」 및 같은 법 시행령에서 위임된 사항과 그 시행에 필요한 사항을 규정함을 목적으로 한다.

예제 **다음 보기 중 철도안전법의 목적으로 맞는 것은?**

가. 철도안전법은 「도시철도법」 제18조에 따라 도시철도의 운전과 차량 및 시설의 유지·보전에 필요한 사항을 정하여 도시철도의 안전운전을 도모함을 목적으로 한다.

나. 철도안전법은 「철도산업발전기본법」 제39조의 규정에 의하여 열차의 편성, 철도차량의 운전 및 신호방식 등 철도차량의 안전운행에 관하여 필요한 사항을 정함을 목적으로 한다.

다. 철도안전법은 철도산업의 경쟁력을 높이고 발전기반을 조성함으로써 철도산업의 효율성 및 공익성의 향상과 국민경제의 발전에 이바지함을 목적으로 한다.

라. 철도안전법은 철도안전 관리체계를 확립함으로서 공공복리의 증진에 이바지함을 목적으로 한다.

해설 철도안전법 제1조(목적) 이 법은 철도안전을 확보하기 위하여 필요한 사항을 규정하고 철도안전 관리체계를 확립함으로써 공공복리의 증진에 이바지함을 목적으로 한다.

예제 **다음 중 철도안전법의 목적으로 가장 바람직하지 않은 것은?**

가. 공공복리의 증진

나. 철도안전관리체계 확립

다. 철도안전기반의 구축

라. 철도안전의 확보

해설 철도안전법 제1조(목적) 이 법은 철도안전을 확보하기 위하여 필요한 사항을 규정하고 철도안전 관리체계를 확립함으로써 공공복리의 증진에 이바지함을 목적으로 한다.

예제 **철도안전법 목적에 대한 설명으로 틀린 것은?**

가. 이 법은 철도안전은 확보하기 위하여 필요한 사항을 규정하고 철도안전관리체계를 확립함으로써 공공복리의 증진에 이바지함을 목적으로 한다.

나. 이 영은 [철도안전법]에서 위임된 사항과 그 시행에 필요한 사항을 규정함을 목적으로 한다.

다. 이 규칙은 [철도안전법] 및 같은 법 시행령에서 위임된 사항과 그 시행에 필요한 사항을 규정함을 목적으로 한다.

라. 철도안전법 시행규칙은 대통령령으로 정한다.

해설 철도안전법 시행규칙은 국토교통부령으로 정한다(대통령령은 시행령이다).

[철도안전법 법체계]

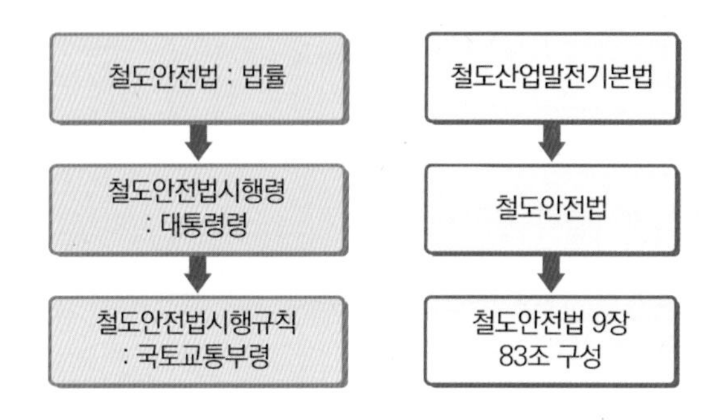

예제 **다음 철도안전법의 구성으로 맞는 것은?**

가. 8장 71조

나. 8장 81조

다. 9장 71조

라. 9장 83조

해설 철도안전법은 9장 83조로 구성되어 있다.(2020년에 개정된 철도안전법에는 9장 83조로 구성되어 있다.(2020.12.12 법률 제 17746호))

예제 **철도안전법은 ( )장 ( )조로 구성되어 있다.**

정답 9, 83(2020년 개정된 철도안전법: 9장 83조)

제2조(정의) 이 법에서 사용하는 용어의 뜻은 다음과 같다.

1. "철도"란 「철도산업발전기본법」(이하 "기본법"이라 한다) 제3조 제1호에 따른 철도를 말한다.

「철도산업발전기본법」 제3조 제1호 (정의)
"철도"라 함은 여객 또는 화물을 운송하는 데 필요한 철도시설과 철도차량 및 이와 관련된 운영지원체계가 유기적으로 구성된 운송체계를 말한다.

[철도=철도시설+철도차량+운영지원체계]

"철도"라 함은 여객 또는 화물을 운송하는 데 필요한 철도시설과 철도차량 및 이와 관련된 운영지원체계가 유기적으로 구성된 운송체계를 말한다.

철도시설과 철도차량

운영지원체계

예제 철도산업발전기본법에서 [ ]라 함은 여객 또는 화물을 운송하는 데 필요한 [ ]과 [ ] 및 이와 관련된 [ ]가 유기적으로 구성된 운송체계를 말한다.

정답 철도, 철도시설, 철도차량, 운영지원체계

예제 다음 중 철도산업발전 기본법에 의한 철도의 정의로 알맞은 것은?

가. 철도차량을 운행하기 위한 궤도와 이를 받치는 노반 또는 인공구조물로 구성된 시설이다.

나. 레일과 그 부속품 침목 및 도상을 말한다.

다. 레일의 전기회로를 단락 또는 개방함에 따라 열차의 유무를 검지하는 설비를 말한다.

라. 여객 또는 화물을 운송하는 데 필요한 철도시설과 철도차량 및 이와 관련된 운영·지원체계가 유기적으로 구성된 운송체계를 말한다.

해설 철도산업발전 기본법에 의한 "철도"라 함은 여객 또는 화물을 운송하는 데 필요한 철도시설과 철도차량 및 이와 관련된 운영·지원체계가 유기적으로 구성된 운송체계를 말한다.

예제 철도안전법 용어의 뜻으로 틀린 것은?

가. 철도란 [철도산업발전기본법]에 따른 철도를 말한다.

나. 전용철도란 [철도산업발전기본법]에 따른 철도를 말한다.

다. 철도차량은 철도산업발전기본법에 따른 선로를 운행할 목적으로 제작된 차량이다.

라. 철도운영이란 [철도산업발전기본법]에 따른 철도운영을 말한다.

해설 전용철도란 [철도사업법]에 따른 철도를 말한다.

2. "전용철도"란 「철도사업법」 제2조 제5호에 따른 전용철도를 말한다.

「철도사업법」 제2조 제5호 (정의)
"전용철도"란 다른 사람의 수요에 따른 영업을 목적으로 하지 아니하고 자신의 수요에 따라 특수 목적을 수행하기 위하여 설치하거나 운영하는 철도를 말한다.

예제 전용철도란 다른 사람의 [ ]에 따른 [ ]으로 하지 아니하고 자신의 [ ]에 따라 [ ]을 수행하기 위하여 설치하거나 운영하는 철도를 말한다(철도사업법 2조).

정답 수요, 영업을 목적, 수요, 특수 목적

[전용철도]

관광전용열차 | 이탈리아의 개인소유 전용 고속철도

[대륙횡단전용철도]

3. "철도시설"이란 기본법 제3조 제2호에 따른 철도시설을 말한다.

「철도산업발전기본법」 제3조 제2호(정의)

"철도시설"이라 함은 다음 각목의 1에 해당하는 시설(부지를 포함한다)을 말한다.

가. 철도의 선로(선로에 부대되는 시설을 포함한다), 역시설(물류시설 · 환승시설 및 편의시설 등을 포함한다) 및 철도운영을 위한 건축물 · 건축설비

나. 선로 및 철도차량을 보수 · 정비하기 위한 선로보수기지, 차량정비기지 및 차량유치시설

다. 철도의 전철전력설비, 정보통신설비, 신호 및 열차제어설비

라. 철도노선간 또는 다른 교통수단과의 연계운영에 필요한 시설

마. 철도기술의 개발 · 시험 및 연구를 위한 시설

바. 철도경영연수 및 철도전문인력의 교육훈련을 위한 시설

[역시설(물류시설, 환승시설 및 편의시설]

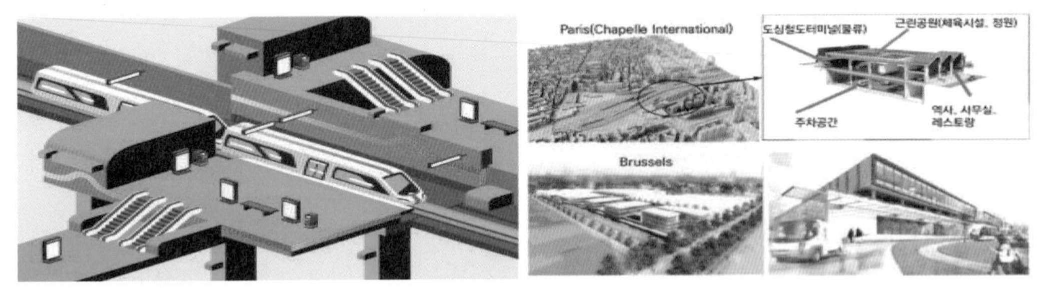

Freepik 물류신문

예제 '철도시설'에은 철도의 선로, 역시설[[ ], [ ], [ ] 등을 포함한다] 및 철도운영을 위한 [ ]를 포함한다.

정답 물류시설 · 환승시설 및 편의시설, 건축물 · 건축설비

[선로보수기지 및 차량기지]

선로보수기지(Economy insight)

용산차량기지의 모습(네이버 블로그)

예제 철도산업발전기본법에 따른 용어의 설명 중 틀린 것은?

가. "철도"라 함은 여객 또는 화물을 운송하는 데 필요한 철도시설과 철도차량 및 이와 관련된 운영 · 지원체계가 유기적으로 구성된 운송체계를 말한다.

나. "철도시설"은 철도의 건설 · 유지보수 및 운영을 위한 시설로서, 국토교통부장관이 정하는 시설이다.

다. "철도운영"에는 철도차량의 정비가 포함된다.

라. "철도차량"이라 함은 선로를 운행할 목적으로 제작된 동력차 · 객차 · 화차 및 특수차를 말한다.

해설 나. 철도시설은 철도의 건설 · 유지보수 및 운영을 위한 시설로서 대통령령이 정하는 시설이다.

4. “철도운영”이란 기본법 제3조 제3호에 따른 철도운영을 말한다.

「철도산업발전기본법」 제3조 제3호(정의)
“철도운영”이라 함은 철도와 관련된 다음 각목의 1에 해당하는 것을 말한다.
가. 철도 여객 및 화물 운송
나. 철도차량의 정비 및 열차의 운행관리
다. 철도시설 · 철도차량 및 철도부지 등을 활용한 부대사업개발 및 서비스

[스마트철도운영(승객 및 화물)]

case study 철도 4차 산업혁명 견인하는 100년 기업 GE(매일경제)

기존 화물량 3배까지 싣는다 고용량 이단적재 화물열차 첫 선(건설기술신문)

예제 “철도운영”에는 철도시설 · 철도차량 및 철도부지 등을 활용한[ ]를 포함한다.

정답 부대사업개발 및 서비스

5. “철도차량”이란 기본법 제3조 제4호에 따른 철도차량을 말한다.

「철도산업발전기본법」 제3조 제4호
“철도차량”이라 함은 선로를 운행할 목적으로 제작된 동력차 · 객차 · 화차 및 특수차를 말한다.

5의2. “철도용품”이란 철도시설 및 철도차량 등에 사용되는 부품 · 기기 · 장치 등을 말한다.

예제 “철도차량”이라 함은 선로를 운행할 목적으로 제작된 [ ], [ ], [ ] 및 [ ]를 말한다.

정답 동력차 · 객차 · 화차, 특수차

[철도차량]

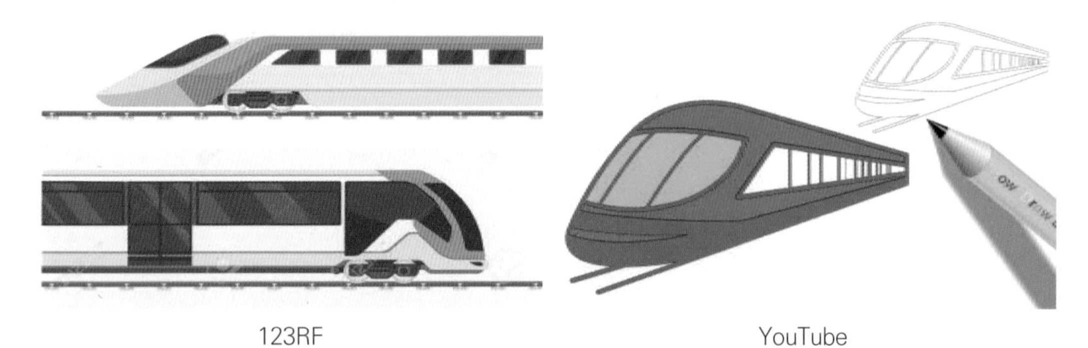

123RF YouTube

[철도차량[동력차, 객차, 화차, 특수차]]

동력차 객차 화차 특수차

예제 **"철도용품"이란 철도시설 및 철도차량 등에 사용되는 [ ], [ ], [ ] 등을 말한다.**

정답 부품 · 기기 · 장치

예제 **다음 중 철도안전법에서 사용하는 용어의 정의로 바르지 않은 것은?**

가. "선로"라 함은 철도차량을 운행하기 위한 궤도와 이를 받치는 노반 또는 인공구조물로 구성된 시설을 말한다.

나. "철도사고"라 함은 철도관리와 관련하여 사람이 죽거나 다치거나 물건이 파손되는 사고를 말한다.

다. "철도용품"이란 철도시설 및 철도차량 등에 사용되는 부품 · 기기 · 장치 등을 말한다.
라. "철도차량"이라 함은 선로를 운행할 목적으로 제작된 동력차 · 객차 · 화차 및 특수차를 말한다.

해설 "철도사고"라 함은 철도운영 또는 철도시설관리와 관련하여 사람이 죽거나 다치거나 물건이 파손되는 사고를 말한다.

예제 다음 중 철도차량의 종류가 아닌 것은?

가. 객차
나. 동륜차
다. 화차
라. 특수차

해설 철도산업발전기본법 제3조 제4호 "철도차량"이라 함은 선로를 운행할 목적으로 제작된 동력차 · 객차 · 화차 및 특수차를 말한다.

예제 다음 설명 중 철도안전법령상 용어의 정의로 틀린 것은?

가. "열차"란 선로를 운행할 목적으로 철도운영자가 편성하여 열차번호를 부여한 철도차량을 말한다.
나. "선로"란 철도차량을 운행하기 위한 궤도와 이를 받치는 노반 또는 인공구조물로 구성된 시설을 말한다.
다. "철도사고"란 철도운영 또는 철도시설관리와 관련하여 사람이 죽거나 다치거나 물건이 파손되는 사고를 말한다.
라. "운행장애"란 철도차량의 운행에 지장을 주는 것으로서 철도사고에 해당되는 것을 말한다.

해설 철도안전법 제2조(정의)

6. "열차"란 선로를 운행할 목적으로 철도운영자가 편성하여 열차번호를 부여한 철도차량을 말한다.
7. "선로"란 철도차량을 운행하기 위한 궤도와 이를 받치는 노반(路盤) 또는 인공구조물로 구성된 시설을 말한다.
11. "철도사고"란 철도운영 또는 철도시설관리와 관련하여 사람이 죽거나 다치거나 물건이 파손되는 사고를 말한다.
12. "운행장애"란 철도차량의 운행에 지장을 주는 것으로서 철도사고에 해당되지 아니하는 것을 말한다.

예제 다음의 용어의 정의 중 틀리게 설명하고 있는 것은?

가. "선로"라 함은 철도차량을 운행하기 위한 궤도와 이를 받치는 노반 또는 인공구조물로 구성된 시설을 말한다.

나. "철도"라 함은 여객 또는 화물을 운송하는 데 필요한 철도시설과 철도차량 및 이와 관련된 운영, 지원체계가 유기적으로 구성된 운송체계를 말한다.

다. "열차"라 함은 선로를 운행할 목적으로 철도종사자가 편성하여 열차번호를 부여한 철도차량을 말한다.

라. "정거장"이라 함은 여객의 승하차, 화물의 적하, 열차의 조성, 열차의 교행 또는 대피를 목적으로 사용되는 장소를 말한다.

해설 "열차"란 선로를 운행할 목적으로 철도운영자가 편성하여 열차번호를 부여한 철도차량을 말한다.

[철도차량]

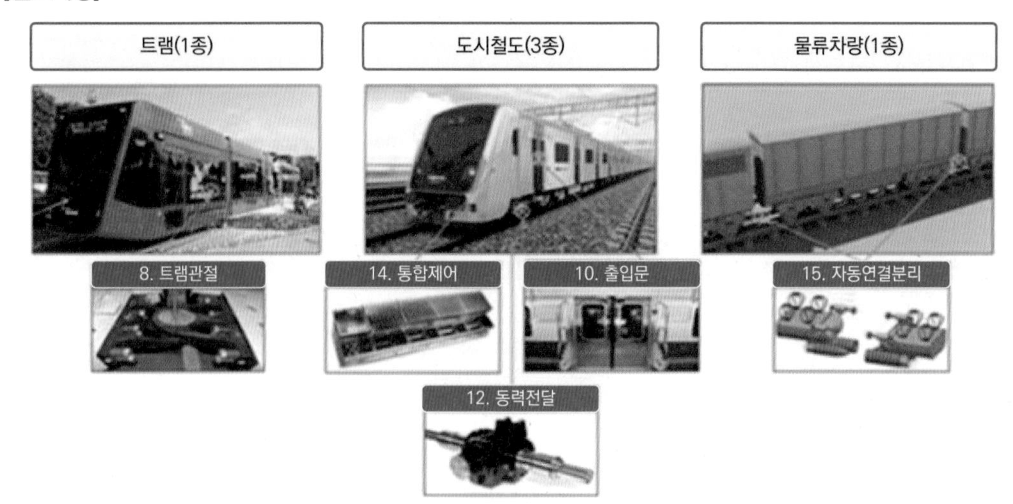

철도차량, 기계신문, 20.4.24

6. “열차”란 선로를 운행할 목적으로 철도운영자가 편성하여 열차번호를 부여한 철도차량을 말한다.

예제 **“열차”란 선로를 [ ]할 목적으로 철도운영자가 편성하여 [ ]를 부여한 철도차량을 말한다.**

정답 운행, 열차번호

[열차번호]

번호만 알면 기차 종류와 노선이 보인다
열차번호의 숨은 뜻(중앙일보)

열차번호(리브레위키)

[열차]

4호선

- 10량 편성은 5M 5T로 구성됨
- Pantograph, MCB, MT, C/I, TM : 1호차, 2호차, 4호차, 7호차, 8호차
- SIV, CM, Battery : 0호차, 5호차, 9호차

과천선

o 10량 편성: 5M5T
o Pan, MCB, MT, C/I, TM: 2호차, 4호차, 8호차
o MT, C/I, TM: 1호차, 7호차
o SIV, CM, Battery: 0호차, 5호차, 9호차

7. "선로"란 철도차량을 운행하기 위한 궤도와 이를 받치는 노반(路盤) 또는 인공구조물로 구성된 시설을 말한다.

예제 **"선로"란 철도차량을 운행하기 위한 궤도와 이를 받치는 노반(路盤) 또는 (   )로 구성된 시설을 말한다.**

정답 인공구조물

[철도선로]

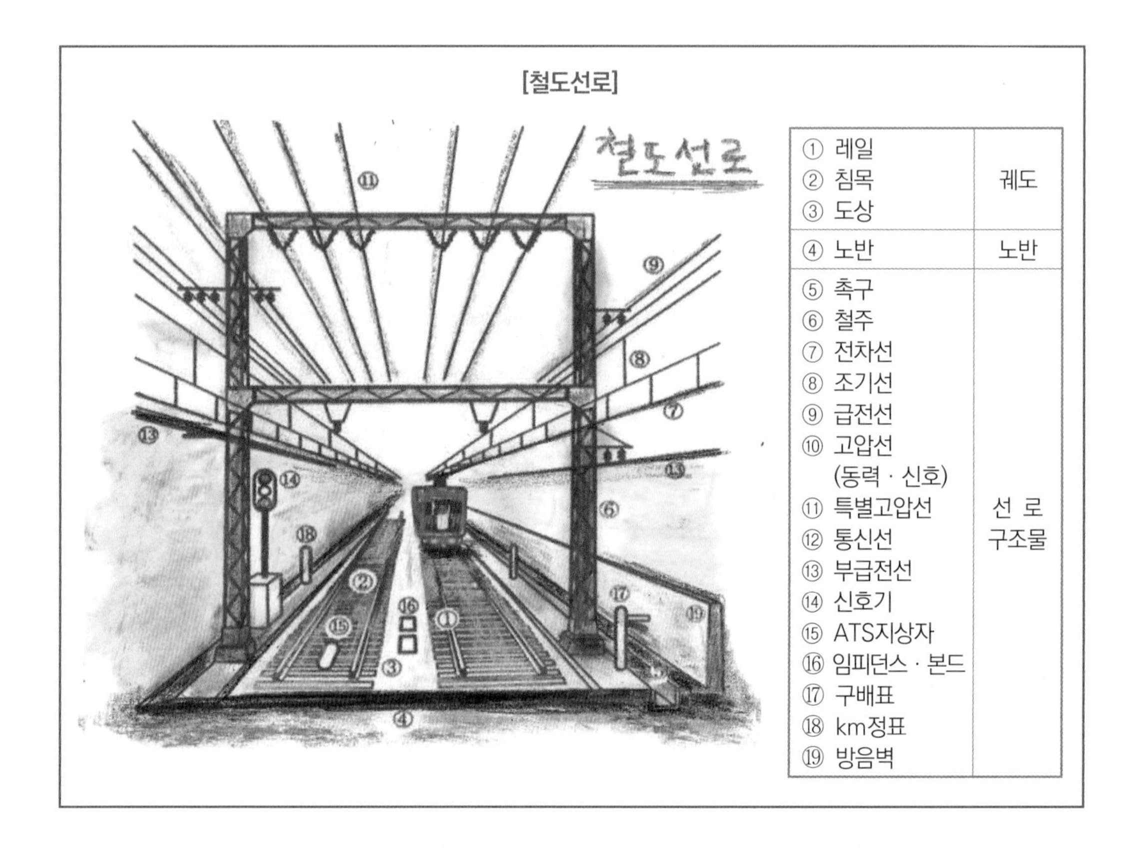

① 레일 ② 침목 ③ 도상	궤도
④ 노반	노반
⑤ 측구 ⑥ 철주 ⑦ 전차선 ⑧ 조기선 ⑨ 급전선 ⑩ 고압선 (동력 · 신호) ⑪ 특별고압선 ⑫ 통신선 ⑬ 부급전선 ⑭ 신호기 ⑮ ATS지상자 ⑯ 임피던스 · 본드 ⑰ 구배표 ⑱ km정표 ⑲ 방음벽	선 로 구조물

[분기기와 분기기 명칭]

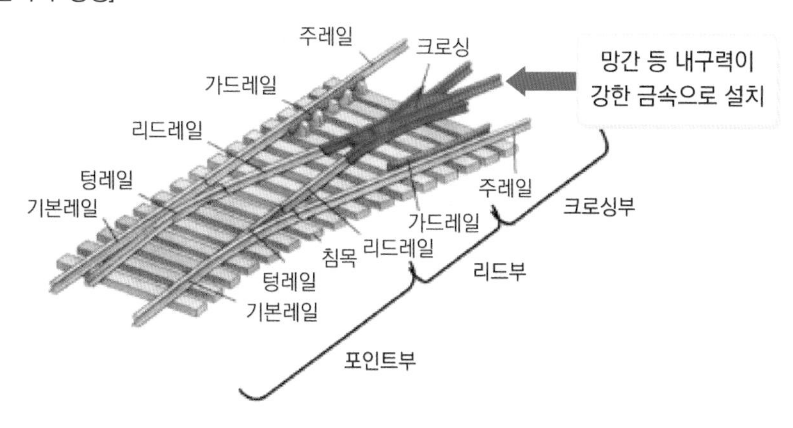

[선로 전환기 쇄정(잠근다), 정위치 유지]

8. “철도운영자”란 철도운영에 관한 업무를 수행하는 자를 말한다.

[철도회사를 대표하는 운영자]

부산교통공사, “철도운영자 안전관리 수준평가” 우수등급 달성

국토교통부주관안전관리 수준평가를 통해 안전수준향상 인정

9. "철도시설관리자"란 철도시설의 건설 또는 관리에 관한 업무를 수행하는 자를 말한다.
10. "철도종사자"란 다음 각 목의 어느 하나에 해당하는 사람을 말한다.
   가. 철도차량의 운전업무에 종사하는 사람(이하 "운전업무종사자"라 한다)
   나. 철도차량의 운행을 집중 제어·통제·감시하는 업무(이하 "관제업무"라 한다)에 종사하는 사람

예제 **철도종사자란 철도차량의 운행을 [ ]·[ ]·[ ]하는 업무(이하 "[ ]"라 한다)에 종사하는 사람을 포함환다.**

정답 집중 제어, 통제, 감시, 관제업무

   다. 여객에게 승무(乘務) 서비스를 제공하는 사람(이하 "여객승무원"이라 한다)

[여객승무원 및 여객 역무원]

여객승무원(chosun.com)

여객역무원(드림레일)

   라. 여객에게 역무(驛務) 서비스를 제공하는 사람(이하 "여객역무원"이라 한다)
   마. 철도차량의 운행선로 또는 그 인근에서 철도시설의 건설 또는 관리와 관련한 작업의 협의·지휘·감독·안전관리 등의 업무에 종사하도록 철도운영자 또는 철도시설관리자가 지정한 사람(이하 "작업책임자"라 한다)
   바. 철도차량의 운행선로 또는 그 인근에서 철도시설의 건설 또는 관리와 관련한 작업의 일정을 조정하고 해당 선로를 운행하는 열차의 운행일정을 조정하는 사람(이하 "철도운행안전관리자"라 한다)

예제 철도종사자란 철도차량의 운행선로 또는 그 인근에서 [ ] 또는 [ ]와 관련한 작업의 [ ]하고 해당 선로를 운행하는 열차의 [ ]하는 사람(이하 "[ ]"라 한다)을 포함한다.

정답 철도시설의 건설, 관리, 일정을 조정, 운행일정을 조정, 철도운행안전관리자

사. 그 밖에 철도운영 및 철도시설관리와 관련하여 철도차량의 안전운행 및 질서유지와 철도차량 및 철도시설의 점검·정비 등에 관한 업무에 종사하는 사람으로서 대통령령으로 정하는 사람

예제 다음 중 철도안전법에서 지정하는 철도종사자가 아닌 자는?

가. 철도시설 및 승객을 보호하기 위한 순회점검업무 또는 경비업무를 수행하는 사람
나. 철도차량의 운전업무에 종사하는 사람
다. 철도차량의 운행을 집중·제어·통제·감시하는 업무에 종사하는 사람
라. 그 밖에 철도운영 및 철도시설관리와 관련하여 철도차량의 안전운행 및 질서유지와 철도차량 및 철도시설의 점검·정비 등에 관한 업무에 종사하는 사람으로서 대통령령으로 정하는 사람

해설 철도시설 및 승객을 보호하기 위한 순회점검업무 또는 경비업무를 수행하는 사람은 철도안전법에서 지정하는 철도종사자가 아니다.

예제 다음 중 철도안전법에 의한 철도종사자로 맞지 않는 것은?

가. 관제사
나. 기관사
다. 국토교통부 공무원
라. 역무원

해설 국토교동부 공무원 은 철도안전법에서 지정하는 철도종사자가 아니다.

예제 다음 중 철도안전법에서 지정하는 철도종사자가 아닌 자는?

가. 안전관리계획을 수립하는 사람
나. 철도차량의 운전업무에 종사하는 사람
다. 철도차량의 운행을 집중·제어·통제·감시하는 업무에 종사하는 사람
라. 여객에게 역무(驛務) 서비스를 제공하는 사람

해설 안전관리계획을 수립하는 사람은 철도안전법에서 지정하는 철도종사자가 아니다.

11. "철도사고"란 철도운영 또는 철도시설관리와 관련하여 사람이 죽거나 다치거나 물건이 파손되는 사고를 말한다.

[역 구내 및 역 구내 이외에서의 철도사고]

지하철 1호선 신길역 탈선 사고로 시민 불편 10시간만에 복구(동아닷컴)

7명 사상' 여수 무궁화호 탈선, 부기관사가 운전하다 사고(연합뉴스)

예제 **"철도사고"란 철도운영 또는[ ]와 관련하여 사람이 [ ] 물건이 [ ]되는 사고를 말한다.**

정답 철도시설관리, 죽거나 다치거나, 파손

예제 **철도안전법에서 용어의 뜻에 대한 설명 중 맞는 것은?**

가. 관제업무종사자는 철도차량의 운행을 집중 제어 · 통제 · 감독하는 업무에 종사하는 사람을 말한다.

나. "전용철도"란 「철도산업발전기본법」 제2조제5호에 따른 전용철도를 말한다.

다. "철도시설관리자"란 철도시설의 건설 또는 운영에 관한 업무를 수행하는 자를 말한다.

라. "철도사고"란 철도운영 또는 철도시설관리와 관련하여 사람이 죽거나 다치거나 물건이 파손되는 사고를 말한다.

해설 가. 관제업무종사자는 철도차량의 집중제어·통제·감시하는 업무에 종사하는 사람을 말한다.
나. 전용철도란 철도사업법 제2조 제5호에 따른 전용철도를 말한다.
다. 철도시설관리자란 철도시설의 건설 또는 관리에 관한 업무를 수행하는 자를 말한다.

12. “운행장애”란 철도차량의 운행에 지장을 주는 것으로서 철도사고에 해당되지 아니하는 것을 말한다.

예제 **“운행장애”란 철도차량의 운행에 [　　　]을 주는 것으로서 철도사고에 [　　　　　　] 것을 말한다.**

정답 지장, 해당되지 아니하는

[열차운행장애]

전기공급 장애로 안산선 및 수인선 일부 구간 열차 운행 장애

인천2호선 신호장애로 전 구간 10분간 운행중지 (레일뉴스)

[운행장애]

꼬리무는 KTX 운전장애: KTX 130호 열차가 경부고속철도 천안·아산역을 지나 광명역으로 가던 도중 일부 바퀴의 마찰 연기와 진동 등이 발생, 승객들이 큰 불안에 떨어야 했다. (SBS 뉴스)

서울메트로, 지하철 운전장애 응급조치 가상 훈련 (뉴스 와이어)

예제 **다음 중 철도안전법에서 사용하는 용어의 정의로 바르지 않은 것은?**

가. "열차"란 선로를 운행할 목적으로 철도운영자가 편성하여 열차번호를 부여한 철도차량을 말한다.

나. "운행장애"란 철도차량의 운행에 지장을 주는 것으로서 철도사고를 포함하는 것을 말한다.

다. "철도용품"이란 철도시설 및 철도차량 등에 사용되는 부품 · 기기 · 장치 등을 말한다.

라. "선로"란 철도차량을 운행하기 위한 궤도와 이를 받치는 노반 또는 인공구조물로 구성된 시설을 말한다.

해설 철도안전법 제2조(정의) 제12호 "운행장애"란 철도차량의 운행에 지장을 주는 것으로서 철도사고에 해당되지 아니하는 것을 말한다.

13. "철도차량정비"란 철도차량(철도차량을 구성하는 부품 · 기기 · 장치를 포함한다)을 점검 · 검사, 교환 및 수리하는 행위를 말한다.

예제 **"철도차량정비"란 철도차량(철도차량을 구성하는 부품 · 기기 · 장치를 포함한다)을 [ ], [ ], [ ] 및 [ ]하는 행위를 말한다.**

정답 점검 · 검사, 교환, 수리

[철도차량정비]

대한민국 빛과 소금, 공복들 (5) KTX를 묵묵히 움직이는 사람들 '그들의 밤은 낮보다 밝다' (뉴스줌 - ZUM)

코레일 대구본부, 철도차량 안전관리 만전! (대경일보)

14. **"철도차량정비기술자"**란 철도차량정비에 관한 자격, 경력 및 학력 등을 갖추어 제24조의 2에 따라 국토교통부장관의 인정을 받은 사람을 말한다.

① 철도차량정비기술자로 인정을 받으려는 사람은 국토교통부장관에게 자격 인정을 신청하여야 한다.

② 국토교통부장관은 제1항에 따른 신청인이 대통령령으로 정하는 자격, 경력 및 학력 등 철도차량정비기술자의 인정 기준에 해당하는 경우에는 철도차량정비기술자로 인정하여야 한다.

③ 국토교통부장관은 제1항에 따른 신청인을 철도차량정비기술자로 인정하면 철도차량정비기술자로서의 등급 및 경력 등에 관한 증명서(이하 "철도차량정비경력증"이라 한다)를 그 철도차량정비기술자에게 발급하여야 한다.

④ 제1항부터 제3항까지의 규정에 따른 인정의 신청, 철도차량정비경력증의 발급 및 관리 등에 필요한 사항은 국토교통부령으로 정한다.

[부산철도차량정비단]

알아두면 쓸데있는 열차 중정비 상식

안전 출발점 '고양정비기지' 가보니
(KTX 헤럴드경제)

■ 철도안전법 시행규칙 [별지 제25호의3서식] 〈신설 2019. 6. 18.〉

철도차량정비업무 경력확인서

※ 뒤쪽의 작성요령을 참고하시기 바라며, 색상이 어두운 란은 신청인이 적지 않습니다. (앞쪽)

접수번호	접수일자	처리기간 7일

신청인		성명(한글)	생년월일
		주소	전화번호
소속회사		회사명	사업자등록번호
		대표자	회사전화
		소재지	
정비경력	1	담당업무 [ ] 현장정비 [ ] 정비관리 [ ] 그 밖의 업무( )	
		근무기간 년 월 일 ~ 년 월 일(년 월)	부서
	2	담당업무 [ ] 현장정비 [ ] 정비관리 [ ] 그 밖의 업무( )	
		근무기간 년 월 일 ~ 년 월 일(년 월)	부서

「철도안전법 시행규칙」 제42조제1호에 따라 철도차량정비업무 경력 확인을 신청합니다.

년 월 일

신청인 성명 (서명 또는 인)

위의 근무경력을 확인합니다.

년 월 일

철도차량정비경력확인기관의 장 직인

한국교통안전공단 이사장 귀하

작 성 방 법

1. 근무한 경력이 있는 기관(업체)별로 작성합니다.
2. 정비경력 : 과거부터 현재까지 순서대로 적으며, 공간이 부족할 경우 칸을 추가하여 적습니다.
3. 근무기간 : 담당 업무별 실제 근무기간을 적습니다.
4. 담당업무 : 주요 담당 업무를 표시하되, 시험, 검사, 유지관리, 안전관리, 연구 업무 등은 그 밖의 업무로 적습니다.

210㎜×297㎜[백상지(80g/㎡) 또는 중질지(80g/㎡)]

〈학습코너〉 철도산업발전기본법 제3조(정의)

이 법에서 사용하는 용어의 정의는 다음 각호와 같다.

1. **"철도"**라 함은 여객 또는 화물을 운송하는 데 필요한 철도시설과 철도차량 및 이와 관련된 운영 · 지원체계가 유기적으로 구성된 운송체계를 말한다.
2. **"철도시설"**이라 함은 다음 각목의 1에 해당하는 시설(부지를 포함한다)을 말한다.
   가. 철도의 선로(선로에 부대되는 시설을 포함한다), 역시설(물류시설 · 환승시설 및 편의시설 등을 포함한다) 및 철도운영을 위한 건축물 · 건축설비
   나. 선로 및 철도차량을 보수 · 정비하기 위한 선로보수기지, 차량정비기지 및 차량유치시설
   다. 철도의 전철전력설비, 정보통신설비, 신호 및 열차제어설비
   라. 철도노선간 또는 다른 교통수단과의 연계운영에 필요한 시설
   마. 철도기술의 개발 · 시험 및 연구를 위한 시설
   바. 철도경영연수 및 철도전문인력의 교육훈련을 위한 시설
   사. 그 밖에 철도의 건설 · 유지보수 및 운영을 위한 시설로서 대통령령이 정하는 시설

예제 **철도시설에 해당하는 설명 중 틀린 것은?**

가. 철도노선간 또는 다른 교통수단과의 연계운영에 필요한 시설
나. 철도경영연수 및 철도전문인력의 교육훈련을 위한 시설
다. 선로 및 철도차량을 점검 · 정비하기 위한 선로보수기지, 차량정비기지 및 차량유치시설
라. 철도기술의 개발, 시험 및 연구를 위한 시설

해설 철도산업발전기본법 제3조(정의) 제2호 나. 선로 및 철도차량을 보수 · 정비하기 위한 선로보수기지, 차량정비기지 및 차량유치시설

3. "철도운영"이라 함은 철도와 관련된 다음 각목의 1에 해당하는 것을 말한다.
   가. 철도 여객 및 화물 운송
   나. 철도차량의 정비 및 열차의 운행관리
   다. 철도시설 · 철도차량 및 철도부지 등을 활용한 부대사업개발 및 서비스

예제 **다음 중 철도산업발전기본법에 있어서의 "철도운영"과 관계가 있는 것은?**

가. 철도의 전철전력설비, 정보통신설비, 신호 및 열차제어설비
나. 철도기술의 개발, 시험 및 연구를 위한 시설
다. 철도노선 간 또는 다른 교통수단과의 연계운영에 필요한 시설
라. 철도시설, 철도차량 및 철도부지 등을 활용한 부대사업개발 및 서비스

해설 철도산업발전기본법 제3조(정의) 이 법에서 사용하는 용어의 정의는 다음 각호와 같다.

3. "철도운영"이라 함은 철도와 관련된 다음 각목의 1에 해당하는 것을 말한다.
가. 철도 여객 및 화물 운송
나. 철도차량의 정비 및 열차의 운행관리
다. 철도시설 · 철도차량 및 철도부지 등을 활용한 부대사업개발 및 서비스

예제 다음 중 철도운영에 해당하지 않는 것은?

가. 철도시설의 개량 및 신설 나. 철도여객운송
다. 철도차량의 정비 라. 열차의 운행관리

해설 철도산업발전기본법 제3조(정의) 제3호 "철도운영"이라 함은 철도와 관련된 다음 각목의 1에 해당하는 것을 말한다.

가. 철도 여객 및 화물 운송
나. 철도차량의 정비 및 열차의 운행관리
다. 철도시설 · 철도차량 및 철도부지 등을 활용한 부대사업개발 및 서비스

4. "철도차량"이라 함은 선로를 운행할 목적으로 제작된 동력차 · 객차 · 화차 및 특수차를 말한다.

[철도차량의 유형]

5. "선로"라 함은 철도차량을 운행하기 위한 궤도와 이를 받치는 노반 또는 공작물로 구성된 시설을 말한다.

[철도선로]

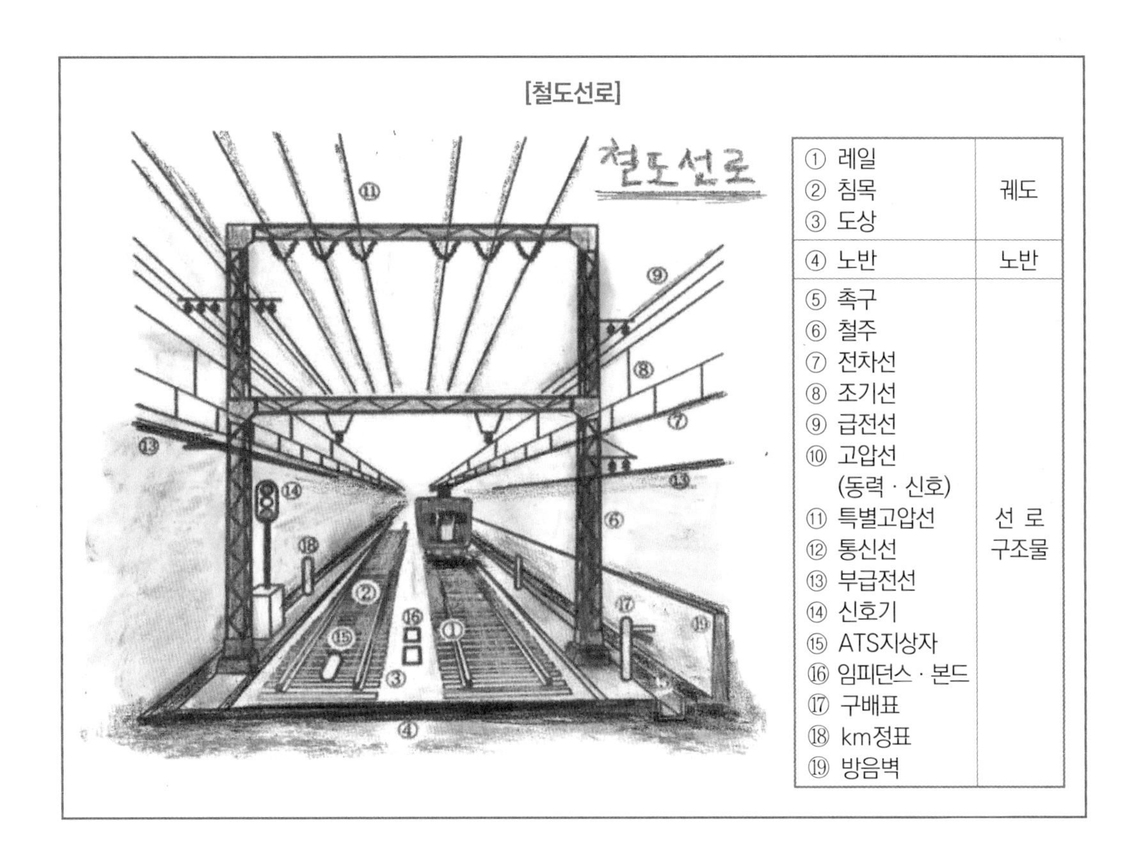

① 레일 ② 침목 ③ 도상	궤도
④ 노반	노반
⑤ 측구 ⑥ 철주 ⑦ 전차선 ⑧ 조기선 ⑨ 급전선 ⑩ 고압선 (동력 · 신호) ⑪ 특별고압선 ⑫ 통신선 ⑬ 부급전선 ⑭ 신호기 ⑮ ATS지상자 ⑯ 임피던스 · 본드 ⑰ 구배표 ⑱ km정표 ⑲ 방음벽	선 로 구조물

예제 "선로"란 철도차량을 운행하기 위한 궤도와 이를 받치는 노반(路盤) 또는 (　　　)로 구성된 시설을 말한다.

정답 인공구조물

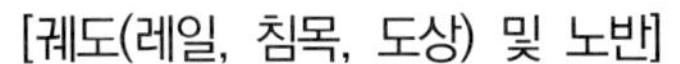
[궤도(레일, 침목, 도상) 및 노반]

6. “철도시설의 건설”이라 함은 철도시설의 신설과 기존 철도시설의 직선화·전철화·복선화 및 현대화 등 철도시설의 성능 및 기능향상을 위한 철도시설의 개량을 포함한 활동을 말한다.

[철도복선화]

중앙선 복선절차 투입 열차(영주시민신문)

‘안동~영전’ 단선을 복선으로(더리더 모바일 사이트)

7. “철도시설의 유지보수”라 함은 기존 철도시설의 현상유지 및 성능향상을 위한 점검·보수·교체·개량 등 일상적인 활동을 말한다.

[철도시설의 유지보수 현상]

철도궤도 유지보수 작업(중도일보)

노후차량 신길역 ‘탈선’불렀다 코레일 ‘전동열차 일체점검’(동아닷컴)

8. “철도산업”이라 함은 철도운송·철도시설·철도차량 관련산업과 철도기술개발관련산업 그 밖에 철도의 개발·이용·관리와 관련된 산업을 말한다.
9. “철도시설관리자”라 함은 철도시설의 건설 및 관리 등에 관한 업무를 수행하는 자를 말한다.

[철도시설관리자]

10. “철도운영자”라 함은 제21조제3항의 규정에 의하여 설립된 한국철도공사 등 철도운영에 관한 업무를 수행하는 자를 말한다.

[철도운영사]

11. “공익서비스”라 함은 철도운영자가 영리목적의 영업활동과 관계없이 국가 또는 지방자치단체의 정책이나 공공목적 등을 위하여 제공하는 철도서비스를 말한다.

시행령 제2조(정의)

이 시행령에서 사용하는 용어의 뜻은 다음 각 호와 같다.

1. “정거장”이란 여객의 승하차(여객 이용시설 및 편의시설을 포함한다), 화물의 적하(積下), 열차의 조성(組成: 철도차량을 연결하거나 분리하는 작업을 말한다), 열차의 교차통행 또는 대피를 목적으로 사용되는 장소를 말한다.

예제 [　　　]이란 여객의 승하차(여객 이용시설 및 편의시설을 포함한다), [　　　　　], [　　　　](철도차량을 연결하거나 분리하는 작업을 말한다), [　　　　　] 또는 대피를 목적으로 사용되는 장소를 말한다.

정답 정거장, 화물의 적하, 열차의 조성, 열차의 교차통행

[정거장]

부산도시철도, 사상 · 하단선 정거장(레일뉴스)

정거장(네이버 포스트)

[정거장 대피시설 및 열차의 교차통행]

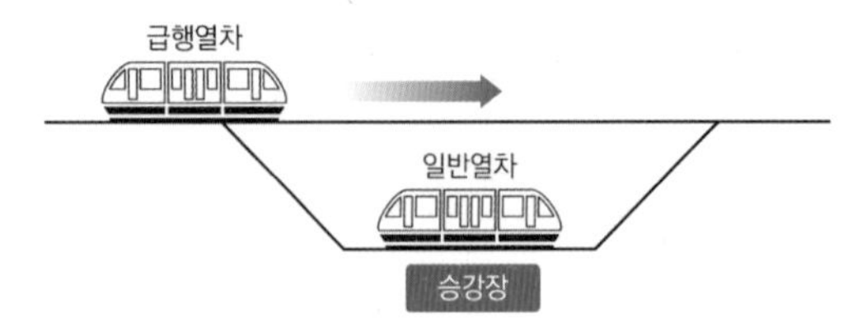

일반열차는 급행열차와 교차되는 대피역에 먼저 도착해서 승객들을 내려주고 태웁니다. 일반열차는 잠시 대기하는 사이 뒤따라온 급행열차가 먼저 지나가고 나면 다시 출발합니다.

9호선 정거장 열차대피시설(9호선 웹진)

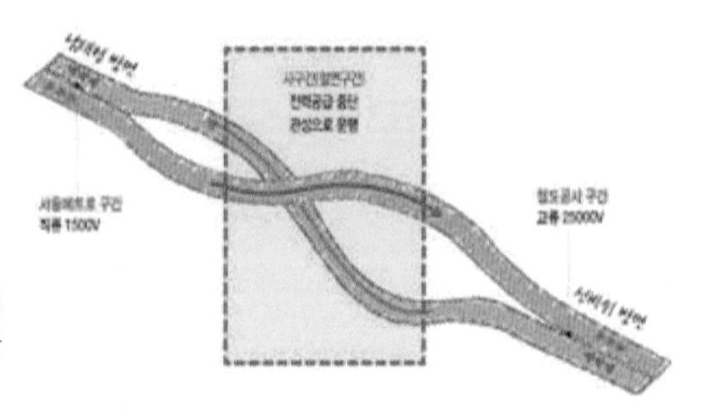

4호선과 과천선 교차통행, 리브레위키

[열차교행이 무슨 뜻이죠?]

열차가 교차하여 진행하며, 복선선로에서 상행선과 하행선 열차가 주행하면서 서로 비켜 달리는 통행방식이다.

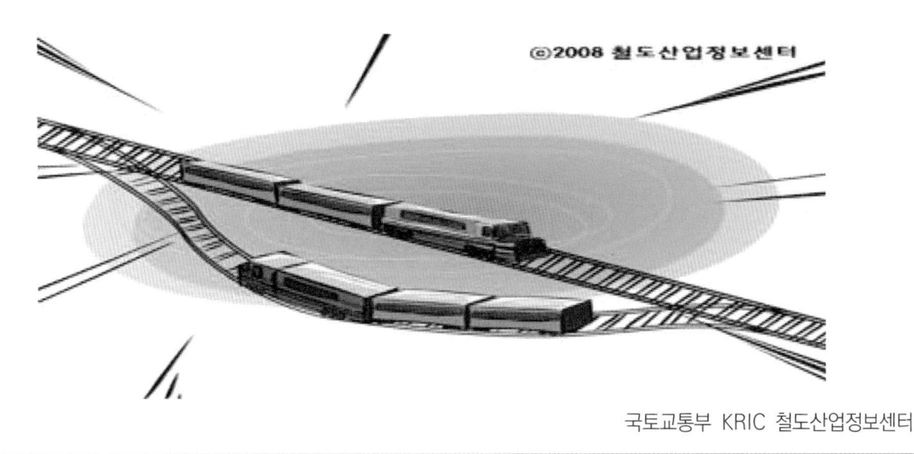

국토교통부 KRIC 철도산업정보센터

예제 다음 설명에서 해당하는 철도안전법령상 용어는?

여객의 승하차(여객 이용시설 및 편의시설을 포함한다), 화물의 적하(積下), 열차의 조성, 열차의 교차통행 또는 대피를 목적으로 사용되는 장소를 말한다.

가. 차량기지 나. 철도시설

다. 정거장 라. 선로

해설 철도안전법 시행령 제2조(정의) 제1호 "정거장"이란 여객의 승하차(여객 이용시설 및 편의시설을 포함한다), 화물의 적하(積下), 열차의 조성(助成 : 철도차량을 연결하거나 분리하는 작업을 말한다), 열차의 교차통행 또는 대피를 목적으로 사용되는 장소를 말한다.

[제1장 (총칙)의 시행령 2조 (정의)]

1. [정거장]이란 여객의 승 하자(여객 이용시설 및 편의시설을 포함한다), 화물의 적하(滴下), 열차의 조성(組成: 철도차량을 연결하거나 분리하는 작업을 말한다), 열차의 교차통행 또는 대피를 목적으로 사용되는 장소를 말한다.
2. [선로전환기]란 철도차량의 운행선로를 변경시키는 기기를 말한다.

정거장

화물의 적하

대피선

선로 전환기

예제 **철도안전법령상 정거장의 사용 용도에 해당하지 않는 것은?**

가. 열차의 조성　　　　　　　　　　**나. 철도시설의 관리**

다. 여객의 승하차　　　　　　　　　라. 열차의 교차통행 또는 대피

해설 철도시설의 관리는 철도안전법령상 정거장의 사용 용도에 해당하지 않는다.

2. "선로전환기"란 철도차량의 운행선로를 변경시키는 기기를 말한다.

예제 **[　　　　　]란 철도차량의 [　　　　　]를 변경시키는 기기를 말한다.**

정답 선로전환기, 운행선로

[선로전환기]

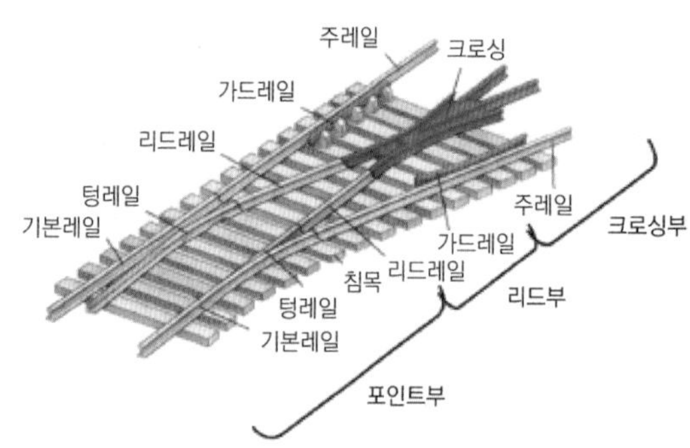

노스(Nose)가동 분기기(선로전환기)

예제 **다음 중 철도시설로 옳지 않은 것은?**

가. 선로 및 철도차량을 보수·정비하기 위한 선로보수기지, 차량정비기지 및 차량유치시설

나. 철도경영연수 및 철도전문인력의 교육훈련을 위한 시설

다. 철도노선간 또는 다른 교통수단과의 연계운영에 필요한 시설

라. 역시설(물류시설·환승시설 및 편의시설 등을 제외한다)

해설 철도산업발전기본법 제3조 제2호 (정의): 역시설(물류시설·환승시설 및 편의시설 등을 포함한다)

[전철전력설비]

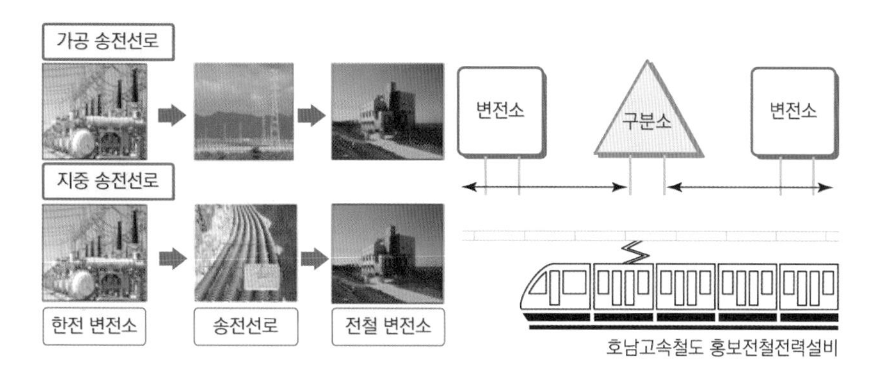

호남고속철도 홍보전철전력설비

[환승센터]

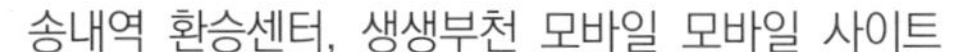

송내역 환승센터, 생생부천 모바일 모바일 사이트

KTX광명역, 화승터미널, 광명뉴스포털

예제 **다음 중 철도관련법에서 사용하는 용어의 정의로 틀린 것은?**

가. "철도차량"이라 함은 선로를 운행할 목적으로 제작된 동력차·객차·화차 및 특수차를 말한다.

나. "철도사고"라 함은 철도운영 또는 철도시설관리와 관련하여 사람이 죽거나 다치거나 물건이 파손되는 사고를 말한다.

다. "선로"라 함은 철도차량을 운행하기 위한 노반과 이를 받치는 공작물로 구성된 시설을 말한다.

라. "선로전환기"라 함은 철도차량의 운행선로를 변경시키는 기기를 말한다.

해설 철도안전법 제2조(정의) 제7호 "선로"란 철도차량을 운행하기 위한 궤도와 이를 받치는 노반(路盤) 또는 인공구조물로 구성된 시설을 말한다.

[철도선로]

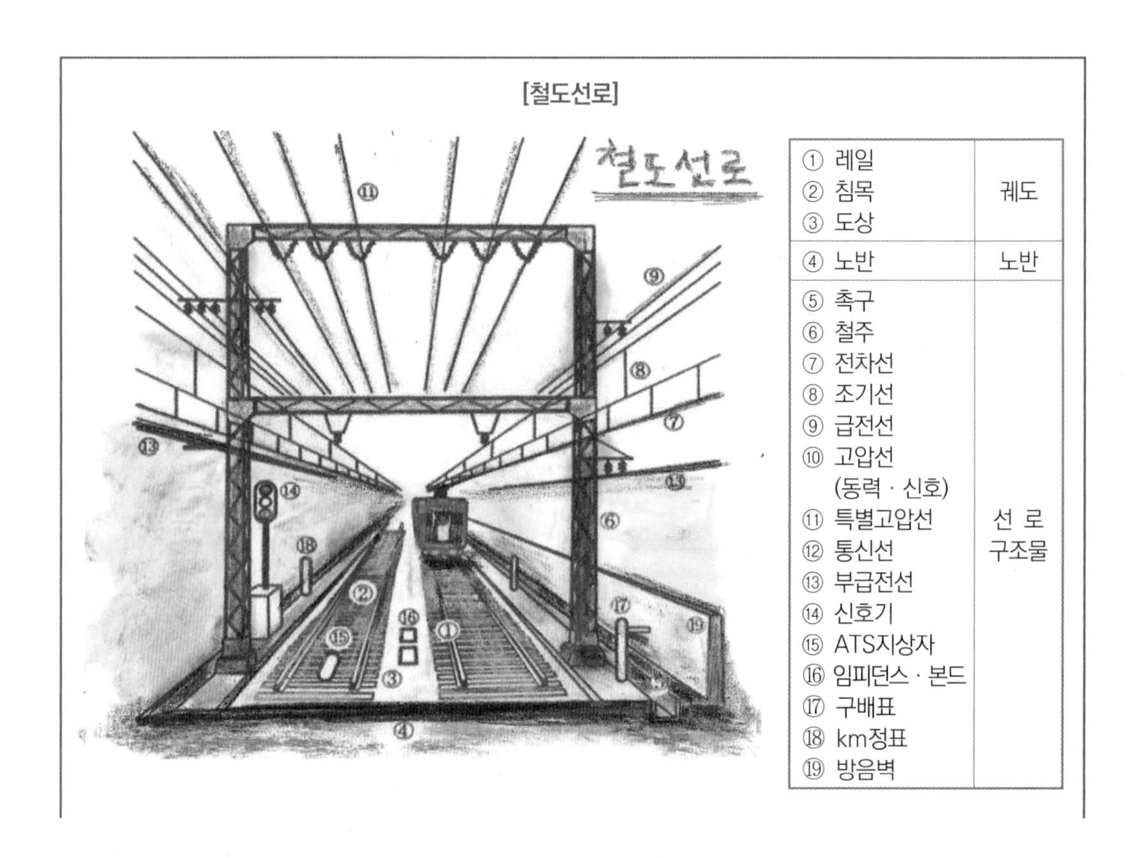

① 레일 ② 침목 ③ 도상	궤도
④ 노반	노반
⑤ 촉구 ⑥ 철주 ⑦ 전차선 ⑧ 조기선 ⑨ 급전선 ⑩ 고압선 (동력·신호) ⑪ 특별고압선 ⑫ 통신선 ⑬ 부급전선 ⑭ 신호기 ⑮ ATS지상자 ⑯ 임피던스·본드 ⑰ 구배표 ⑱ km정표 ⑲ 방음벽	선 로 구조물

[선로]

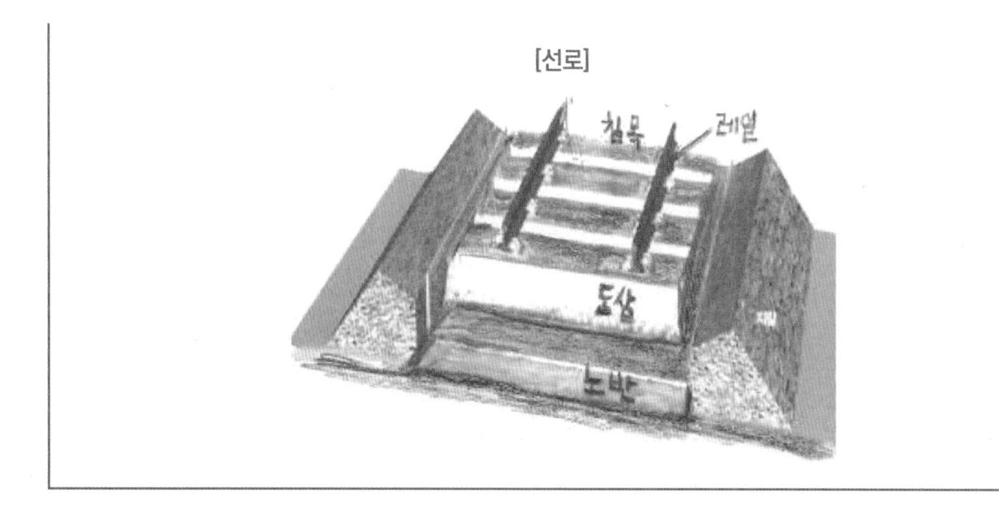

예제 다음 중 철도관련법에서 사용하는 용어의 정의로 틀린 것은?

가. "선로"란 철도산업발전기본법법에서 철도차량을 운행하기 위한 궤도와 이를 받치는 노반 또는 인공구조물로 구성된 시설을 말한다.

나. 철도차량이란 철도산업발전기본법법에서 사용하는 철도차량이다.

다. 철도시설관리자란 철도산업발전기본법법에서 사용하는 철도차량이다.

라. 철도운영이란 철도산업발전기본법법에서 사용하는 철도차량이다.

해설 철도안전법 제2조제7호:"선로"란 철도안전법에서 철도차량을 운행하기 위한 궤도와 이를 받치는 노반(路盤) 또는 인공구조물로 구성된 시설을 말한다.

시행령 제3조(안전운행 또는 질서유지 철도종사자)

「철도안전법」(이하 "법"이라 한다) 제2조 제10호 사목에서 "대통령령으로 정하는 사람"이란 다음 각 호의 어느 하나에 해당하는 사람을 말한다.

예제 「철도안전법」에서 "[ ]으로 정하는 철도종사자"란 아래 [ ]업무에 해당하는 사람을 말한다.

정답 대통령령

1. 운전업무에 종사
2. 운행을 집중 제어 · 통제 · 감시
3. 승무서비스
4. 역무서비스
5. 철도시설의 건설 또는 관리의 협의 · 지휘 · 감독 · 안전관리
6. 작업의 일정을 조정하고 해당 선로를 운행하는 열차의 운행일정을 조정
7. 철도차량의 안전운행 및 질서유지와 철도차량 및 철도시설의 점검 · 정비

「철도안전법」 제2조 10호 (정의)

"철도종사자"란 다음 각 목의 어느 하나에 해당하는 사람을 말한다.

가. 철도차량 **운전업무에 종사**하는 사람(이하 "운전업무종사자"라 한다)

나. 철도차량의 **운행을 집중 제어 · 통제 · 감시**하는 사람(이하 "관제업무"라 한다)에 종사하는 사람.

다. 여객에게 **승무(乘務) 서비스**를 제공하는 사람(이하 "여객승무원"이라 한다)

라. 여객에게 **역무(驛務) 서비스**를 제공하는 사람(이하 "여객승무원"이라 한다)

마. 철도차량의 운행선로 또는 그 인근에서 **철도시설의 건설 또는 관리**와 관련한 직업의 **협의 · 지휘 · 감독 · 안전관리** 등의 업무에 종사하도록 철도운영자 또는 철도시설관리자가 지정한 사람(이하 "작업책임자"라 한다)

바. 철도차량의 운행선로 또는 그 인근에서 철도시설의 건설 또는 관리와 관련한 **작업의 일정을 조정하고 해당 선로를 운행하는 열차의 운행일정을 조정**하는 사람(이하 "철도운행안전관리자"라 한다)

사. 그 밖에 철도운영 및 철도시설관리와 관련하여 철도차량의 안전운행 및 질서유지와 철도차량 및 철도시설의 점검 · 정비 등에 관한 업무에 종사하는 사람으로서 **대통령령으로 정하는 사람**

[철도차량 및 철도시설의 점검정비업무 종사자]

안전철도환경 구축, 철도공단(머니투데이)

4차 산업혁명은 코레일이 이끈다!(레일뉴스)

1. 철도사고 또는 운행장애(이하 "철도사고등"이라 한다)가 발생한 현장에서 조사 · 수습 · 복구 등의 업무를 수행하는 사람

[철도사고 또는 운행장애가 발생한 현장에서 조사 · 수습 · 복구 등의 업무를 수행하는 사람]

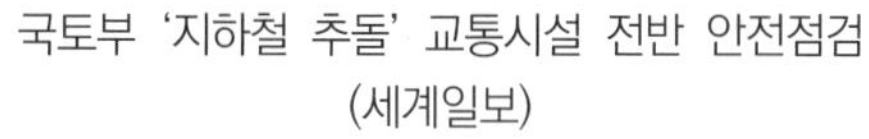

국토부 '지하철 추돌' 교통시설 전반 안전점검 (세계일보)

사고현장 조사 · 수습 · 복구 지방전기

2. 철도차량의 운행선로 또는 그 인근에서 철도시설의 건설 또는 관리와 관련된 작업의 현장감독업무를 수행하는 사람
3. 철도시설 또는 철도차량을 보호하기 위한 순회점검업무 또는 경비업무를 수행하는 사람
4. 정거장에서 철도신호기 · 선로전환기 또는 조작판 등을 취급하거나 열차의 조성업무를 수행하는 사람
5. 철도에 공급되는 전력의 원격제어장치를 운영하는 사람
6. 「사법경찰관리의 직무를 수행할 자와 그 직무범위에 관한 법률」 제5조제11호에 따른 철도공안 사무에 종사하는 국가공무원
7. 철도차량 및 철도시설의 점검 · 정비 업무에 종사하는 사람

[철도신호기 및 선로전환기]

열차 운행에도 신호가 있다!
〈철도 신호기의 다양한 종류〉(네이버 블로그)

선로전환기 수동취급 방법(by김필종)

예제 그 밖의 철도종사자(시행령3조)란 철도운영 및 철도시설관리와 관련하여 철도차량의 [ ] 및 [ ]와 철도차량 및 철도시설의 [ ], [ ]등에 관한 업무에 종사하는 사람으로서 [ ]으로 정하는 사람이다.

정답 안전운행, 질서유지, 점검 · 정비, 대통령령

예제 **다음 중 철도안전법에서 정한 "철도종사자"와 거리가 먼 것은?**

가. 여객에게 승무 서비스를 제공하는 사람
나. 철도차량의 운행을 집중 제어 · 통제 · 감시하는 업무에 종사하는 사람
다. 철도차량의 운전업무에 종사하는 사람
라. 철도건설현장 감독자

해설 철도안전법 제2조(정의) 제10호: "철도종사자"에서 철도건설현장 감독자는 포함되지 않는다.

예제 **다음 중 대통령령으로 정한 철도차량의 안전운행 또는 질서유지에 관한 업무에 종사하는 자에 포함되지 않는 사람은?**

가. 철도사고현장에서 조사, 수습, 복구 등의 업무수행자
나. 철도 시설 또는 차량을 보호하기 위한 순회점검 업무수행자
다. 철도에 공급되는 전력의 원격제어장치를 운영하는 사람
라. 철도운전면허 발급을 관리하는 한국교통안전공단 직원

해설 한국교통안전공단 직원은 철도차량의 안전운행 또는 질서유지에 관한 업무종사자가 아니다.

예제 **철도차량의 안전운행 및 질서유지에 관한 업무에 종사하는 사람으로 대통령령으로 정하는 사람으로 맞는 것은?**

가. 철도차량의 운행선로에서 철도시설의 건설 또는 관리와 관련된 작업의 현장 업무를 수행하는 사람
나. 철도제작시설의 점검 · 정비 업무에 종사하는 사람
다. 철도시설 또는 철도차량을 보호하기 위한 순회점검업무 또는 경비업무를 수행하는 사람
라. 철도차량에 공급되는 전력의 원격제어장치를 운영하는 사람

제3조(다른 법률과의 관계)

철도안전에 관하여 다른 법률에 특별한 규정이 있는 경우를 제외하고는 이 법에서 정하는 바에 따른다.

제4조(국가 등의 책무)

① 국가와 지방자치단체는 국민의 생명·신체 및 재산을 보호하기 위하여 철도안전시책을 마련하여 성실히 추진하여야 한다.

② 철도운영자 및 철도시설관리자(이하 "철도운영자등"이라 한다)는 철도운영이나 철도시설관리를 할 때에는 법령에서 정하는 바에 따라 철도안전을 위하여 필요한 조치를 하고, 국가나 지방자치단체가 시행하는 철도안전시책에 적극 협조하여야 한다.

[철도사고현장]

머니투데이

철도사고 불감증 여전히 '심각'(일요서울)

예제 "철도운영자등"(철도안전법4조(국가 등의 책무))은 철도운영이나 철도시설 관리를 할 때에는 법령에서 정하는 바에 따라 철도안전을 위하여 필요한 조치를 하고, [　　　　]나 [　　　　]가 시행하는 철도안전시책에 적극 협조하여야 한다.

정답 국가, 지방자치단체

예제 **국민의 생명 · 신체 및 재산을 보호하기 위하여 철도안전시책을 마련해야 하는 주체로 맞는 것은?**

가. 철도운영자
나. 철도시설관리자
다. 국가와 지방자치단체
라. 국토교통부

예제 **철도안전법의 다른 법률과의 관계와 국가 등의 책무에 관한 내용으로 틀린 것은?**

가. 철도안전에 관하여 다른 법률에 특별한 규정이 있는 경우를 제외하고는 이 법(철도안전법)에서 정하는 바에 따른다.
나. 국가와 지방자치단체는 국민의 생명 · 신체 및 재산을 보호하기 위하여 철도안전시책을 마련하여 성실히 추진하여야 한다.
다. 철도시설관리자는 철도시설관리를 할 때는 법령에서 정하는 바에 따라 철도안전을 위하여 필요한 조치를 하고 국토교통부가 시행하는 철도안전시책과는 별도로 자체 관리한다.
라. 철도운영자는 철도운영을 할 때는 법령에서 정하는 바에 따라 철도안전에 관한 필요한 조치를 한다.

해설 철도운영 및 철도시설관리자는 철도운영이나 철도시설관리를 할 때에는 철도안전을 위해 필요한 조치를 하고 국가나 지방자치단체가 시행하는 철도안전시책에 적극 협조하여야 한다.

제2장

철도안전관리체계

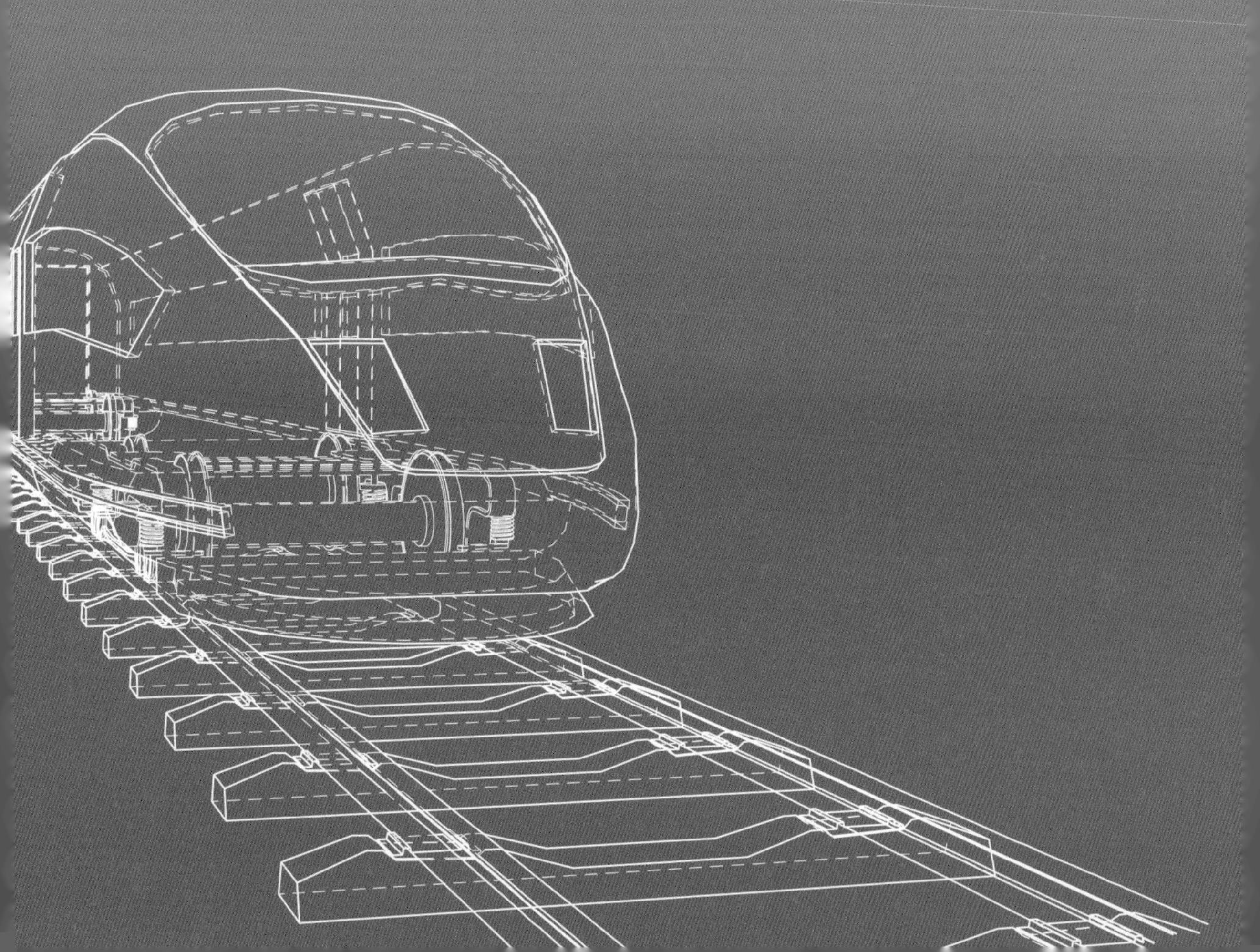

철도안전관리체계

제5조(철도안전 종합계획)

① 국토교통부장관은 5년마다 철도안전에 관한 종합계획(이하 "철도안전 종합계획"이라 한다)을 수립하여야 한다.

예제 **국토교통부장관은 [   ]마다 철도안전에 관한 [   ](이하 "[   ]"이라 한다)을 수립하여야 한다.**

정답 5년, 종합계획, 철도안전 종합계획

예제 **철도안전법령상 철도안전 종합계획은 몇 년마다 수립하여야 하는가?**

가. 1년
나. 3년
다. 5년
라. 10년

[철도안전종합계획수립연구"용역 최종 보고서(예)]

<table>
<tr>
<td>

"제3차 철도안전종합계획(수정계획) 수립연구" 용역 최종 보고서

2019년 6월 4일
국토교통부
한국철도기술연구원

</td>
<td>

"제3차 철도안전종합계획(수정계획) 수립연구" 용역 최종보고서

제목차례

제목차례
제1절 차례
제2절 국내외 철도안전현황
제3절 주요 연구 내용
제1장 철도안전의 비전 및 목표
제2장 4차 사업혁명 기반 스마트 철도안전 관리체계 구축 방안
제4절 기존 안전계획과 연계한 수정계획의 수립
제5절 계획의 실효성 확보 방안 마련

</td>
</tr>
</table>

② **철도안전 종합계획**에는 다음 각 호의 사항이 포함되어야 한다.

1. 철도안전 종합계획의 **추진 목표 및 방향**
2. 철도안전에 관한 **시설의 확충, 개량 및 점검** 등에 관한 사항
3. 철도차량의 **정비 및 점검** 등에 관한 사항
4. 철도안전 관계 **법령의 정비 등 제도개선**에 관한 사항
5. 철도안전 관련 전문 **인력의 양성 및 수급관리**에 관한 사항
6. 철도안전 관련 **교육훈련**에 관한 사항
7. 철도안전 관련 **연구 및 기술개발**에 관한 사항
8. 그 밖에 철도안전에 관한 사항으로서 국토교통부장관이 필요하다고 인정하는 사항

예제 **철도안전 종합계획(철도안전법 제5조)에는 아래의 [ ]사항이 포함되어야 한다.**

1. 추진 목표 및 방향
2. 시설의 확충, 개량 및 점검
3. 정비 및 점검
4. 법령의 정비 등 제도개선
5. 인력의 양성 및 수급관리
6. 교육훈련
7. 연구 및 기술개발

예제 철도안전 종합계획(철도안전법 제5조)에는 철도안전에 관한 시설의, [ ], [ ] 및 점검 등에 관한 사항을 포함한다.

정답 확충, 개량

예제 다음 중 철도안전종합계획에 포함되어야 할 사항이 아닌 것은?

가. 철도안전 종합계획의 추진목표 및 방향

나. 철도시설의 신설 및 확충에 대한 예산

다. 철도안전 관계 법령의 정비 등 제도에 관한 사항

라. 철도차량의 정비 및 점검 등에 관한 사항

해설 '철도시설의 신설 및 확충에 대한 예산'은 철도안전종합계획에 포함되어 있지 않다.

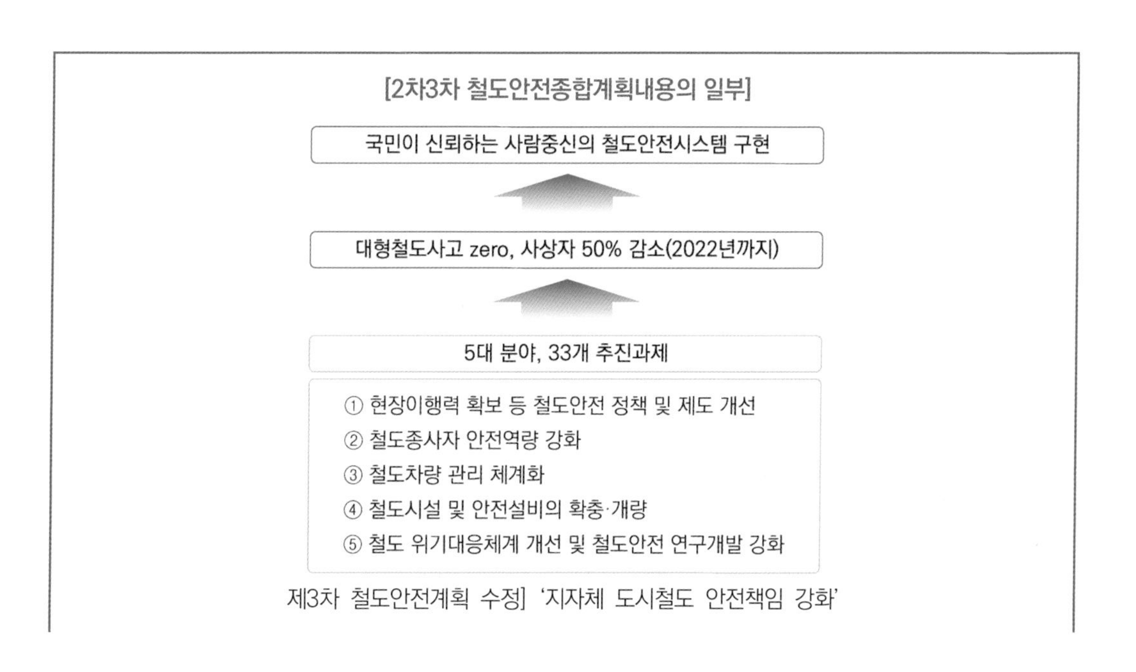

제3차 철도안전계획 수정] '지자체 도시철도 안전책임 강화'

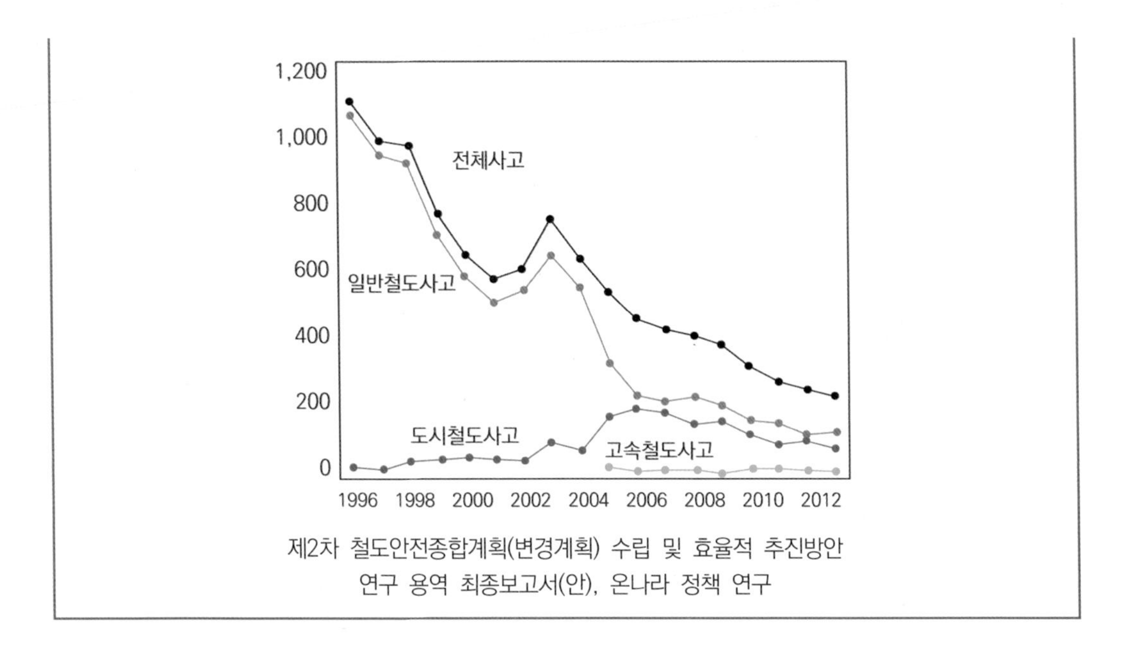

제2차 철도안전종합계획(변경계획) 수립 및 효율적 추진방안
연구 용역 최종보고서(안), 온나라 정책 연구

예제 철도안전법령상 철도안전 종합계획수립 시 포함되어야 할 사항이 아닌 것은?

가. 철도안전 관련 조직에 관한 사항

나. 철도차량의 정비 및 점검 등에 관한 사항

다. 철도안전 관련 전문 인력의 양성 및 수급관리에 관한 사항

라. 철도안전 종합계획의 추진 목표 및 방향

해설 '철도안전 관련 조직에 관한 사항'은 포함되지 않는다.

예제 다음 중 철도안전 종합계획 수립 포함 사항이 아닌 것은?

가. 철도차량의 정비 및 점검 등에 관한 사항

나. 철도안전 관련 교육계획에 관한 사항

다. 철도안전 종합계획의 추진 목표 및 방향

라. 철도안전 관련 전문 인력의 양성 및 수급관리에 관한 사항

해설 '철도안전 관련 교육훈련에 관한 사항'은 포함되나 '철도안전 관련 교육계획에 관한 사항'은 아니다.

③ 국토교통부장관은 철도안전 종합계획을 수립 할 때에는 미리 관계 중앙행정기관의 장 및 철도운영자등과 협의한 후 기본법 제6조제1항에 따른 철도산업위원회의 심의를 거쳐야 한다. 수립된 철도안전 종합계획을 변경(대통령령으로 정하는 경미한 사항의 변경은 제외한다)할 때에도 또한 같다.

예제 **국토교통부장관은 철도안전 종합계획을 수립 할 때에는 미리 관계 중앙행정기관의 장 및 철도운영자등과 협의한 후 기본법 제6조제1항에 따른 [ ] 심의를 거쳐야 한다.**

정답 철도산업위원회의

☞ 「철도산업발전법」 제6조 (철도산업위원회)

① 철도산업에 관한 기본계획 및 중요정책 등을 심의 · 조정하기 위하여 국토교통부에 철도산업위원회(이하 "위원회"라 한다)를 둔다.

[철도산업위원회 회의와 관련 기사]

철도산업위원회 회의(중앙일보)

LH 철도산업위원회 심의 결정 무시(한국건설신문)

예제 다음 빈칸에 알맞은 말은?

철도안전법 제5조(철도안전 종합계획) "국토교통부장관은 ( )년마다 철도안전에 관한 종합계획을 수립하여야 한다.", "국토교통부장관은 철도안전 종합계획을 수립할 때에는 미리 관계 중앙행정기관의 장 및 ( ) 등과 협의한 후 기본법 제6조 제1항에 따른 ( )의 심의를 거쳐야 한다."

가. 1년 - 철도기술자 - 철도산업위원회　　나. 3년 - 철도운영자 - 철도기술위원회

다. 5년 - 철도운영자 - 철도산업위원회　　라. 5년 - 철도운영자 - 철도기술위원회

해설 '5년-철도운영자-철도산업위원회'가 맞다.

예제 **다음 중 철도안전종합계획 및 철도안전시행계획에 관한 설명으로 맞지 않는 것은?**

가. 국토교통부장관은 철도안전종합계획을 수립하는 때에는 미리 관계중앙행정기관의 장 및 철도운영자 등과 협의한 후 철도기술위원회의 심의를 거쳐야 한다.

나. 국토교통부장관, 시·도지사 및 철도운영자 등은 철도안전종합계획에 따라 소관별로 철도종합안전계획의 단계적 시행에 필요한 연차별 시행계획을 수립·추진할 수 있다.

다. 국토교통부장관은 철도안전종합계획의 수립 시 대통령이 정하는 경미한 사항을 변경하고자 하는 때에는 철도산업발전기본법에 의한 철도산업위원회의 심의를 거치지 않을 수 있다.

라. 철도운영자 및 철도시설관리자는 다음 연도의 시행계획의 추진실적을 매년 10월말까지 국토교통부장관에게 제출하여야 한다.

해설 국토교통부장관은 철도안전종합계획을 수립하는 때에는 미리 관계중앙행정기관의 장 및 철도운영자 등과 협의한 후 철도산업위원회의 심의를 거쳐야 한다.

④ 국토교통부장관은 철도안전 종합계획을 수립하거나 변경하기 위하여 필요하다고 인정하면 관계 중앙행정기관의 장 또는 특별시장·광역시장·특별자치시장·도지사·특별자치도지사(이하 "시·도지사"라 한다)에게 관련 자료의 제출을 요구할 수 있다. 자료 제출 요구를 받은 관계 중앙행정기관의 장 또는 시·도지사는 특별한 사유가 없으면 이에 따라야 한다.

예제 **국토교통부장관은 철도안전 종합계획을 [ ]하거나 [ ]하기 위하여 필요하다고 인정하면 관계 중앙행정기관의 장 또는 [ ]에게 관련 자료의 제출을 요구할 수 있다.**

정답 수립, 변경, 시·도지사

[철도안전종합계획 주요 내용]

제3차 철도안전종합계획 주요 내용

- 대형사고 발생시 최고경영자 해임 건의 조치
- 주요 지역 500곳에 선로변 울타리 설치
- 철도 차량에 대한 체계적 관리체계 도입
- 유지보수·철도교통관제업무 분리 검토·추진
- 서울·부산·익산 등 KTX 주요역 보안검색 실시

자료 국토교통부 news1

대형 철도사고 발생시 기관장 해임 건의…
과징금 규모↑

사람 · 현장 중심 철도 구현 위한 3차
철도안전종합계획을 변경합니다!(네이버 블로그)

예제 **다음 철도안전법령상 철도안전종합계획에 관한 설명이다. 틀린 것은?**

가. 국토교통부장관은 5년마다 철도안전에 관한 종합계획을 수립하여야 한다.

나. 국토교통부장관은 철도안전종합계획을 수립할 때에는 미리 관계 중앙행정기관의 장 및 철도운영자등과 협의한 후 철도산업위원회의 심의를 거쳐야 한다.

다. 국토교통부장관은 철도안전종합계획을 수립하거나 변경할 경우 관계 중앙행정기관의 장 또는 시·도지사에게 관련 자료의 제출을 요구하여야 한다.

라. 국토교통부장관은 철도안전종합계획을 수립하거나 변경하였을 때에는 이를 관보에 고시하여야 한다.

해설 국토교통부장관은 철도안전 종합계획을 수립하거나 변경하기 위하여 필요하다고 인정하면 관계 중앙행정기관의 장 또는 특별시장 · 광역시장 · 특별자치시장 · 도지사 · 특별자치도지사(이하 "시 · 도지사"라 한다)에게 관련 자료의 제출을 요구할 수 있다.

⑤ 국토교통부장관은 제3항에 따라 철도안전 종합계획을 수립하거나 변경하였을 때에는 이를 관보에 고시하여야 한다.

예제 **국토교통부장관은 철도안전 종합계획을 [ ]하거나 [ ]하였을 때에는 이를[ ]에 고시하여야 한다.**

정답 수립, 변경, 관보

[관보]

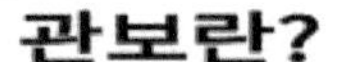
관보란?

국가가 국민에게 널리 알릴 사항을 편찬하여 발행하는 국가의 공고기관지로 '관보'라는 제호로 발간하는 정기간행물입니다.

- 주요 기능으로는

첫째, 헌법개정·법률·조약·대통령령·총리령 및 부령의 공포와 헌법개정안·예산 및 예산외국고부담계약의 공고 수단입니다.

둘째, 법령 공포와 대통령(국무총리)훈령 및 대통령(국무총리) 지시사항, 각급 기관의 인사발령 통지 등 정부 기관간의 공문 시행을 대체하는 역할을 합니다.

- 관보는 국가가 국민들에게 주요 시책을 가장 공식적으로 알리는 전달매체이고, 단일 제호로 가장 오랫동안 발행되고 있어 당시 국가의 정치·사회상이 반영된 역사적인 기록물로서 가치가 있습니다.

세상만사-티스토리

국토교통부 승인 고시가 있는 전자관보로 가는 방법9네이버 블로그)

예제 철도안전종합계획에 관한 내용 중 맞지 않는 것은?

가. 국토교통부장관의 철도안전종합계획의 수립 또는 변경을 위한 관련 자료의 제출요구를 받은 관계 중앙행정기관장 또는 시·도지사는 특별한 사유가 있으면 그 사유를 사전에 보고하여야 한다.

나. 국토교통부장관은 철도안전종합계획을 수립하는 때에는 미리 관계 중앙행정기관의 장 및 철도운영자 등과 협의한 후 철도산업위원회의 심의를 거쳐야 한다.

다. 국토교통부장관은 5년마다 철도안전에 관한 종합계획을 수립하여야 한다.

라. 국토교통부장관은 철도안전종합계획을 수립 또는 변경한 때에는 이를 관보에 고시하여야 한다.

해설 철도안전법 제5조(철도안전 종합계획) 제4항 국토교통부장관은 철도안전 종합계획을 수립하거나 변경하기 위하여 필요하다고 인정하면 관계 중앙행정기관의 장 또는 특별시장 · 광역시장 · 특별자치시장 · 도지사 · 특별자치도지사(이하 "시 · 도지사"라 한다)에게 관련 자료의 제출을 요구할 수 있다. 자료 제출 요구를 받은 관계 중앙행정기관의 장 또는 시 · 도지사는 특별한 사유가 없으면 이에 따라야 한다.

시행령 제4조(철도안전 종합계획의 경미한 변경)

법 제5조제3항 후단에서 "**대통령령으로 정하는 경미한 사항의 변경**"이란 다음 각 호의 어느 하나에 해당하는 변경을 말한다.

1. 법 제5조제1항에 따른 철도안전 종합계획(이하 “철도안전 종합계획”이라 한다)에서 정한 총사업비를 원래 계획의 100분의 10 이내에서의 변경
2. 철도안전 종합계획에서 정한 시행기한 내에 단위사업의 시행시기의 변경
3. 법령의 개정, 행정구역의 변경 등과 관련하여 철도안전 종합계획을 변경하는 등 당초 수립된 철도안전 종합계획의 기본방향에 영향을 미치지 아니하는 사항의 변경

예제 **“대통령령으로 정하는 경미한 사항의 변경”이란 다음에 해당하는 변경을 말한다.**

1. 원래 계획의 [ ] 이내에서의 변경
2. 단위사업의 [ ]의 변경
3. 철도안전 [ ]을 변경

정답 100분의 10, 시행시기, 종합계획

예제 **철도안전 종합계획(영 제4조: 경미한 변경)에서 ( )를 원래 계획의 ( ) 이내에서의 변경은 “대통령령으로 정하는 경미한 사항의 변경”에 해당된다.**

정답 총사업비, (100분의 10)

예제 **국토교통부장관이 철도안전 종합계획을 변경할 때에 철도산업위원회의 심의를 거치지 않아도 되는 경우는?**

가. 철도안전종합계획에서 정한 총사업비를 원래 계획의 100분의 10 이내에서의 변경
나. 철도안전종합계획에서 정한 총사업비를 원래 계획의 100분의 15 이내에서의 변경
다. 철도안전종합계획에서 정한 총사업비를 원래 계획의 100분의 20 이내에서의 변경
라. 철도안전종합계획에서 정한 총사업비를 원래 계획의 100분의 30 이내에서의 변경

해설 철도안전법 시행령 제4조(철도안전 종합계획의 경미한 변경) 제1호 법 제5조제1항에 따른 철도안전 종합계획(이하 “철도안전 종합계획”이라 한다)에서 정한 총사업비를 원래 계획의 100분의 10 이내에서의 변경

예제 **이미 수립된 철도안전 종합계획의 변경 시 철도산업위원회의 심의를 거치지 않아도 되는 경우는?**

가. 철도안전 종합계획에서 정한 총사업비를 원래 계획의 100분의 20 이내에서의 변경

나. 철도안전 종합계획에서 정한 시행기한 내에 단위사업의 시행시기의 변경

다. 기본방향에 영향이 있는 법령의 개정 등과 관련한 철도안전 종합계획의 변경

라. 기본방향에 영향이 있는 행정구역의 변경 등과 관련한 철도안전 종합계획의 변경

해설 철도안전법 시행령 제4조(철도안전 종합계획의 경미한 변경): 철도안전 종합계획에서 정한 시행기한 내에 단위사업의 시행시기의 변경 철도산업위원회의 심의를 거치지 않아도 된다.

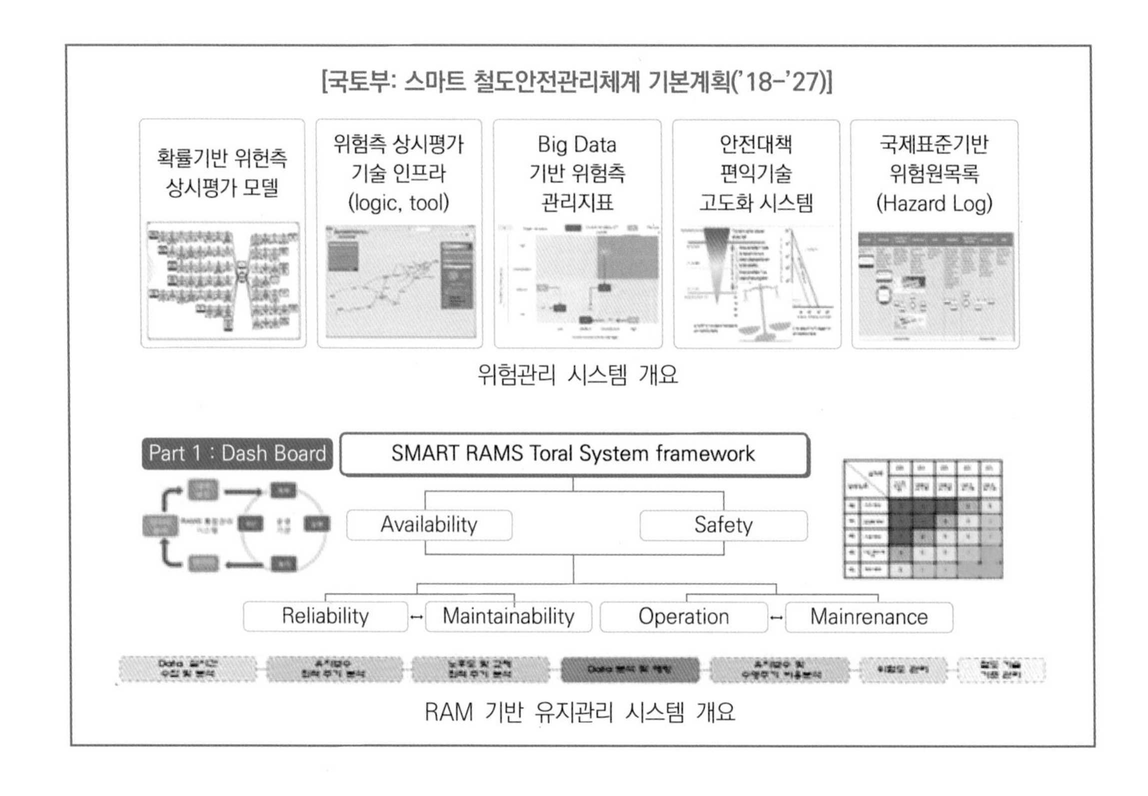

[스마트 철도안전관리체계 구축 기본계획]

• 재난대응
- LTE무선통신
- IOT로 상황관제

• 보안강화
- 지능형 CCTV
- AI위험물 판독

• 유지관리
- 부품에 센서설치
- 3D프린터로 부품제작

• 위험관리
- 빅데이터 분석

• 시설점검
- 드론 활용 확대
- 이력관리시스템 도입

제6조(시행계획)

① 국토교통부장관, 시·도지사 및 철도운영자등은 철도안전 종합계획에 따라 소관별로 철도안전 종합계획의 단계적 시행에 필요한 연차별 시행계획(이하 "시행계획"이라 한다)을 수립·추진하여야 한다.

예제 **국토교통부장관, 시·도지사 및 (　　　　) 등은 철도안전 종합계획에 따라 소관별로 철도안전 종합계획의 단계적 시행에 필요한 (　　　　)을 수립·추진하여야 한다(제6조(시행계획)).**

정답 철도운영자, 연차별 시행계획

② 시행계획의 수립 및 시행절차 등에 관하여 필요한 사항은 대통령령으로 정한다.

예제 **시행계획의 수립 및 시행절차 등에 관하여 필요한 사항은 [　　　　]으로 정한다.**

정답 대통령령

[철도안전 연차별 시행계획의 예]

<table>
<tr><th colspan="2">[분야별 주요 심사항목]</th></tr>
<tr><td>안전관리분야
1. 철도안전 연차별 시행계획수립 및 추진
가. 안전목표의 수립·관리에 관한 사항
나. 철도안전시설의 확충·개량 및 점검 등 관련 사항
다. 철도차량의 정비 및 점검 등 관련 사항
라. 철도안전 법령의 정비 등 제도개선에 관한 사항
마. 철도안전 전문인력의 양성 및 수급관리에 관한 사항
바. 철도안전 교육훈련에 관한 사항
사. 기타 철도안전종합계획에 관한 사항</td><td>"제2차 철도안전종합계획(변경계획) 수립 및 효율적 추진방안 연구" 용역 최종보고서(안)

2014년 2월 24일

국토교통부
한국철도기술연구원
교통안전공단</td></tr>
</table>

예제 **철도안전 종합계획에 따른 시행계획의 수립주체가 아닌 것은?**

가. 국토교통부장관　　나. **한국교통안전공단이사장**

다. 시·도지사　　라. 철도운영자

해설 한국교통안전공단이사장(교통사고 예방을 위한 사업 및 교통체계 운영·관리 지원을 위한 사업을 수행하는 국토교통부 산하기관)은 철도안전 종합계획에 따른 시행계획의 수립주체가 될 수 없다.

시행령 제5조(시행계획 수립절차 등)

① 법 제6조에 따라 특별시장·광역시장·특별자치시장·도지사 또는 특별자치도지사(이하 "시·도지사"라 한다)와 철도운영자 및 철도시설관리자(이하 "철도운영자등"이라 한다)는 다음 연도의 시행계획을 매년 10월 말까지 국토교통부장관에게 제출하여야 한다.

예제 **철도안전법령상(영 제5조) 시·도지사 및 철도운영자등은 [　　　]의 [　　　]을 매년 [　　　]까지 국토교통부장관에게 제출하여야 한다.**

정답 다음 연도, 시행계획, 10월말

② 시 · 도지사 및 철도운영자등은 전년도 시행계획의 추진실적을 매년 2월 말까지 국토교통부장관에게 제출하여야 한다.

예제 **철도안전법령상(영 제5조) 시 · 도지사 및 철도운영자등은 국토교통부장관에게 [ ]까지 [ ]의 [ ]을 제출하여야 한다.**

정답 2월말, 전년도 시행계획, 추진실적

③ 국토교통부장관은 제1항에 따라 시 · 도지사 및 철도운영자등이 제출한 다음 연도의 시행계획이 철도안전 종합계획에 위반되거나 철도안전 종합계획을 원활하게 추진하기 위하여 보완이 필요하다고 인정될 때에는 시 · 도지사 및 철도운영자등에게 시행계획의 수정을 요청할 수 있다.

④ 제3항에 따른 수정 요청을 받은 시 · 도지사 및 철도운영자등은 특별한 사유가 없는 한 이를 시행계획에 반영하여야 한다.

예제 **철도안전법령상 시행계획 수립절차에 관한 설명으로 옳지 않은 것은?**

가. 국토교통부장관은 다음 연도의 시행계획이 철도안전 종합계획에 위반되거나 보완이 필요하다고 인정될 때에는 시도지사 및 철도운영자에게 시행계획의 수정을 요청할 수 있다.

나. 시 · 도지사 및 철도운영자등은 전년도 시행계획의 추진실적을 매년 10월말까지 국토교통부장관에게 제출하여야 한다.

다. 시행계획의 수정 요청을 받은 시 · 도지사 및 철도운영자 등은 특별한 사유가 없는 한 이를 시행계획에 반영하여야 한다.

라. 시 · 도지사 및 철도운영자등은 다음 연도의 시행계획을 매년 10월말까지 국토교통부장관에게 제출하여야 한다.

해설 철도안전법 시행령 제5조(시행계획 수립절차 등) 제2항 시 · 도지사 및 철도운영자등은 전년도 시행계획의 추진실적을 매년 2월 말까지 국토교통부장관에게 제출하여야 한다.

예제 **철도안전법령상 시 · 도지사 및 철도운영자등은 다음 연도의 시행계획을 국토교통부장관에게 언제까지 제출하여야 하는가?**

가. 매년 1월 말
나. 매년 2월 말
다. 매년 10월 말
라. 매년 11월 말

해설 시 · 도지사 및 철도운영자등은 다음 연도의 시행계획을 매년 10월말까지 국토교통부장관에게 제출하여야 한다.

예제 **철도안전법령상 시 · 도지사 및 철도운영자등은 국토교통부장관에게 언제까지 전년도 시행계획의 추진실적을 제출하여야 하는가?**

가. 매년 1월 말　　　　**나. 매년 2월 말**

다. 매년 10월 말　　　　라. 매년 11월 말

해설 철도안전법 시행령 제5조(시행계획 수립절차 등) 제2항 시 · 도지사 및 철도운영자등은 전년도 시행계획의 추진실적을 매년 2월 말까지 국토교통부장관에게 제출하여야 한다.

제7조(안전관리체계의 승인)

① 철도운영자등(전용철도의 운영자는 제외한다. 이하 이 조 및 제8조에서 같다)은 철도운영을 하거나 철도시설을 관리하려는 경우에는 인력, 시설, 차량, 장비, 운영절차, 교육훈련 및 비상대응계획 등 철도 및 철도시설의 안전관리에 관한 유기적 체계(이하 "안전관리체계"라 한다)를 갖추어 국토교통부장관의 승인을 받아야 한다.

[철도안전체계]

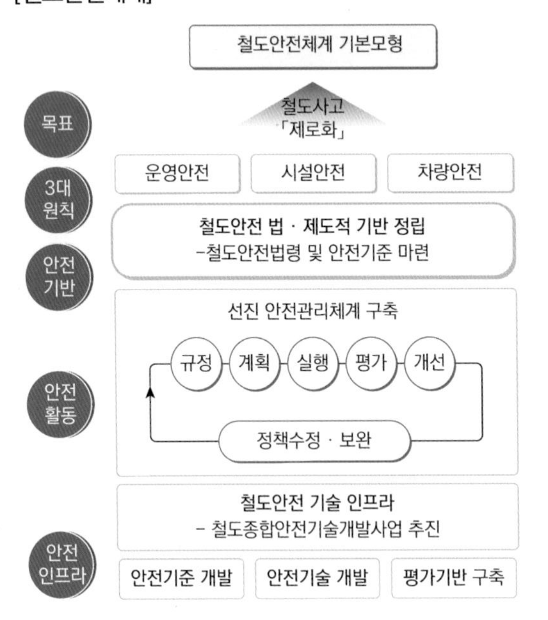

철도안전관리체계 수시검사 강화

개요
철도운영자 등이 철도사고 및 운행 장애 등을 발생시키거나 발생시킬 우려가 있는 경우에 예방 및 재발방지를 위하여 시행하는 검사

대상
한국철도공사 등 전국 철도운영기관

예제 **철도운영자등은 철도운영을 하거나 [　　　　]을 관리하려는 경우에는 인력, 시설, 차량, 장비, 운영절차, 교육훈련 및 비상대응계획 등 철도 및 철도시설의 [　　　　]에 관한 유기적 체계를 갖추어 [　　　　　　]의 승인을 받아야 한다(제7조 안전관리 승인).**

정답 철도시설, 안전관리, 국토교통부장관

예제 **철도안전법령상 안전관리체계는 누구의 승인을 받아야 하는가?**

가. 국토교통부장관　　　　나. 한국교통안전공단

다. 철도산업위원회　　　　라. 철도기술심의위원회

해설 철도운영을 하거나 철도시설을 관리하려는 경우에는 인력, 시설, 차량, 장비, 운영절차, 교육훈련 및 비상대응계획 등 철도 및 철도시설의 안전관리에 관한 유기적 체계(이하 "안전관리체계"라 한다)를 갖추어 국토교통부장관의 승인을 받아야 한다.

② 전용철도의 운영자는 자체적으로 안전관리체계를 갖추고 지속적으로 유지하여야 한다.

③ 철도운영자등은 제1항에 따라 승인받은 안전관리체계를 변경(제5항에 따른 안전관리기준의 변경에 따른 안전관리체계의 변경을 포함한다. 이하 이 조에서 같다)하려는 경우에는 국토교통부장관의 변경승인을 받아야 한다. 다만, 국토교통부령으로 정하는 경미한 사항을 변경하려는 경우에는 국토교통부장관에게 신고하여야 한다.

④ 국토교통부장관은 제1항 또는 제3항 본문에 따른 안전관리체계의 승인 또는 변경승인의 신청을 받은 경우에는 해당 안전관리체계가 제5항에 따른 안전관리기준에 적합한지를 검사한 후 승인 여부를 결정하여야 한다.

⑤ 국토교통부장관은 철도안전경영, 위험관리, 사고 조사 및 보고, 내부점검, 비상대응계획, 비상대응훈련, 교육훈련, 안전정보관리, 운행안전관리, 차량·시설의 유지관리(차량의 기대수명에 관한 사항을 포함한다) 등 철도운영 및 철도시설의 안전관리에 필요한 기술기준을 정하여 고시하여야 한다.

⑥ 제1항부터 제5항까지의 규정에 따른 승인절차, 승인방법, 검사기준, 검사방법, 신고절차 및 고시방법 등에 관하여 필요한 사항은 국토교통부령으로 정한다.

규칙 제2조(안전관리체계 승인 신청 절차 등)

① 철도운영자 및 철도시설관리자(이하 "철도운영자등"이라 한다)가 법 제7조제1항에 따른 안전관리체계(이하 "안전관리체계"라 한다)를 승인받으려는 경우에는 철도운용 또는 철도시설 관리 개시 예정일 90일 전까지 별지 제1호 서식의 철도안전관리체계 승인신청서에 다음 각 호의 서류를 첨부하여 국토교통부장관에게 제출하여야 한다.

예제 철도운영자 및 철도시설관리자가 안전관리체계를 승인받으려는 경우에는 (　　) 또는 (　　　　) 개시 예정일 (　)전까지 철도안전관리체계 (　　　)에 다음 각 호의 서류를 첨부하여 국토교통부장관에게 제출하여야 한다(규칙 제2조(안전관리체계 승인 신청 절차 등)).

정답 철도운용, 철도시설 관리, 90일, 승인신청서

예제 철도운영자 등이 승인받은 안전관리체계를 변경하려는 경우에는 변경된 (　　　) 또는 철도시설 관리 개시 예정일 (　　　)일 전(변경사항의 경우에는 (　　_)일 전)까지 철도안전관리체계 변경승인신청서에 서류를 첨부하여 국토교통부장관에게 제출하여야 한다(규칙 제2조(안전관리체계 승인 신청 절차 등)).

정답 철도운영, 30, 90

예제 국토교통부장관이 안전관리체계의 승인 또는 변경승인 신청을 받은 경우에는 (　) 이내에 승인 또는 변경에 필요한 (　) 등의 계획서를 작성하여 신청인에게 통보하여야 한다(규칙 제2조(안전관리체계 승인 신청 절차 등)).

정답 15, 검사

1. 「철도사업법」 또는 「도시철도법」에 따른 철도사업면허증 사본
2. 조직 · 인력의 구성, 업무 분장 및 책임에 관한 서류
3. 다음 각 호의 사항을 적시한 철도안전관리시스템에 관한 서류
   가. 철도안전관리시스템 개요
   나. 철도안전경영

다. 문서화
라. 위험관리
마. 요구사항 준수
바. 철도사고 조사 및 보고
사. 내부 점검
아. 비상대응
자. 교육훈련
차. 안전정보
카. 안전문화

예제 **철도운영자등이 안전관리체계를 승인받으려는 경우에는 철도운용 또는 철도시설 관리 개시 예정일 90일 전까지 철도안전관리체계 승인신청서에 다음 각 호의 서류를 첨부하여 국토교통부장관에게 제출하여야 한다.**

[철도안전관리체계 승인신청서 시 필요한 서류]

1. 철도사업면허증
2. 조직·인력의 구성, 업무 분장 및 책임
3. 철도안전관리시스템
   ① 철도안전관리시스템 개요
   ② 철도안전경영
   ③ 문서화
   ④ 위험관리
   ⑤ 요구사항 준수
   ⑥ 철도사고 조사 및 보고
   ⑦ 내부 점검
   ⑧ 비상대응
   ⑨ 교육훈련
   ⑩ 안전정보
   ⑪ 안전문화

예제 **안전관리체계의 승인을 받을 때 철도안전관리체계 승인신청서와 함께 첨부하여야 하는 철도안전관리시스템에 관한 서류에 적시할 내용이 아닌 것은?**

가. 철도안전관리시스템 개요　　나. 철도사고 조사 및 보고
다. 교육훈련 및 안전정보, 안전문화　　**라. 철도안전연구 및 개발**

해설 철도안전법 시행규칙 제2조(안전관리체계 승인 신청 절차 등) 제1항제3호: '철도안전연구 및 개발'은 철도안전관리시스템에 관한 서류에 적시할 내용이 아니다.

4. 철도운영자 및 철도시설관리자가 안전관리체계를 승인받으려는 경우에는 다음 각 호의 사항을 적시한 열차운행체계에 관한 서류를 제출하여야 한다.
   가. 철도운영 개요
   나. 철도사업면허
   다. 열차운행 조직 및 인력
   라. 열차운행 방법 및 절차
   마. 열차 운행계획
   바. 승무 및 역무
   사. 철도관제업무
   아. 철도보호 및 질서유지
   자. 열차운영 기록관리
   차. 위탁 계약자 감독 등 위탁업무 관리에 관한 사항

예제 **안전관리체계를 승인받기 위해 필요한 열차운행체계에 관한 서류는?**

정답 [열차운행체계에 관한 서류]
① 철도운영 개요
② 철도사업면허
③ 열차운행 조직 및 인력
④ 열차운행 방법 및 절차
⑤ 열차 운행계획
⑥ 승무 및 역무
⑦ 철도관제업무
⑧ 철도보호 및 질서유지

⑨ 열차운영 기록관리
⑩ 위탁 계약자 감독 등 위탁업무 관리에 관한 사항

예제 **철도안전법령상 철도안전관리체계의 승인 신청 시 제출하는 서류 중 열차운행체계에 관한 서류가 아닌 것은?**

가. 철도관제업무 | 나. 철도시설 안전관리
다. 위탁업무 관리에 관한 사항 | 라. 승무 및 역무

해설 철도안전법 시행규칙 제2조(안전관리체계 승인 신청 절차 등) 제1항 4호: 철도시설 안전관리는 철도안전관리체계의 승인 신청 시 제출하는 서류 중 열차운행체계에 관한 서류가 아니다.

예제 **철도안전관리체계 승인신청서 제출 시 열차운행체계에 관한 서류를 모두 고르시오.**

㉠ 승무 및 역무 | ㉡ 질서유지
㉢ 열차운전면허자 수 | ㉣ 열차운행계획

가. ㉠, ㉢ | 나. ㉡, ㉣
다. ㉡, ㉢, ㉣ | 라. ㉠, ㉡, ㉣

해설 철도안전법 시행규칙 제2조(안전관리체계 승인 신청 절차 등): 열차운전면허자 수는 열차운행체계에 관한 서류에 포함되지 않는다.

5. 다음 각 호의 사항을 적시한 유지관리체계에 관한 서류
   가. 유지관리 개요
   나. 유지관리 조직 및 인력
   다. 유지관리 방법 및 절차(법 제38조에 따른 종합시험운행 실시 결과를 반영한 유지관리 방법을 포함한다)
   라. 유지관리 이행계획
   마. 유지관리 기록
   바. 유지관리 설비 및 장비
   사. 유지관리 부품
   아. 철도차량 제작 감독

자. 위탁 계약자 감독 등 위탁업무 관리에 관한 사항

예제 **철도안전관리체계 승인신청서(규칙 제2조)에 다음 각 호의 사항를 적시한 3개의 서류 [[ ], [ ], [ ]]를 첨부하여 국토교통부장관에게 제출하여야 한다.**

정답 철도안전관리시스템에 관한 서류, 열차운행체계에 관한 서류, 유지관리체계에 관한 서류

예제 **철도운영자 등이 안전관리체계의 승인신청 시 첨부해야 할 서류사항이 아닌 것은?**

가. 조직·인력의 구성, 업무 분장 및 책임에 관한 서류
나. 철도안전관리시스템에 관한 서류
다. 열차운행체계에 관한 서류
라. 철도차량 유지보수체계에 관한 서류

해설 철도안전법 시행규칙 제2조(안전관리체계 승인 신청 절차 등): '철도차량 유지보수체계에 관한 서류'는 첨부하지 않아도 된다.

예제 **철도운영자 등이 안전관리체계의 승인신청 시 첨부해야 할 서류사항이 아닌 것은?**

가. 유지관리기록
나. 철도차량제작감독
다. 유지관리이행계획
라. 유지관리 교육훈련실적

해설 철도안전법 시행규칙 제2조(안전관리체계 승인 신청 절차 등): 유지관리 교육훈련실적은 안전관리체계의 승인신청 시 첨부해야 할 서류사항이 아니다.

예제 **다음 중 안전관리체계 승인 신청 절차에서 올바르게 짝 지어진 것은?**

가. 유지관리체계에 관한 서류 - 유지관리 이행계획
나. 열차운행체계에 관한 서류 - 열차운행 기록관리
다. 열차운행체계에 관한 서류 - 열차운행개요
라. 철도안전관리시스템에 관한 서류 - 안전정보관리

해설 철도안전법 시행규칙 제2조(안전관리체계 승인 신청 절차 등): 유지관리 이행계획을 포함한 유지관리체계에 관한 서류로서 안전관리체계 승인 신청 절차를 진행한다.

규칙 제3조(안전관리체계의 경미한 사항 변경)

① 법 제7조제3항 단서에서 "국토교통부령으로 정하는 경미한 사항"이란 다음 각 호의 어느 하나에 해당하는 사항을 제외한 변경사항을 말한다.

1. 안전 업무를 수행하는 전담조직의 변경(조직 부서명의 변경은 제외한다)
2. 열차운행 또는 유지관리 인력의 감소
3. 철도차량 또는 다음 각 목의 어느 하나에 해당하는 철도시설의 증가
4. 철도노선의 신설 또는 개량
5. 사업의 합병 또는 양도·양수
6. 유지관리 항목의 축소 또는 유지관리 주기의 증가
7. 위탁 계약자의 변경에 따른 열차운행체계 또는 유지관리체계의 변경

② 철도운영자등은 법 제7조제3항 단서에 따라 경미한 사항을 변경하려는 경우에는 별지 제1호의3서식의 철도안전관리체계 변경신고서에 다음 각 호의 서류를 첨부하여 국토교통부장관에게 제출하여야 한다.

1. 안전관리체계의 변경내용과 증빙서류
2. 변경 전후의 대비표 및 해설서

③ 국토교통부장관은 제2항에 따라 신고를 받은 때에는 제2항 각 호의 첨부서류를 확인한 후 별지 제1호의4서식의 철도안전관리체계 변경신고확인서를 발급하여야 한다.

예제 **안전관리체계의 경미한 사항 변경에서 국토교통부령으로 정하는 경미한 사항에 관한 내용으로 틀린 것은?**

가. 새로운 철도 노선의 개통은 경미한 변경사항이 아니다.
나. 사업의 합병 또는 양도·양수는 경미한 변경사항이 아니다.
다. 철도선로용량의 확충은 경미한 변경사항이 아니다.
라. 철도차량 또는 철도시설의 증가는 경미한 변경사항이 아니다.

해설 철도안전법 시행규칙 제3조(안전관리체계의 경미한 사항 변경): '철도선로용량의 확충은 경미한 변경사항이 아니다'는 해당되지 않는다.

규칙 제4조(안전관리체계의 승인 방법 및 증명서 발급 등)

① 법 제7조제4항에 따른 안전관리체계의 승인 또는 변경승인을 위한 검사는 다음 각 호에 따른 서류검사와 현장검사로 구분하여 실시한다. 다만, 서류검사만으로 법 제7조제5항에 따른 안전관리에 필요한 기술기준(이하 "안전관리기준"이라 한다)에 적합 여부를 판단할 수 있는 경우에는 현장검사를 생략할 수 있다.

1. 서류검사: 제2조제1항 및 제2항에 따라 철도운영자등이 제출한 서류가 안전관리기준에 적합한지 검사
2. 현장검사: 안전관리체계의 이행가능성 및 실효성을 현장에서 확인하기 위한 검사

② 국토교통부장관은 「도시철도법」 제3조제2호에 따른 도시철도 또는 같은 법 제24조 또는 제42조에 따라 도시철도건설사업 또는 도시철도운송사업을 위탁받은 법인이 건설·운영하는 도시철도에 대하여 법 제7조제4항에 따른 안전관리체계의 승인 또는 변경승인을 위한 검사를 하는 경우에는 해당 도시철도의 관할 시·도지사와 협의할 수 있다. 이 경우 협의 요청을 받은 시·도지사는 협의를 요청받은 날부터 20일 이내에 의견을 제출하여야 하며, 그 기간 내에 의견을 제출하지 아니하면 의견이 없는 것으로 본다.

예제 **안전관리체계의 승인 또는 변경승인을 위한 검사(규칙 제4조)는 다음 각 호에 따른 (　　　)와 (　　　)로 구분하여 실시한다.**

정답 서류검사, 현장검사

예제 **안전관리체계의 승인 또는 변경승인을 위한 검사를 협의 요청을 받은 [　　　]는 협의를 요청받은 날부터 [　　] 이내에 의견을 제출하여야 하며, 그 기간 내에 의견을 제출하지 아니하면 의견이 없는 것으로 본다**

정답 시·도지사, 20일

예제 **다음 중 안전관리체계의 승인 또는 변경승인을 위한 검사 중 생략이 가능한 검사로 옳은 것은?**

가. 실제검사　　　나. 기술검사

다. 안전관리기준검사　　　**라. 현장검사**

해설 규칙 제4조(안전관리체계의 승인 방법 및 증명서 발급 등): 안전관리체계의 승인 또는 변경승인을 위한 검사는 서류검사와 현장검사로 구분하여 실시한다. 다만, 서류검사만으로 법 제7조제5항에 따른 안전관리에 필요한 기술기준에 적합 여부를 판단할 수 있는 경우에는 현장검사를 생략할 수 있다.

예제 **다음 중 안전관리체계의 승인 방법 및 증명서 발급에 관한 내용으로 틀린 것은?**

가. 안전관리체계의 승인 또는 변경승인을 위한 검사는 서류검사와 현장검사로 구분하여 실시한다.

나. 검사에 관한 세부적인 기준, 절차 및 방법 등은 대통령령으로 정하여 고시한다.

다. 국토교통부장관은 검사 결과 안전관리기준에 적합하다고 인정하는 경우에는 철도안전관리체계 승인증명서를 신청인에게 발급하여야 한다.

라. 서류검사만으로 안전관리에 필요한 기술기준에 적합 여부를 판단할 수 있는 경우에는 현장검사를 생략할 수 있다.

해설 철도안전법 시행규칙 제4조(안전관리체계의 승인 방법 및 증명서 발급 등: 검사에 관한 세부적인 기준, 절차 및 방법 등은 국토교통부장관이 정하여 고시한다.

제2014-001호

철도안전관리체계 승인 증명서

1. 회 사 명: 대구도시철도공사
2. 대 표 자: 홍승활
3. 소 재 지: 대구광역시 달서구 월배로 250
4. 구 분

[o]철도시설관리자	[ ]고속철도	[ ]일반철도	[o]도시철도
[o]철도운영자	[ ]고속철도	[ ]일반철도	[o]도시철도

「철도안전법」 제7조 및 같은 법 시행규칙 제4조2항에 따라 위 철도안전관리체계 승인을 증명합니다.

2014년 10월 23일

국토교통부장관 직인

예제 다음 안전관리체계의 이행 가능성 및 실효성을 현장에서 확인하기 위한 검사로 맞는 것은?

가. 서류검사 나. 안전검사

다. 현장검사 라. 기능검사

해설 현장검사: 안전관리체계의 이행가능성 및 실효성을 현장에서 확인하기 위한 검사

규칙 제5조(안전관리기준 고시방법)

법 제7조제5항에 따라 안전관리기준은 제44조제1항에 따른 철도기술심의위원회의 심의를 거쳐 관보에 고시한다.

예제 안전관리기준은 [ ]의 [ ]를 거쳐 [ ]에 고시한다.

해설 철도기술심의위원회, 심의, 관보

☞ 「철도안전법 시행규칙」 제44조 (철도기술심의위원회의 설치)
국토교통부장관은 다음 각 호의 사항을 심의하게 하기 위하여 철도기술심의위원회(이하 "기술위원회"라 한다)를 설치한다.
1. 법 제7조제5항 · 제26조제3항 · 제26조의3제2항 · 제27조제2항 및 제27조의2제2항에 따른 기술기준의 제정 · 개정 또는 폐지

제8조(안전관리체계의 유지 등)

① 철도운영자등은 철도운영을 하거나 철도시설을 관리하는 경우에는 제7조에 따라 승인받은 안전관리체계를 지속적으로 유지하여야 한다.

② 국토교통부장관은 철도운영자등이 제1항에 따른 안전관리체계를 지속적으로 유지하는지를 점검 · 확인하기 위하여 국토교통부령으로 정하는 바에 따라 정기 또는 수시로 검사할 수 있다.

③ 국토교통부장관은 제2항에 따른 검사 결과 안전관리체계가 지속적으로 유지되지 아니하거나 그 밖에 철도안전을 위하여 긴급히 필요하다고 인정하는 경우에는 국토교통부

령으로 정하는 바에 따라 시정조치를 명할 수 있다.

[안전관리시스템]

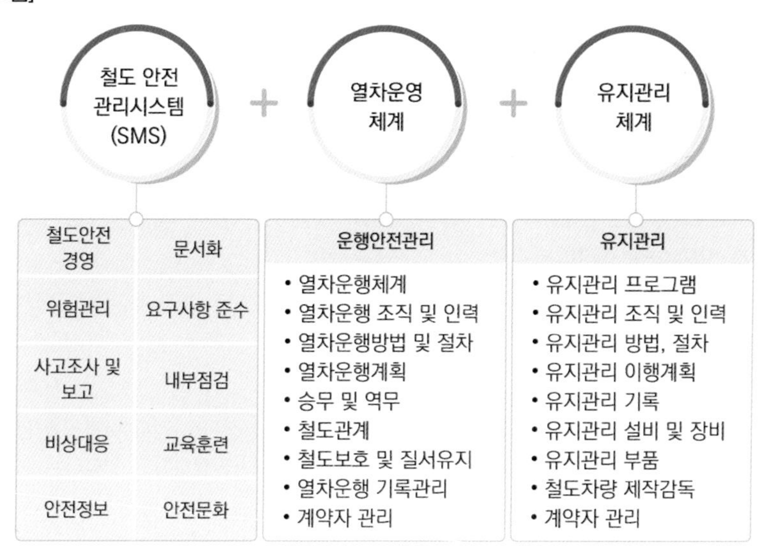

예제 국토교통부장관은 철도운영자등이 [ ]를 지속적으로 유지하는지를 점검·확인하기 위하여 국토교통부령으로 정하는 바에 따라 [ ] 또는 [ ]로 검사할 수 있다.

정답 안전관리체계, 정기, 수시

예제 다음 철도안전관리체계에 관한 설명 중 틀린 것은?

가. 국토교통부장관은 안전관리체계가 지속적으로 유지되지 아니하거나 그 밖에 철도안전을 위하여 긴급히 필요하다고 인정하는 경우에는 국토교통부령으로 정하는 바에 따라 시정조치를 명하여야 한다.

나. 철도운영자등은 국토교통부령이 정하는 바에 의하여 철도안전관리에 관한 규정을 정하여 국토교통부장관의 승인을 얻어야 한다.

다. 국토교통부장관은 안전관리체계의 승인 또는 변경승인의 신청을 받은 경우에는 해당 안전관리체계가 안전관리기준에 적합한지를 검사한 후 승인 여부를 결정하여야 한다.

라. 철도안전종합계획은 매 5년마다 철도안전에 관하여 국토교통부장관이 수립하여야 한다.

해설 철도안전법 제8조(안전관리체계의 유지 등) 제3항 국토교통부장관은 검사 결과 안전관리체계가 지속적으로 유지되지 아니하거나 그 밖에 철도안전을 위하여 긴급히 필요하다고 인정하는 경우에는 국토교통부령으로 정하는 바에 따라 시정조치를 명할 수 있다.

예제 **다음 중 안전관리체계의 유지에 대한 설명으로 옳지 않은 것은?**

가. 국토교통부장관은 안전관리체계를 지속적으로 유지하는지 정기 또는 수시로 검사할 수 있다.

나. 철도안전을 위하여 긴급히 필요하다고 인정하는 경우에는 대통령령으로 정하는 바에 따라 시정조치를 명할 수 있다.

다. 철도운영자등은 철도운영을 하거나 철도시설을 관리하는 경우에는 승인받은 안전관리체계를 지속적으로 유지하여야 한다.

라. 철도운영자등은 국토교통부령이 정하는 바에 의하여 철도안전관리에 관한 규정을 정하여 국토교통부장관의 승인을 얻어야 한다

해설 철도안전법 제8조(안전관리체계의 유지 등) 제3항 국토교통부장관은 검사 결과 안전관리체계가 지속적으로 유지되지 아니하거나 그 밖에 철도안전을 위하여 긴급히 필요하다고 인정하는 경우에는 국토교통부령으로 정하는 바에 따라 시정조치를 명할 수 있다.

규칙 제6조(안전관리체계의 유지 · 검사 등)

① 국토교통부장관은 법 제8조제2항에 따라 안전관리체계에 대하여 1년마다 1회의 정기검사를 실시하고, 철도사고 및 운행장애(이하 “철도사고 등”이라 한다)의 예방 등을 위하여 필요하다고 인정하는 경우에는 수시로 검사할 수 있다.

예제 **국토교통부장관은 안전관리체계에 대하여 [ ]마다 [ ]의 정기검사를 실시할 수 있다.**

정답 1년, 1회

예제 **국토부장관의 안전관리체계에 대한 정기검사 주기는?**

가. 1년 나. 2년

다. 3년 라. 수시

해설 국토교통부장관은 안전관리체계에 대하여 1년마다 1회의 정기검사를 실시해야 한다.

예제 **철도안전법상 안전관리체계에 대한 설명으로 옳은 것은?**

가. 안전관리체계의 정기검사 시기의 유예나 변경은 할 수 없다.

나. 국토교통부장관이 시정조치를 명하는 경우 즉각 시정을 해야 한다.

다. 국토교통부장관은 철도운영자의 안전관리체계를 점검할 수 있다.

라. 안전관리체계의 정기검사는 1년에 2회 실시한다.

해설 국토교통부장관은 철도사고 및 운행장애(이하 "철도사고 등"이라 한다)의 예방 등을 위하여 필요하다고 인정하는 경우에는 안전관리체계에 대하여 수시로 검사할 수 있다.

② 국토교통부장관은 제1항에 따라 정기검사 또는 수시검사를 시행하려는 경우에는 검사 시행일 15일 전까지 다음 각 호의 내용이 포함된 검사계획을 검사 대상 철도운영자등에게 통보하여야 한다. 다만, 철도사고등의 발생 등으로 긴급히 수시검사를 실시하는 경우에는 사전 통보를 하지 아니할 수 있고, 검사 시작 이후 검사계획을 변경할 사유가 발생한 경우에는 철도운영자등과 협의하여 검사계획을 조정할 수 있다.

1. 검사반의 구성
2. 검사 일정 및 장소
3. 검사 수행 분야 및 검사 항목
4. 중점 검사 사항
5. 그 밖에 검사에 필요한 사항

예제 **안전관리체계의 검사계획을 대상 철도운영자등 에게 통보하여야 할 사항이 아닌 것은?**

가. 검사반의 구성

나. 검사방침 및 검사내용

다. 검사 수행 분야 및 검사 항목

라. 중점 검사 사항

해설 철도안전법 시행규칙 제6조(안전관리체계의 유지 · 검사 등)
나. '검사 일정 및 장소'가 맞다.

예제 **국토교통부장관은 제1항에 따라 정기검사 또는 수시검사를 시행하려는 경우에는 검사 시행일 [ ]까지 다음 각 호의 내용이 포함된 [ ]을 검사 대상 철도운영자등에게 통보하여야 한다.**

정답 15일 전, 검사계획

③ 국토교통부장관은 다음 각 호의 사유로 철도운영자등이 안전관리체계 정기검사의 유예를 요청한 경우에 검사 시기를 유예하거나 변경할 수 있다.

1. 검사 대상 철도운영자등이 사법기관 및 중앙행정기관의 조사 및 감사를 받고 있는 경우
2. 「항공·철도 사고조사에 관한 법률」 제4조제1항에 따른 항공·철도사고조사위원회가 같은 법 제19조에 따라 철도사고에 대한 조사를 하고 있는 경우
3. 대형 철도사고의 발생, 천재지변, 그 밖의 부득이한 사유가 있는 경우

예제 **철도운영자 등이 안전관리체계 정기검사의 유예를 요청할 수 있는 경우로 틀린 것은?**

가. 철도운영자의 승계 또는 철도사업의 양도 등 부득이한 사유가 있는 경우
나. 항공, 철도조사위원회가 철도사고에 대한 조사를 하는 있는 경우
다. 검사대상 철도운영자 등이 사법기관 및 중앙행정기관의 조사 및 감사를 받고 있는 경우
라. 대형 철도사고의 발생, 천재지변, 그 밖의 부득이한 사유가 있는 경우

해설 '철도운영자의 승계 또는 철도사업의 양도 등 부득이한 사유가 있는 경우'에 안전관리체계 정기검사의 유예를 요청하지 못한다.

④ 국토교통부장관은 정기검사 또는 수시검사를 마친 경우에는 다음 각 호의 사항이 포함된 검사 결과보고서를 작성하여야 한다.

1. 안전관리체계의 검사 개요 및 현황
2. 안전관리체계의 검사 과정 및 내용
3. 법 제8조제3항에 따른 시정조치사항
4. 제6항에 따라 제출된 시정조치계획서에 따른 시정조치명령의 이행 정도
5. 철도사고에 따른 사망자·중상자의 수 및 철도사고등에 따른 재산피해액

예제 **정기검사 또는 수시검사를 마친 경우 검사 결과보고서에 포함될 사항이 아닌 것은?**

가. 시정조치사항
나. 안전관리체계의 검사 과정 및 내용
다. 시정조치계획서에 따른 시정조치명령의 이행 정도
라. 철도사고에 따른 사망자·중상자의 수

해설 규칙 제6조(안전관리체계의 유지 · 검사 등)4항: 정기검사 또는 수시검사를 마친 경우 검사 결과보고서에 포함될 사항 중 하나는 '철도사고에 따른 사망자 · 중상자의 수 및 철도사고등에 따른 재산피해액'이다.

예제 정기검사 또는 수시검사를 마친 경우 검사 결과보고서에 포함될 사항 중 하나는 '철도사고에 따른 (　　　)·(　　　) 및 (　　　) 등에 따른 (　　　)'이다(규칙 제6조(안전관리체계의 유지·검사 등).

정답 사망자, 중상자의 수, 철도사고, 재산피해액

⑤ 국토교통부장관은 법 제8조제3항에 따라 철도운영자등에게 시정조치를 명하는 경우에는 시정에 필요한 적정한 기간을 주어야 한다.

예제 안전관리체계의 유지·검사 등에 대한 설명으로 틀린 것은?

가. 국토교통부장관은 철도운영자등에게 시정조치를 명하는 경우에는 시정에 필요한 기간을 14일 이내로 한다.

나. 철도운영자등이 시정조치명령을 받은 경우에 14일 이내에 시정조치계획서를 작성하여 국토교통부장관에게 제출하여야 한다.

다. 검사대상 철도운영자등이 사법기관 및 중앙행정기관의 조사 및 감사를 받고있는 경우에는 안전관리체계 정기검사의 유예를 요청한 경우에 검사 시기를 유예하거나 변경할 수 있다.

라. 정기검사 또는 수시검사를 시행하려는 경우에는 검사 시행일 15일 전까지 검사계획을 검사 대상 철도운영자등에게 통보하여야 한다.

해설 철도안전법 시행규칙 제6조(안전관리체계의 유지 · 검사 등) 제5항: 국토교통부장관은 법 제8조제3항에 따라 철도운영자등에게 시정조치를 명하는 경우에는 시정에 필요한 적정한 기간을 주어야 한다.

⑥ 철도운영자등이 법 제8조제3항에 따라 시정조치명령을 받은 경우에 14일 이내에 시정조치계획서를 작성하여 국토교통부장관에게 제출하여야 하고, 시정조치를 완료한 경우에는 지체 없이 그 시정내용을 국토교통부장관에게 통보하여야 한다.

예제 안전관리체계의 정기검사 또는 수시검사를 마친 경우 시정조치에 관한 내용으로 틀린 것은?

가. 시정조치를 완료한 경우에는 지체 없이 그 시정내용을 국토교통부장관에게 통보하여야 한다.

나. 철도운영자 등이 시정조치명령을 받은 경우에 10일 이내에 시정조치수행서를 작성하여 국토교통부장관에게 제출하여야 한다.

다. 정기검사 또는 수시검사에 관한 세부적인 기준·방법 및 절차는 국토교통부 장관이 정하여 고시한다.

라. 국토교통부장관은 철도운영자등에게 시정조치를 명하는 경우에는 시정에 필요한 적정한 기간을 주어야 한다.

해설 철도안전법 시행규칙 제6조(안전관리체계의 유지·검사 등) 제6항: 철도운영자등이 법 제8조제3항에 따라 시정조치명령을 받은 경우에 14일 이내에 시정조치계획서를 작성하여 국토교통부장관에게 제출하여야 하고, 시정조치를 완료한 경우에는 지체 없이 그 시정내용을 국토교통부장관에게 통보하여야 한다.

⑦ 제1항부터 제6항까지의 규정에서 정한 사항 외에 정기검사 또는 수시검사에 관한 세부적인 기준·방법 및 절차는 국토교통부장관이 정하여 고시한다.

제9조의2(과징금)

① 국토교통부장관은 제9조제1항에 따라 철도운영자등에 대하여 업무의 제한이나 정지를 명하여야 하는 경우로서 그 업무의 제한이나 정지가 철도 이용자 등에게 심한 불편을 주거나 그 밖에 공익을 해할 우려가 있는 경우에는 업무의 제한이나 정지를 갈음하여 30억원 이하의 과징금을 부과할 수 있다.

예제 **국토교통부장관은 철도운영자등에 대하여 그 업무의 제한이나 정지가 철도 이용자 등에게 심한 불편을 주거나 그 밖에 공익을 해할 우려가 있는 경우에는 업무의 제한이나 정지를 갈음하여 [ ] 이하의 과징금을 부과할 수 있다.**

정답 30억원

② 제1항에 따라 과징금을 부과하는 위반행위의 종류, 과징금의 부과기준 및 징수방법, 그 밖에 필요한 사항은 대통령령으로 정한다. 국토교통부장관은 제1항에 따른 과징금을 내야 할 자가 납부기한까지 과징금을 내지 아니하는 경우에는 국세 체납처분의 예에 따라 징수한다.

[과징금]

국토교통부 한국철도공사에 과징금 1억 부과
(대전인터넷신문)

철도안전사고 과징금 40배 상향…최고 20억원(노컷뉴스)
2016.4 전남 여수 율촌역 인근 열차 탈선사고 현장

예제 **다음 중 과징금에 관한 내용으로 틀린 것은?**

가. 철도운영자등에 대하여 업무의 제한이나 정지를 명하여야 하는 경우로서 그 업무의 제한이나 정지가 철도 이용자 등에게 심한 불편을 주거나 그 밖에 공익을 해할 우려가 있는 경우에는 업무의 제한이나 정지를 갈음하여 30억원 이하의 과징금을 부과할 수 있다.

나. 과징금을 부과하는 위반행위의 종류, 과징금의 부과기준 및 징수방법, 그 밖에 필요한 사항은 국토교통부령으로 정한다.

다. 천재지변이나 그 밖의 부득이한 사유로 그 기간에 과징금을 낼 수 없는 경우에는 그 사유가 없어진 날부터 7일 이내에 내야 한다.

라. 국토교통부장관은 과징금을 내야 할 자가 납부기한까지 과징금을 내지 아니하는 경우에는 국세 체납처분의 예에 따라 징수한다.

해설 과징금을 부과하는 위반행위의 종류, 과징금의 부과기준 및 징수방법, 그 밖에 필요한 사항은 대통령령으로 정한다.

예제 **30억원의 과징금을 부과하는 경우는 어떤 경우인가?**

해설 철도안전법 제9조제1항: 철도운영자등에 대하여 업무의 제한이나 정지를 명하여야 하는 경우로서 그 업무의 제한이나 정지가 철도 이용자 등에게 심한 불편을 주거나 그 밖에 공익을 해할 우려가 있는 경우에는 업무의 제한이나 정지를 갈음하여 30억원 이하의 과징금을 부과할 수 있다.

시행령 제6조(안전관리체계 관련 과징금의 부과기준)

법 제9조의2제2항에 따른 과징금을 부과하는 위반행위의 종류와 과징금의 금액은 별표 1과 같다.

안전관리체계 관련 과징금의 부과기준 (제6조 관련)

> **[규칙 별표 1] 안전관리체계 관련 처분기준**
>
> 1. 일반기준
>   가. 위반행위의 횟수에 따른 과징금의 가중된 부과기준은 최근 2년간 같은 위반행위로 과징금 부과처분을 받은 경우에 적용한다. 이 경우 기간의 계산은 위반행위에 대하여 과징금 부과처분을 받은 날과 그 처분 후 다시 같은 위반행위를 하여 적발된 날을 기준으로 한다.
>   나. 가목에 따라 가중된 부과처분을 하는 경우 가중처분의 적용 차수는 그 위반행위 전 부과처분 차수(가목에 따른 기간 내에 과징금 부과처분이 둘 이상 있었던 경우에는 높은 차수를 말한다)의 다음 차수로 한다.
>   다. 위반행위가 둘 이상인 경우로서 각 처분내용이 모두 업무정지인 경우에는 각 처분기준에 따른 과징금을 합산한 금액을 넘지 않는 **범위에서 무거운 처분기준에 해당하는 과징금 금액의 2분의 1의 범위에서 가중할** 수 있다.

예제 **위반행위가 [   ]로서 각 처분내용이 모두 [   ]인 경우에는 각 처분기준에 따른 [   ]을 넘지 않는 범위에서 [   ]에 해당하는 과징금 금액의 [   ]의 범위에서 가중할 수 있다.**

정답 둘 이상인 경우, 업무정지, 과징금을 합산한 금액, 무거운 처분기준, 2분의 1

> 라. 국토교통부장관은 다음의 어느 하나에 해당하는 경우에는 제2호의 개별기준에 따른 과징금 금액의 2분의 1 범위에서 그 금액을 줄일 수 있다. 다만, 과징금을 체납하고 있는 위반행위자의 경우에는 그렇지 않다.
>   1) 위반행위가 사소한 부주의나 오류로 인한 것으로 인정되는 경우
>   2) 위반행위자가 법 위반상태를 시정하거나 해소하기 위한 노력이 인정되는 경우
>   3) 그 밖에 사업 규모, 사업 지역의 특수성, 위반행위의 정도, 위반행위의 동기와 그 결과 및 위반 횟수 등을 고려하여 과징금 금액을 줄일 필요가 있다고 인정되는 경우
>
> 마. 국토교통부장관은 다음의 어느 하나에 해당하는 경우에는 제2호의 개별기준에 따른 과징금 금액의

2분의 1 범위에서 그 금액을 늘릴 수 있다. 다만, 법 제9조의2제1항에 따른 과징금 금액의 상한을 넘을 경우 상한금액으로 한다.
1) 위반의 내용 및 정도가 중대하여 공중에게 미치는 피해가 크다고 인정되는 경우
2) 법 위반상태의 기간이 6개월 이상인 경우
3) 그 밖에 사업 규모, 사업 지역의 특수성, 위반행위의 정도, 위반행위의 동기와 그 결과 및 위반 횟수 등을 고려하여 과징금 금액을 늘릴 필요가 있다고 인정되는 경우

예제 개별기준에 따른 과징금 금액을 얼마의 범위 내에서 줄일 수 있나?

가. 3분의 1
나. 2분의 1 범위에서 그 금액을 줄일 수 있다.
다. 20%의 범위에서 그 금액을 줄일 수 있다.
라. 30%의 범위에서 그 금액을 줄일 수 있다.

해설 규칙 별표1 안전관리체계 관련 처분기준: 개별기준에 따른 과징금 금액의 2분의 1 범위에서 그 금액을 줄일 수 있다.

예제 안전관리체계 관련 처분기준으로 틀린 것은?

가. 위반행위의 횟수에 따른 행정처분의 가중된 부과기준은 최근 2년간 같은 위반 행위로 행정처분을 받은 경우에 적용한다.
나. 위반행위자가 법 위반상태를 시정하거나 해소하기 위한 노력이 인정되는 경우 개별기준에 따른 업무제한·정지 기간의 2분의 1 범위에서 그 기간을 줄일 수 있다.
다. 법 위반상태의 기간이 1년 이상인 경우 무제한·정지 기간의 2분의 1 범위에서 그 기간을 늘릴 수 있다.
라. 법 위반상태의 기간이 6개월 이상인 경우 개별기준에 따른 업무제한·정지기간의 2분의 1 범위에서 그 기간을 늘릴 수 있다.

해설 철도안전법 시행규칙 [별표 1]: 법 위반상태의 기간이 6개월 이상인 경우 무제한·정지 기간의 2분의 1 범위에서 그 기간을 늘릴 수 있다.

2. 개별기준

(단위 : 백만원)

위반행위	근거법조문	과징금 금액
가. 거짓이나 그 밖의 부정한 방법으로 승인을 받은 경우	법 제9조	승인취소
1) 1차 위반	제1항제호	
나. 법 제7조제3항을 위반하여 변경승인을 받지 않고 안전관리체계를 변경한 경우		
1) 1차 위반	법 제9조	120
2) 2차 위반 240	제1항제2호	240
3) 3차 위반 480		480
4) 4차 이상 위반		960
다. 법 제7조제3항을 위반하여 변경신고를 하지 않고 안전관리체계를 변경한 경우	법 제9조	
1) 1차 위반	제1항제2호	경고
2) 2차 위반 120		120
3) 3차 이상 위반		240
라. 법 제8조제1항을 위반하여 안전관리체계를 지속적으로 유지 하지 않아 철도운영이나 철도시설의 관리에 중대한 지장을 초래한 경우		
1) 철도사고로 인한 사망자 수		
가) 1명 이상 3명 미만		360
나) 3명 이상 5명 미만		720
다) 5명 이상 10명 미만 라) 10명 이상 2,160		1,440
2) 철도사고로 인한 중상자 수	법 제9조	
가) 5명 이상 10명 미만	제1항제3호	180
나) 10명 이상 30명 미만		360
다) 30명 이상 50명 미만		720
라) 50명 이상 100명 미만		1,440
마) 100명 이상		2,160
3) 철도사고 또는 운행장애로 인한 재산피해액		
가) 5억원 이상 10억원 미만		180
나) 10억원 이상 20억원 미만		360
다) 20억원 이상		720
라. 법 제8조제3항에 따른 시정조치명령을 정당한 사유 없이 이행하지 않은 경우		
1) 1차 위반	법 제9조	240
2) 2차 위반	제1항제4호	480
3) 3차 위반		960
4) 4차 이상 위반		1,920

시행령 제7조(과징금의 부과 및 납부)

① 국토교통부장관은 법 제9조의2제1항에 따라 과징금을 부과할 때에는 그 위반행위의 종류와 해당 과징금의 금액을 명시하여 이를 납부할 것을 서면으로 통지하여야 한다.
② 제1항에 따라 통지를 받은 자는 통지를 받은 날부터 20일 이내에 국토교통부장관이 정하는 수납기관에 과징금을 내야 한다. 다만, 천재지변이나 그 밖의 부득이한 사유로 그 기간에 과징금을 낼 수 없는 경우에는 그 사유가 없어진 날부터 7일 이내에 내야 한다.
③ 제2항에 따라 과징금을 받은 수납기관은 그 과징금을 낸 자에게 영수증을 내주어야 한다.
④ 과징금의 수납기관은 제2항에 따른 과징금을 받으면 지체 없이 그 사실을 국토교통부장관에게 통보하여야 한다.

예제 **철도안전법령상 과징금의 부과 및 납부에 대한 설명으로 틀린 것은?**

가. 국토교통부장관은 과징금을 부과할 때에는 서면으로 통지하여야 한다.
나. 통지를 받은 자는 30일 이내에 과징금을 납부해야 한다.
다. 과징금을 받은 수납기관은 영수증을 내주어야 한다.
라. 과징금의 수납기관은 과징금을 받으면 지체 없이 국토교통부장관에게 통보하여야 한다.

해설 통지를 받은 자는 통지를 받은 날부터 20일 이내에 국토교통부장관이 정하는 수납기관에 과징금을 내야 한다.

제9조의3(철도운영자등에 대한 안전관리 수준평가)

① 국토교통부장관은 철도운영자등의 자발적인 안전관리를 통한 철도안전 수준의 향상을 위하여 철도운영자등의 안전관리 수준에 대한 평가를 실시할 수 있다.
② 국토교통부장관은 제1항에 따른 안전관리 수준평가를 실시한 결과 그 평가결과가 미흡한 철도운영자등에 대하여 제8조제2항에 따른 검사를 시행하거나 같은 조 제3항에 따른 시정조치 등 개선을 위하여 필요한 조치를 명할 수 있다.

☞ 「철도안전법」 제8조제2항(안전관리체계의 유지 등)
국토교통부장관은 철도운영자등이제1항에 따른 안전관리체계를 지속적으로 유지하는지를 점검 · 확인하기 위하여 국토교통부령으로 정하는 바에 따라 정기 또는 수시로 검사할 수 있다.

③ 제1항에 따른 안전관리 수준평가의 대상, 기준, 방법, 절차 등에 필요한 사항은 국토교통부령으로 정한다.

[안전관리수준평가]

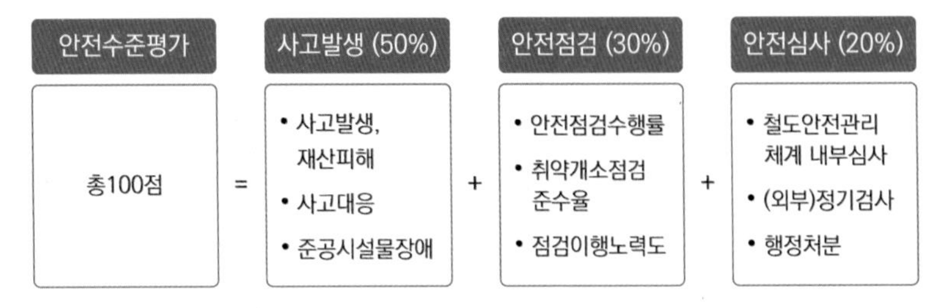

규칙 제8조(철도운영자등에 대한 안전관리 수준평가의 대상 및 기준 등)

① 법 제9조의3제1항에 따른 철도운영자등의 안전관리 수준에 대한 평가(이하 "안전관리 수준평가"라 한다)의 대상 및 기준은 다음 각 호와 같다. 다만, 철도시설관리자에 대해서 안전관리 수준평가를 하는 경우 제2호를 제외하고 실시할 수 있다.

1. 사고 분야

   가. 철도교통사고 건수

   나. 철도안전사고 건수

   다. 운행장애 건수

   라. 사상자 수

예제 **철도운영자등의 안전관리 수준에 대한 평가의 대상 및 기준(규칙 제8조)에서 사고 분야의 기준은 아래와 같다.**

가. (   )

나. (   )

다. (   )

라. (   )

정답 가. 철도교통사고 건수 나. 철도안전사고 건수, 다. 운행장애 건수, 라. 사상자 수

2. 철도안전투자 분야: 철도안전투자의 예산 규모 및 집행 실적

3. 안전관리 분야

가. 안전성숙도 수준

나. 정기검사 이행실적

4. 그 밖에 안전관리 수준평가에 필요한 사항으로서 국토교통부장관이 정해 고시하는 사항

② 국토교통부장관은 매년 3월말까지 안전관리 수준평가를 실시한다.

③ 안전관리 수준평가는 서면평가의 방법으로 실시한다. 다만, 국토교통부장관이 필요하다고 인정하는 경우에는 현장평가를 실시할 수 있다.

④ 국토교통부장관은 안전관리 수준평가 결과를 해당 철도운영자등에게 통보해야 한다. 이 경우 해당 철도운영자등이 「지방공기업법」에 따른 지방공사인 경우에는 같은 법 제73조제1항에 따라 해당 지방공사의 업무를 관리·감독하는 지방자치단체의 장에게도 함께 통보할 수 있다.

⑤ 제1항부터 제4항까지에서 규정한 사항 외에 안전관리 수준평가의 기준, 방법 및 절차 등에 관해 필요한 사항은 국토교통부장관이 정해 고시한다.

[부산교통공사 철도운영자 안전관리 수준평가 '우수']

부산교통공사-4호선 4000형 인버터제어전동차

제9조의4(철도안전 우수운영자 지정)

① 국토교통부장관은 제9조의3에 따른 안전관리 수준평가 결과에 따라 철도운영자등을 대상으로 철도안전 우수운영자를 지정할 수 있다.

② 제1항에 따른 철도안전 우수운영자로 지정을 받은 자는 철도차량, 철도시설이나 관련 문서 등에 철도안전 우수운영자로 지정되었음을 나타내는 표시를 할 수 있다.

③ 제1항에 따른 지정을 받은 자가 아니면 철도차량, 철도시설이나 관련 문서 등에 우수운영자로 지정되었음을 나타내는 표시를 하거나 이와 유사한 표시를 하여서는 아니 된다.
④ 국토교통부장관은 제3항을 위반하여 우수운영자로 지정되었음을 나타내는 표시를 하거나 이와 유사한 표시를 한 자에 대하여 해당 표시를 제거하게 하는 등 필요한 시정조치를 명할 수 있다.
⑤ 제1항에 따른 철도안전 우수운영자 지정의 대상, 기준, 방법, 절차 등에 필요한 사항은 국토교통부령으로 정한다.

규칙 제9조(철도안전 우수운영자 지정 대상 등)

① 국토교통부장관은 법 제9조의4제1항에 따라 안전관리 수준평가 결과가 최상위 등급인 철도운영자등을 철도안전 우수운영자(이하 “철도안전 우수운영자”라 한다)로 지정하여 철도안전 우수운영자로 지정되었음을 나타내는 표시를 사용하게 할 수 있다.
② 철도안전 우수운영자 지정의 유효기간은 지정받은 날부터 1년으로 한다.
③ 철도안전 우수운영자는 제1항에 따라 철도안전 우수 운영자로 지정되었음을 나타내는 표시를 하려면 국토교통부장관이 정해 고시하는 표시를 사용해야 한다.
④ 국토교통부장관은 철도안전 우수운영자에게 포상 등의 지원을 할 수 있다.
⑤ 제1항부터 제4항까지 규정한 사항 외에 철도안전 우수운영자 지정 표시 및 지원 등에 관해 필요한 사항은 국토교통부장관이 정해 고시한다.

제9조의5(우수운영자 지정의 취소)

국토교통부장관은 제9조의4에 따라 철도안전 우수운영자 지정을 받은 자가 다음 각 호의 어느 하나에 해당하는 경우에는 그 지정을 취소할 수 있다.
다만, 제1호 또는 제2호에 해당하는 경우에는 지정을 취소하여야 한다.
1. 거짓이나 그 밖의 부정한 방법으로 철도안전 우수운영자 지정을 받은 경우
2. 제9조에 따라 안전관리체계의 승인이 취소된 경우
3. 제9조의4제5항에 따른 지정기준에 부적합하게 되는 등 그 밖에 국토교통부령으로 정하는 사유가 발생한 경우

예제 **철도안전 우수운영자 지정을 반드시 취소하여야 하는 경우로 맞는 것은?**

가. 안전관리체계의 시정조치명령을 이행하지 아니한 경우

나. 계산착오, 자료의 오류 등으로 안전관리 수준평가 결과가 최상위 등급이 아닌 것으로 확인된 경우

다. 국토교통부장관이 정해 고시하는 표시가 아닌 다른 표시를 사용한 경우

라. 거짓이나 그 밖의 부정한 방법으로 철도안전 우수운영자 지정을 받은 경우

해설 제9조5의(우수운영자 지정의 취소) 가. 나. 다.는 취소할 수 있는 경우, 라.는 반드시 취소해야 하는 경우이다.

제3장

철도종사자 안전관리

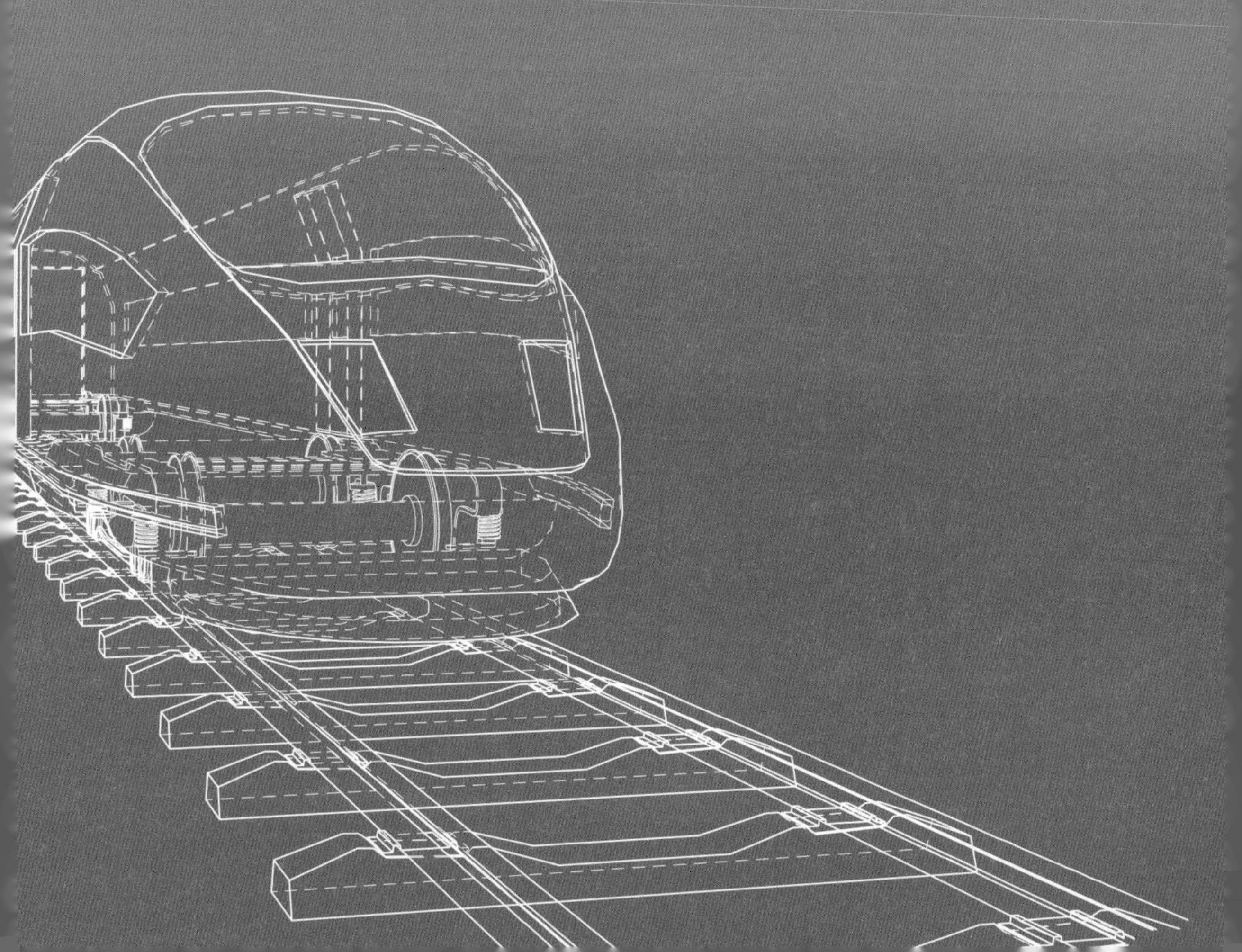

철도종사자 안전관리

제10조(철도차량 운전면허)

① 철도차량을 운전하려는 사람은 국토교통부장관으로부터 철도차량 운전면허(이하 "운전면허"라 한다)를 받아야 한다. 다만, 제16조에 따른 교육훈련 또는 제17조에 따른 운전면허시험을 위하여 철도차량을 운전하는 경우 등 대통령령으로 정하는 경우에는 그러하지 아니하다.

예제 **철도차량을 운전하려는 사람은 [ ]으로부터 철도차량 운전면허를 받아야 한다. 다만, 제16조에 따른 교육훈련 또는 제17조에 따른 운전면허시험을 위하여 철도차량을 운전하는 경우 등[ ]으로 정하는 경우에는 그러하지 아니하다(제10조(철도차량 운전면허)).**

정답 국토교통부장관, 대통령령

② 「도시철도법」 제2조제2호에 따른 노면전차를 운전하려는 사람은 제1항에 따른 운전면허 외에 도로교통법 제80조에 따른 운전면허를 받아야 한다.

③ 제1항에 따른 운전면허는 대통령령으로 정하는 바에 따라 철도차량의 종류별로 받아야 한다.

예제 철도차량을 운전하려는 사람은 누구로부터 철도차량 운전면허를 받아야 하나?

가. 교통안전공단이사장
나. 대통령
다. 국토교통부장관
라. 운전교육훈련기관장

해설 철도안전법 제10조(철도차량 운전면허): 철도차량을 운전하려는 사람은 국토교통부장관으로부터 철도차량 운전면허를 받아야 한다.

시행령 제10조(운전면허 없이 운전할 수 있는 경우)

① 법 제10조제1항 단서에서 "대통령령으로 정하는 경우"란 다음 각 호의 어느 하나에 해당하는 경우를 말한다.

1. 법 제16조제3항에 따른 철도차량 운전에 관한 전문 교육훈련기관(이하 "운전교육훈련기관"이라 한다)에서 실시하는 운전교육훈련을 받기 위하여 철도차량을 운전하는 경우
2. 법 제17조제1항에 따른 운전면허시험(이하 이 조에서 "운전면허시험"이라 한다)을 치르기 위하여 철도차량을 운전하는 경우
3. 철도차량을 제작·조립·정비하기 위한 공장 안의 선로에서 철도차량을 운전하여 이동하는 경우

[공장내의 제작조립정비 현장]

현대로템 창원공장 가보니(매일경제)

매일건설신문

4. 철도사고등을 복구하기 위하여 열차운행이 중지된 선로에서 사고복구용 특수차량을 운전하여 이동하는 경우

[사고복구 위한 구원운전]

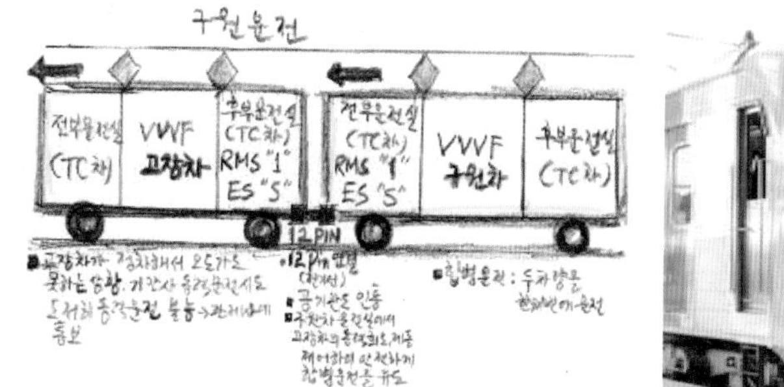

예제 **철도차량을 [ ], [ ], [ ]하기 위한 공장 안의 선로에서 철도차량을 운전하여 이동하는 경우 운전면허 없이 철도차량을 운전할 수 있다(시행령 제10조(운전면허 없이 운전할 수 있는 경우)).**

정답 제작 · 조립 · 정비

예제 **다음 중 운전면허 없이 철도차량을 운전할 수 있는 경우로 틀린 것은?**

가. 교육훈련기관에서 교육훈련을 받기 위하여 철도차량을 운전하는 경우

나. 운전면허시험을 치르기 위하여 철도차량을 운전하는 경우

다. 철도차량을 제작, 조립, 정비하기 위한 공장 밖의 선로에서 철도차량을 운전하여 이동하는 경우

라. 철도사고등의 복구를 위하여 열차운행이 중지된 선로에서 사고복구용 특수차량을 운전하여 이동하는 경우

해설 시행령 제10조(운전면허 없이 운전할 수 있는 경우): '철도차량을 제작 · 조립 · 정비하기 위한 공장 안의 선로에서 철도차량을 운전하여 이동하는 경우'가 맞다.

예제 **운전면허 없이 운전할 수 있는 경우로 맞는 것은?**

가. 교육기관에서 실시하는 교육훈련을 받기 위하여 철도차량을 운전하는 경우

나. 운전면허시험을 치르기 위하여 철도차량을 운전하는 경우

다. 철도차량을 제작 · 조립 · 정비하기 위한 선로에서 철도차량을 운전하여 이동하는 경우

라. 철도사고등을 복구하기 위하여 열차운행이 중지된 선로에서 사고복구용 차량을 운전하여 이동하는 경우

해설 철도안전법 시행령 제10조(운전면허 없이 운전할 수 있는 경우): '운전면허시험을 치르기 위하여 철도차량을 운전하는 경우'는 운전면허 없이 운전할 수 있는 경우가 맞다.

☞ 「철도안전법」 제16조3항(운전교육훈련)
국토교통부장관은 철도차량 운전에 관한 전문 교육훈련기관을 지정하여 운전교육훈련을 실시하게 할 수 있다.

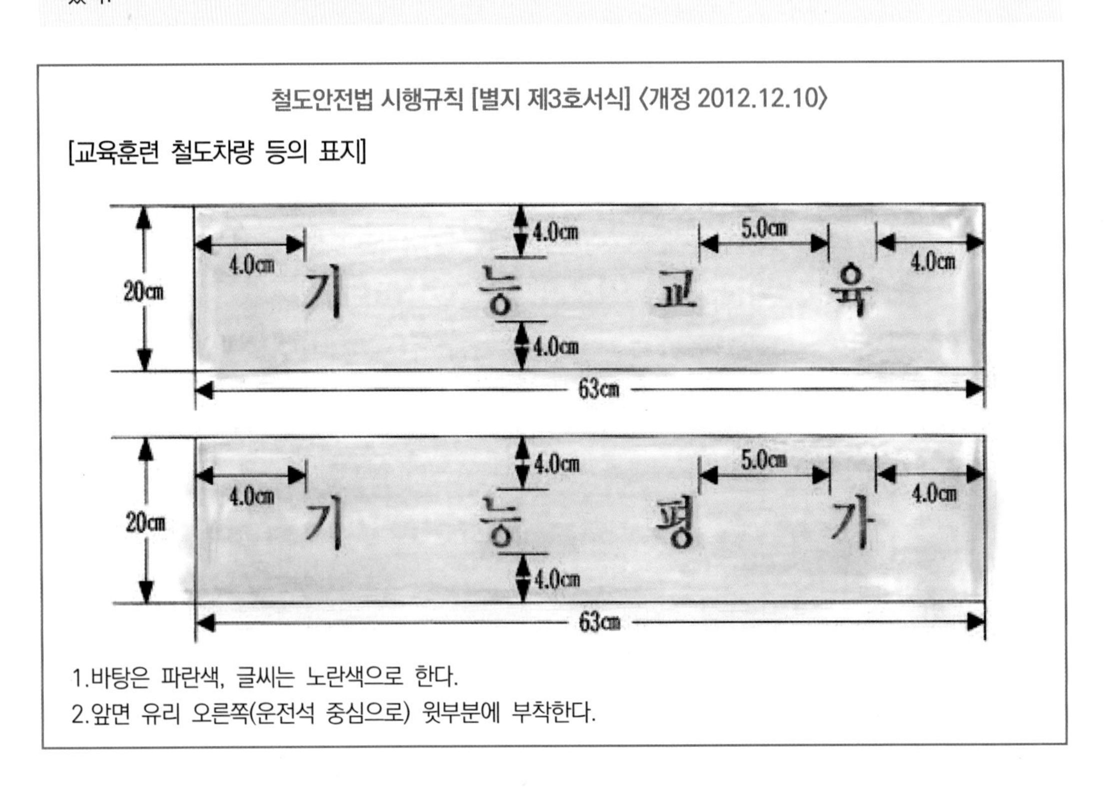
철도안전법 시행규칙 [별지 제3호서식] 〈개정 2012.12.10〉

[교육훈련 철도차량 등의 표지]

1.바탕은 파란색, 글씨는 노란색으로 한다.
2.앞면 유리 오른쪽(운전석 중심으로) 윗부분에 부착한다.

예제 **철도안전법 시행령 제10조(운전면허 없이 운전할 수 있는 경우)에서 교육훈련 철도차량 등의 ( )를 앞면 유리( ) (운전석 중심으로) 윗부분에 부착한다(시행령 제10조(운전면허 없이 운전할 수 있는 경우)).**

정답 표시, 왼쪽

예제 **교육훈련 철도차량 등의 표시에 관한 다음 설명 중 맞는 것은?**

가. 바탕은 노란색으로 한다.

나. 글씨는 파란색으로 한다.

다. 앞면 유리 왼쪽(운전석 중심으로) 윗부분에 부착한다.

라. 국토교통부령으로 정하는 표지를 해당 철도차량의 앞면 유리에 붙여야 한다.

해설 철도안전법 시행령 제10조(운전면허 없이 운전할 수 있는 경우): 교육훈련 철도차량 등의 표시를 앞면 유리 왼쪽(운전석 중심으로) 윗부분에 부착한다.

시행령 제11조(운전면허 종류)

① 법 제10조제3항에 따른 철도차량의 종류별 운전면허는 다음 각호와 같다.

1. 고속철도차량 운전면허
2. 제1종 전기차량 운전면허
3. 제2종 전기차량 운전면허
4. 디젤차량 운전면허
5. 철도장비 운전면허
6. 노면전차(路面電車) 운전면허

[노면전차]

〈영국 쉐필드 트램〉 삼성교통안전문화 연구소 장택영 박사

현대로템 폴란드 노면전차사업 수주 (G-enews,com)

예제 **철도차량의 종류별 운전면허는?**

1. [ ] 운전면허
2. [ ] 운전면허
3. [ ] 운전면허
4. [ ] 운전면허
5. [ ] 운전면허
6. [ ] 운전면허

정답 1. 고속철도차량 운전면허, 2. 제1종 전기차량 운전면허, 3. 제2종 전기차량 운전면허, 4. 디젤차량 운전면허, 5. 철도장비 운전면허, 6. 노면전차 운전면허

② 제1항 각 호에 따른 운전면허(이하 "운전면허"라 한다)를 받은 사람이 운전할 수 있는 철도차량의 종류는 국토교통부령으로 정한다.

규칙 제10조(교육훈련 철도차량 등의 표지) 「철도안전법 시행령」(이하 "영"이라 한다)

제10조제2항에 따른 표지는 별지 제3호서식에 따른다.

규칙 제11조(운전면허의 종류에 따라 운전할 수 있는 철도차량의 종류)

영 제11조제1항에 따른철도차량의 종류별 운전면허를 받은 사람이 운전할 수 있는 철도차량의 종류는 별표 1의2와 같다.

[철도차량 운전면허 종류별 운전이 가능한 철도차량 (제11조 관련)(별표 1의2)]

운전면허의 종류	운전할 수 있는 철도차량의 종류
1. 고속철도차량 운전면허	가. 고속철도차량 나. 철도장비 운전면허에 따라 운전할 수 있는 차량
2. 제1종 전기차량 운전면허	가. 전기기관차 나. 철도장비 운전면허에 따라 운전할 수 있는 차량
3. 제2종 전기차량 운전면허	가. 전기동차 나. 철도장비 운전면허에 따라 운전할 수 있는 차량

4. 디젤차량 운전면허	가. 디젤기관차 나. 디젤동차 다. 증기기관차 라. 철도장비 운전면허에 따라 운전할 수 있는 차량
5. 철도장비 운전면허	가. 철도건설과 유지보수에 필요한 기계나 장비 나. 철도시설의 검측장비 다. 철도·도로를 모두 운행할 수 있는 철도복구장비 라. 전용철도에서 시속 25킬로미터 이하로 운전하는 차량 마. 사고복구용 기중기
6. 노면전차 운전면허	노면전차

비고 :

1. 시속 100킬로미터 이상으로 운행하는 철도시설의 검측장비 운전은 고속철도차량 운전면허, 제1종 전기차량 운전면허, 제2종 전기차량 운전면허, 디젤차량 운전면허 중 하나의 운전면허가 있어야 한다.
2. 선로를 시속 200킬로미터 이상의 최고운행 속도로 주행할 수 있는 철도차량을 고속철도차량으로 구분한다.
3. 동력장치가 집중되어 있는 철도차량을 기관차, 동력장치가 분산되어 있는 철도차량을 동차로 구분한다.
4. 도로 위에 부설한 레일 위를 주행하는 철도차량은 노면전차로 구분한다.
5. 철도차량 운전면허(철도장비 운전면허는 제외한다) 소지자는 철도차량 종류에 관계없이 차량기지 내에서 시속 25킬로미터 이하로 운전하는 철도차량을 운전할 수 있다. 이 경우 다른 운전면허의 철도차량을 운전하는 때에는 국토교통부장관이 정하는 교육훈련을 받아야 한다.
6. "전용철도"란 「철도사업법」 제2조제5호에 따른 전용철도를 말한다.

[고속철도차량]

한국형 고속철도차량 HSR350X

예제 **운전면허 종류별로 운전할 수 있는 철도차량이 아닌 것은?**

가. 디젤차량 운전면허-증기기관차

나. 철도장비 운전면허-전용철도에서 시속 25킬로미터 이하로 운전하는 차량

다. 철도장비 운전면허-철도차량의 검측장비

라. 철도장비 운전면허-철도·도로를 모두 운행할 수 있는 철도복구장비

해설 철도안전법 시행규칙 [별표 1의2] 철도차량 운전면허 종류별 운전이 가능한 철도차량: 철도장비 운전면허로 철도시설의 검측장비를 운전할 수 있다.

예제 **철도안전법령상 다음 빈칸에 들어갈 내용으로 알맞은 것은?**

> 선로를 시속 ( ) 이상의 최고운행 속도로 주행할 수 있는 철도차량을 고속철도차량으로 구분한다.

가. 150km/h

나. 250km/h

다. 200km/h

라. 300km/h

해설 철도안전법 시행규칙 [별표 1의2]: 선로를 시속 200킬로미터 이상의 최고운행 속도로 주행할 수 있는 철도차량을 고속철도차량으로 구분한다.

예제 **다음 중 철도장비 운전면허로 운전할 수 있는 철도차량의 종류로 맞는 것은?**

가. 고속철도차량

나. 전기동차

다. 사고복구용 기중기

라. 디젤동차

해설 철도안전법 시행규칙 [별표 1의2] 철도차량 운전면허 종류별 운전이 가능한 철도차량: 사고복구용 기중기는 철도장비 운전면허로 운전할 수 있는 철도차량의 종류 중에 하나이다.

예제 **철도차량: 사고복구용 기중기는[ ]운전면허로 운전할 수 있는 철도차량의 종류 중에 하나이다.**

정답 철도장비

예제 **다음 중 제1종 전기차량 운전면허로 운전할 수 있는 철도차량으로 맞는 것은?**

가. 고속철도차량　　　　나. 전기기관차
다. 전기동차　　　　라. 디젤기관차

해설 철도안전법 시행규칙 [별표 1의2]: 제1종 전기차량 운전면허로 운전할 수 있는 철도차량은 전기기관차와 철도장비 운전면허에 따라 운전할 수 있는 차량이다.

예제 **다음 설명에서 틀린 것은?**

가. 시속 100km 이상으로 운행하는 철도시설의 검측장비 운전은 디젤차량 운전면허가 있으면 된다.
나. 선로를 시속 200km 이상의 최고운행 속도로 주행할 수 있는 철도차량은 고속철도차량으로 구분한다.
다. 동력장치가 집중되어 있는 철도차량을 동차, 동력장치가 분산되어 있는 철도차량을 기관차로 구분한다.
라. 철도차량 운전면허(철도장비 운전면허는 제외한다) 소지자는 철도차량 종류에 관계없이 차량기지 내에서 시속 25km 이하로 운전하는 철도차량을 운전할 수 있다.

해설 철도안전법 시행규칙 [별표 1의2](철도차량 운전면허 종류별 운전이 가능한 철도차량): 동력장치가 집중되어 있는 철도차량을 기관차, 동력장치가 분산되어 있는 철도차량을 동차로 구분한다.

예제 **동력장치가 집중되어 있는 철도차량을 [　　　], 동력장치가 분산되어 있는 철도차량을 [　　]로 구분한다.**

정답 기관차, 동차

예제 **다음 중 철도차량 운전면허에 관한 설명으로 옳지 않은 것은?**

가. 시속 100km 이상의 검측차량은 제2종 전기차량운전면허로 운전가능
나. 시속 200km 이상의 철도차량은 고속철도차량 운전면허가 있어야 한다.
다. 차량기지내에서 시속 25km 이하로 운전하는 철도차량은 면허의 종류와 관계없이 따로 정하는 교육훈련만 받으면 운전할 수 있다.
라. 증기기관차는 디젤면허를 가지고 운전가능하다.

해설 철도차량 운전면허(철도장비 운전면허는 제외한다) 소지자는 철도차량 종류에 관계없이 차량기지 내에서 시속 25킬로미터 이하로 운전하는 철도차량을 운전할 수 있다. 이 경우 다른 운전면허의 철도차량을 운전하는 때에는 국토교통부장관이 정하는 교육훈련을 받아야 한다.

예제 **철도차량 운전면허(철도장비 운전면허는 제외한다) 소지자는 철도차량 종류에 관계없이 차량기지 내에서 시속 [ ] 이하로 운전하는 철도차량을 운전할 수 있다.**

정답 25킬로미터

제11조(운전면허의 결격사유)

다음 각 호의 어느 하나에 해당하는 사람은 운전면허를 받을 수 없다.

1. 19세 미만인 사람
2. 철도차량 운전상의 위험과 장해를 일으킬 수 있는 정신질환자 또는 뇌전증환자로서 대통령령으로 정하는 사람
3. 철도차량 운전상의 위험과 장해를 일으킬 수 있는 약물(「마약류 관리에 관한 법률」 제2조제1호에 따른 마약류 및 「화학물질관리법」 제22조제1항에 따른 환각물질을 말한다. 이하 같다) 또는 알코올 중독자로서 대통령령으로 정하는 사람
4. 두 귀의 청력을 완전히 상실한 사람, 두 눈의 시력을 완전히 상실한 사람, 그 밖에 대통령령으로 정하는 신체장애인
5. 운전면허가 취소된 날부터 2년이 지나지 아니하였거나 운전면허의 효력정지기간 중인 사람

예제 **다음 중 운전면허 취득 결격사유에 해당되지 않는 것은?**

가. 19세 미만인 자

나. 운전면허가 취소된 날부터 2년이 경과된 자

다. 운전면허효력 정지 기간 중에 있는 자

라. 정신질환자 또는 뇌전증환자

해설 '운전면허가 취소된 날부터 2년이 지나지 아니하였거나 운전면허의 효력정지기간 중인 사람'이 맞다.

예제 **철도차량 운전면허를 받을 수 있는 사람은?**

가. 다리·머리·척추 또는 그 밖의 신체장애로 인하여 걷지 못하거나 앉아 있을수 없는 사람
나. 엄지손가락을 제외한 손가락을 2개 이상 잃은 사람
다. 철도차량 운전상의 위험과 장애를 일으킬 수 있는 정신질환자 또는 뇌전증환자
라. 한쪽 다리의 발목 이상을 잃은 사람

해설 철도안전법 제11조(결격사유): '한쪽 손 이상의 엄지손가락을 잃었거나 엄지손가락을 제외한 손가락을 3개 이상 잃은 사람'이 철도차량 운전면허의 결격사유에 해당된다.

예제 **다음 중 철도차량 운전면허를 받을 수 없는 운전면허의 결격사유에 해당하는 사람이 아닌 것은?**

가. 철도차량 운전상의 위험과 장해를 일으킬 수 있는 약물 또는 알코올 중독자로서 대통령령으로 정하는 사람
나. 두 귀의 청력을 완전히 상실한 사람, 두 눈의 시력을 완전히 상실한 사람
다. 운전면허가 취소된 날부터 2년이 지나지 아니하였거나 운전면허의 효력정지기간 중인 사람
라. 20세 미만인 사람

해설 철도안전법 제11조(결격사유): 19세 미만인 사람이 운전면허의 결격 사유에 해당된다.

예제 **다음 중 철도안전법에서 면허의 결격사유 대한 설명 중 틀린 것은?**

가. 19세 미만인 사람은 운전면허를 받을 수 없다.
나. 철도종사자가 술을 마셨다고 판단하는 기준은 술의 경우 혈중알코올 농도가 0.03퍼센트 이상인 경우이다.
다. 한쪽 손의 엄지손가락이 없는 경우에는 운전면허를 받을 수 있다.
라. 운전면허의 효력 정지 기간 중인 사람은 운전면허를 받을 수 없다.

해설 철도안전법 제11조(결격사유): '한쪽 손 이상의 엄지손가락을 잃었거나 엄지손가락을 제외한 손가락을 3개 이상 잃은 사람'이 철도차량 운전면허의 결격사유에 해당된다.

시행령 제12조(운전면허를 받을 수 없는 사람)

① 법 제11조제2호 및 제3호에서 "대통령령으로 정하는 사람"이란 해당 분야 전문의가 정상적인 운전을 할 수 없다고 인정하는 사람을 말한다.

② 법 제11조제4호에서 "대통령령으로 정하는 신체장애인"이란 다음 각 호의 어느 하나에 해당하는 사람을 말한다.

1. 말을 하지 못하는 사람
2. 한쪽 다리의 발목 이상을 잃은 사람
3. 한쪽 팔 또는 한쪽 다리 이상을 쓸 수 없는 사람
4. 다리·머리·척추 또는 그 밖의 신체장애로 인하여 걷지 못하거나 앉아 있을 수 없는 사람
5. 한쪽 손 이상의 엄지손가락을 잃었거나 엄지손가락을 제외한 손가락을 3개 이상 잃은 사람

예제 **"대통령령으로 정하는 신체장애인"이란 한쪽 손 이상의 [　　　　]을 잃었거나 엄지손가락을 제외한 손가락을 [　　　　] 사람이다.**

정답 엄지손가락, 3개 이상 잃은

예제 **다음 중 철도차량 운전면허를 받을 수 없는 사람에 해당하지 않는 자는?**

가. 한쪽 팔 또는 한쪽 다리 이상을 쓸 수 없는 사람
나. 한쪽 다리의 발목 이상을 잃은 사람
다. 다리·머리·척추 또는 그 밖의 신체장애로 인하여 걷지 못하는 사람
라. 엄지손가락을 제외한 손가락 2개 이상을 잃은 사람

해설 철도안전법 시행령 제12조(운전면허를 받을 수 없는 사람) 제2항: 한쪽 손 이상의 엄지손가락을 잃었거나 엄지손가락을 제외한 손가락을 3개 이상 잃은 사람

[제2종철도차량운전면허(신체검사-면허발급까지)]

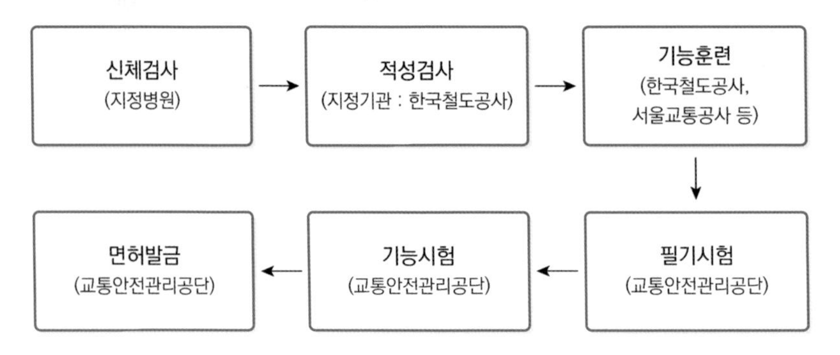

제12조(운전면허의 신체검사)

① 운전면허를 받으려는 사람은 철도차량 운전에 적합한 신체상태를 갖추고 있는지를 판정받기 위하여 국토교통부장관이 실시하는 신체검사에 합격하여야 한다.

② 국토교통부장관은 제1항에 따른 신체검사를 제13조에 따른 의료기관에서 실시하게 할 수 있다.

③ 제1항에 따른 신체검사의 합격기준, 검사방법 및 절차 등에 관하여 필요한 사항은 국토교통부령으로 정한다.

예제 **철도차량 운전면허를 취득하고자 시행하는 운전면허의 신체검사에 관한 설명으로 옳지 않은 것은?**

가. 철도차량 운전에 적합한 신체상태를 갖추고 있는지 판정하기 위해서 실시한다.
나. 신체검사는 의료기관에서 실시하게 할 수 있다.
다. 대통령령이 정하는 의료기관에서 실시하는 신체검사에 합격하여야 한다.
라. 신체검사의 합격기준, 검사방법 및 절차는 국토교통부령으로 정한다.

해설 철도안전법 제12조(운전면허의 신체검사): 국토교통부장관이 실시하는 신체검사에 합격하여야 한다.

예제 **철도안전법령상 운전면허의 신체검사 방법·절차·합격기준에 관한 설명으로 틀린 것은?**

가. 운전면허를 받으려는 사람은 철도차량 운전에 적합한 신체상태를 갖추고 있는지를 판정받기 위하여 대통령령으로 정하여 실시하는 신체검사에 합격하여야 한다.
나. 국토교통부장관은 신체검사를 종합병원 등의 의료기관에서 실시하게 할 수 있다.
다. 신체검사의 합격기준, 검사방법 및 절차 등에 관하여 필요한 사항은 국토교통부령으로 정한다.
라. 그 밖의 신체검사의 방법 및 절차에 관하여 필요한 세부사항은 국토교통부장관이 정하여 고시한다.

해설 철도안전법 제12조(운전면허의 신체검사): 운전면허를 받으려는 사람은 철도차량 운전에 적합한 신체상태를 갖추고 있는지를 판정받기 위하여 국토교통부장관이 실시하는 신체검사에 합격하여야 한다.

규칙 제12조(신체검사 방법 · 절차 · 합격기준 등)

① 법 제12조제1항에 따른 운전면허의 신체 검사 또는 법 제21조의5제1항에 따른 관제자격증명의 신체검사를 받으려는 사람은 별지 제4호서식의 신체검사 판정서에 성명 · 주민등록번호 등 본인의 기록사항을 작성하여 법 제13조에 따른 신체검사 실시 의료기관(이하 "신체검사의료기관"이라 한다)에 제출하여야 한다.

예제 **[ ]의 신체 검사 또는 [ ]의 신체검사를 받으려는 사람은 신체검사 판정서에 [ ] 등 본인의 기록사항을 작성하여 신체검사 실시 의료기관에 제출하여야 한다.**

정답 운전면허, 관제자격증명, 성명 · 주민등록번호,

② 법 제12조제3항 및 법 제21조의5제2항에 따른 신체검사의 항목과 합격기준은 별표 2 제1호와 같다.

③ 신체검사의료기관은 별지 제4호서식의 신체검사 판정서의 각 신체검사 항목별로 신체검사를 실시한 후 합격여부를 기록하여 신청인에게 발급하여야 한다.

④ 그 밖에 신체검사의 방법 및 절차 등에 관하여 필요한 세부사항은 국토교통부장관이 정하여 고시한다.

[철도종사자 신체검사 판정서]

■철도안전법 시행규칙 [별지 제4호서식] 〈개정 2014.12〉

판정번호

신체검사 판정서

성명	생년월일				사진 (모자를 쓰지 않고 배경 없이 촬영한 것) (3cm×4cm)
소속기관명					
검사구분	[ ]최초 [ ]정기 [ ]특별				
검사분야	[ ]면허취득 [ ]운전업무 [ ]관제업무 [ ] 신호기 등 취급업무				

검사항목	검사결과				검사항목	검사결과	
신장					체중		
시력		좌		우	청력	좌	

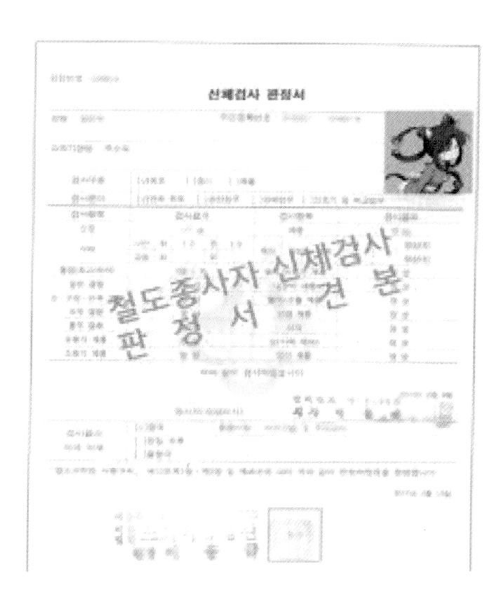

[규칙 별표 2] 신체검사 항목 및 불합격 기준 (제12조제2항 및 제40조제4항 관련)

1. 운전면허 또는 관제자격증명 취득을 위한 신체검사

검사 항목	불합격 기준
가. 일반 결함	1) 신체 각 장기 및 각 부위의 악성종양 2) 중증인 고혈압증(수축기 혈압 180㎜Hg 이상이고, 확장기 혈압 110㎜Hg 이상인 사람) 3) 이 표에서 달리 정하지 아니한 법정 감염병 중 직접 접촉, 호흡기 등을 통하여 전파가 가능한 감염병
나. 코·구강·인후 계통	의사소통에 지장이 있는 언어장애나 호흡에 장애를 가져오는 코, 구강, 인후, 식도의 변형 및 기능장애
다. 피부 질환	다른 사람에게 감염될 위험성이 있는 만성 피부질환자 및 한센병 환자
라. 흉부 질환	1) 업무수행에 지장이 있는 급성 및 만성 늑막질환 2) 활동성 폐결핵, 비결핵성 폐질환, 중증 만성천식증, 중증 만성기관지염, 중증 기관지확장증 3) 만성폐쇄성 폐질환
마. 순환기 계통	1) 심부전증 2) 업무수행에 지장이 있는 발작성 빈맥(분당 150회 이상)이나 기질성 부정맥 3) 심한 방실전도장애 4) 심한 동맥류 5) 유착성 심낭염 6) 폐성심 7) 확진된 관상동맥질환(협심증 및 심근경색증)

바. 소화기 계통	1) 빈혈증 등의 질환과 관계있는 비장종대 2) 간경변증이나 업무수행에 지장이 있는 만성 활동성 간염 3) 거대결장, 게실염, 회장염, 궤양성 대장염으로 고치기 어려운 경우
사. 생식이나 비뇨기 계통	1) 만성 신장염 2) 중증 요실금 3) 만성 신우염 4) 고도의 수신증이나 농신증 5) 활동성 신결핵이나 생식기 결핵 6) 고도의 요도협착 7) 진행성 신기능장애를 동반한 양측성 신결석 및 요관결석 8) 진행성 신기능장애를 동반한 만성신증후군
아. 내분비 계통	1) 중증의 갑상샘 기능 이상 2) 거인증이나 말단비대증 3) 애디슨병 4) 그 밖에 쿠싱증후근 등 뇌하수체의 이상에서 오는 질환 5) 중증인 당뇨병(식전 혈당 140 이상) 및 중증의 대사질환(통풍 등)
자. 혈액이나 조혈 계통	1) 혈우병　　2) 혈소판 감소성 자반병 3) 중증의 재생불능성 빈혈　　4) 용혈성 빈혈(용혈성 황달) 5) 진성적혈구 과다증　　6) 백혈병
차. 신경 계통	1) 다리·머리·척추 등 그 밖에 이상으로 앉아 있거나 걷지 못하는 경우 2) 중추신경계 염증성 질환에 따른 후유증으로 업무수행에 지장이 있는 경우 3) 업무에 적응할 수 없을 정도의 말초신경질환 4) 두개골 이상, 뇌 이상이나 뇌 순환장애로 인한 후유증(신경이나 신체증상)이 남아 업무수행에 지장이 있는 경우 5) 뇌 및 척추종양, 뇌기능장애가 있는 경우 6) 전신성·중증 근무력증 및 신경근 접합부 질환 7) 유전성 및 후천성 만성근육질환 8) 만성 진행성·퇴행성 질환 및 탈수조성 질환(유전성 무도병, 근위축성 측색경화증, 보행실조증, 다발성경화증)
카. 사지	1) 손의 필기능력과 두 손의 악력이 없는 경우 2) 난치의 뼈·관절 질환이나 기형으로 업무수행에 지장이 있는 경우 3) 한쪽 팔이나 한쪽 다리 이상을 쓸 수 없는 경우(운전업무에만 해당한다)
타. 귀	귀의 청력이 500Hz, 1000Hz, 2000Hz에서 측정하여 측정치의 산술평균이 두 귀 모두 40dB 이상인 사람
파. 눈	1) 두 눈의 나안(裸眼) 시력 중 어느 한쪽의 시력이라도 0.5 이하인 경우(다만, 한쪽 눈의 시력이 0.7 이상이고 다른 쪽 눈의 시력이 0.3 이상인 경우는 제외한다)로서 두 눈의 교정시력 중 어느 한쪽의 시력이라도 0.8 이하인 경우

	(다만, 한쪽 눈의 교정시력이 1.0 이상이고 다른 쪽 눈의 교정시력이 0.5 이상인 경우는 제외한다) 2) 시야의 협착이 1/3 이상인 경우 3) 안구 및 그 부속기의 기질성·활동성·진행성 질환으로 인하여 시력 유지에 위협이 되고, 시기능장애가 되는 질환 4) 안구 운동장애 및 안구진탕 5) 색각이상(색약 및 색맹)
하. 정신 계통	1) 업무수행에 지장이 있는 정신지체 2) 업무에 적응할 수 없을 정도의 성격 및 행동장애 3) 업무에 적응할 수 없을 정도의 정신장애 4) 마약·대마·향정신성 의약품이나 알코올 관련 장애 등 5) 뇌전증 6) 수면장애(폐쇄성 수면 무호흡증, 수면발작, 몽유병, 수면 이상증 등)이나 공황장애

예제 **시야의 협착이 [　　　] 이상인 사람은 신체검사(최초검사·특별검사)의 불합격대상이다(철도안전법 제11조(결격사유)).**

정답 1/3

예제 **철도안전법령상 운전면허 또는 관제자격증명 취득을 위한 신체검사의 불합격 대상이 아닌 자는?**

가. 손의 필기능력과 두 손의 악력이 없는 자
나. 수축기 혈압이 180mmHg 이상이고, 확장기 혈압이 110mmHg 이상인 사람
다. 신체 각 장기 및 각 부위에 양성종양이 있는 자
라. 법정 감염병 중 직접 접촉, 호흡기 등을 통하여 전파가 가능한 감염병을 가진 자

해설 철도안전법 시행규칙 [별표 2] 신체검사 항목 및 불합격 기준

예제 철도안전법령상 운전업무 종사자에 대한 신체검사(최초검사 · 특별검사)의 불합격대상이 아닌 사람은?

가. 수면장애가 있는 사람
나. 안구 운동장애가 있는 사람
다. 시야의 협착이 1/3 이상인 사람
라. 한쪽 눈의 시력이 0.7 이상이고 다른 쪽 눈의 시력이 0.3 이상인 사람

해설 철도안전법 시행규칙 [별표 2] 신체검사 항목 및 불합격 기준: 한쪽 눈의 시력이 0.7 이상이고 다른 쪽 눈의 시력이 0.3 이상인 사람은 불합격에서 제외한다.

예제 다음 중 철도차량 운전면허 신체검사에서 합격할 수 있는 경우는?

가. 시야의 협착이 1/3이상인 자
나. 수축기 혈압이 180 mmHg 이상, 확장기 혈압 110 mmHg 이상인 자
다. 만성신장염 소견자
라. 귀의 청력이 모두 40db 미만인 자

해설 [규칙 별표 2] 신체검사 항목 및 불합격 기준: 귀의 청력이 모두 40db 이상인 자는 불합격된다. 따라서 모두 40db 미만인 자는 합격된다.

제13조(신체검사 실시 의료기관)

제12조제1항에 따른 신체검사를 실시할 수 있는 의료기관은 다음 각 호와 같다.

1. 「의료법」 제3조제2항제1호가목의 의원
2. 「의료법」 제3조제2항제3호가목의 병원
3. 「의료법」 제3조제2항제3호마목의 종합병원

☞ 「철도안전법」 제12조제1항(운전면허의 신체검사)
운전면허를 받으려는 사람은 철도차량 운전에 적합한 신체상태를 갖추고 있는지를 판정받기 위하여 국토교통부장관이 실시하는 신체검사에 합격하여야 한다.

제15조(운전적성검사)

① 운전면허를 받으려는 사람은 철도차량 운전에 적합한 적성을 갖추고 있는지를 판정받기 위하여 국토교통부장관이 실시하는 적성검사(이하 "운전적성검사"라 한다)에 합격하여야 한다.

② 운전적성검사에 불합격한 사람 또는 운전적성검사 과정에서 부정행위를 한 사람은 다음 각 호의 구분에 따른 기간 동안 운전적성검사를 받을 수 없다.

1. 운전적성검사에 불합격한 사람: 검사일부터 3개월
2. 운전적성검사 과정에서 부정행위를 한 사람: 검사일부터 1년

③ 운전적성검사의 합격기준, 검사의 방법 및 절차 등에 관하여 필요한 사항은 국토교통부령으로 정한다.

④ 국토교통부장관은 운전적성검사에 관한 전문기관(이하 "운전적성검사기관"이라 한다)을 지정하여 운전적성검사를 하게 할 수 있다.

⑤ 운전적성검사기관의 지정기준, 지정절차 등에 관하여 필요한 사항은 대통령령으로 정한다.

⑥ 운전적성검사기관은 정당한 사유 없이 운전적성검사 업무를 거부하여서는 아니 되고, 거짓이나 그 밖의 부정한 방법으로 운전적성검사 판정서를 발급하여서는 아니 된다.

예제 **운전적성검사에 불합격한 사람은 검사일부터 [ ] 동안 적성검사를 받을 수 없고, 적성검사과정에서 부정행위를 한 사람은 검사일부터 [ ] 동안 적성검사를 받을 수 없다. (제15조(운전적성검사).**

정답 3개월, 1년

[철도차량운전 적성검사]

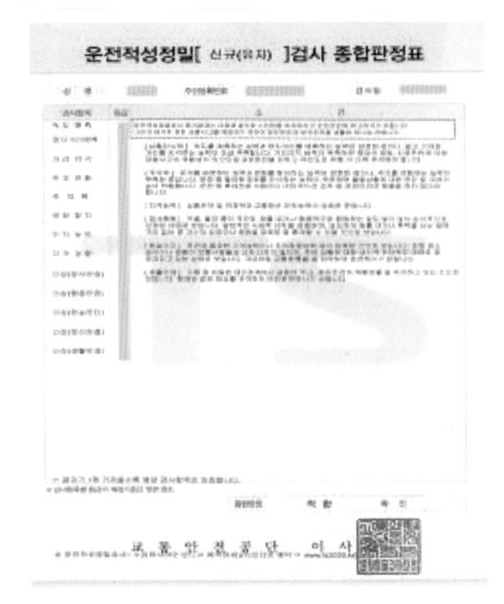
운전적성정밀[신규(유지)]검사 종합판정표

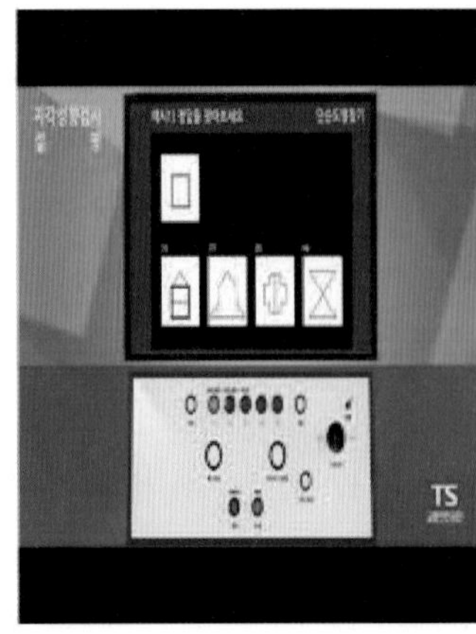

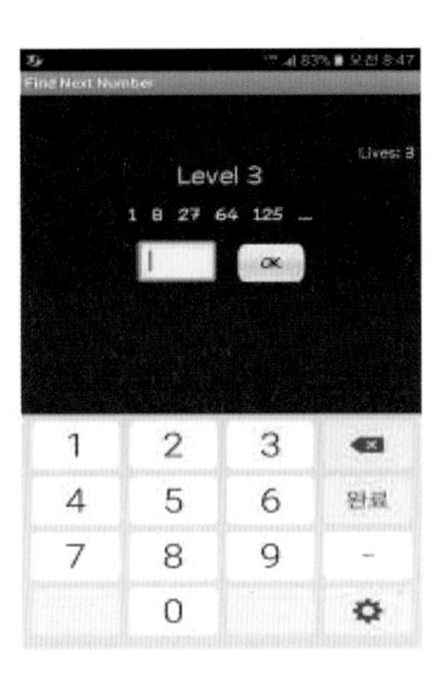

예제 **철도차량 운전에 적합한 적성을 갖추고 있는 지를 판정하기 위하여 실시하는 검사는?**

가. 운전적성검사　　　　나. 신체검사

다. 작업태도검사　　　　라. 인성검사

해설 철도안전법 제15조(운전적성검사) 제1항: 운전면허를 받으려는 사람은 철도차량 운전에 적합한 적성을 갖추고 있는지를 판정받기 위하여 국토교통부장관이 실시하는 운전적성검사에 합격하여야 한다.

예제 **철도차량 운전업무종사자에 대한 운전적성검사 내용 중 틀린 것은?**

가. 정기검사는 최초 검사를 받은 후 10년마다 실시하는 검사다.

나. 특별검사는 철도종사자가 철도사고 등을 일으키는 질병 등의 사유로 해당 업무를 적절히 수행하기 어렵다고 철도운영자등이 인정하는 경우에 받는 적성검사다.

다. 운전적성검사 과정에서 부정행위를 한 사람은 검사일로부터 1년이 지나야 다시 받을 수 있다.

라. 운전적성검사에 불합격한 사람은 검사일로부터 1개월이 지나야 다시 받을 수 있다.

해설 운전적성검사에 불합격한 사람: 검사일부터 3개월이 지나야 다시 받을 수 있다.

예제 **다음 중 운전적성검사에 관련된 내용으로 틀린 것은?**

가. 거짓이나 그 밖의 부정한 방법으로 적성검사기관으로 지정을 받았을 때는 곧바로 지정 취소한다.
나. 적성검사에 불합격한 사람은 검사일부터 1개월 동안 적성검사를 받을 수 없다.
다. 국토교통부장관은 적성검사에 관한 전문기관을 지정하여 적성검사를 하게 할 수 있다.
라. 적성검사과정에서 부정행위를 한 사람은 검사일부터 1년 동안 적성검사를 받을 수 없다.

해설 철도안전법 제15조(운전적성검사): 운전적성검사에 불합격한 사람 : 검사일부터 3개월 동안 적성검사를 받을 수 없다.

예제 **운전적성검사에 불합격한 사람 : 검사일부터 [ ] 동안 적성검사를 받을 수 없고, 적성검사과정에서 부정행위를 한 사람은 검사일부터[ ] 동안 적성검사를 받을 수 없다.**

정답 3개월, 1년

예제 **철도안전법령상 다음 괄호 안에 들어갈 내용으로 적절한 것은?**

국토교통부장관은 지정이 취소된 운전적성검사기관이나 그 기관의 설립 · 운영자 및 임원이 그 지정이 취소된 날부터 ( )이 지나지 아니하고 설립 · 운영하는 검사기관을 운전적성검사기관으로 지정하여서는 아니 된다.

가. 1년
나. 2년
다. 1년 6개월
라. 2년 6개월

해설 철도안전법 제15조의2(운전적성검사기관의 지정취소 및 업무정지) 제3항: 국토교통부장관은 제1항에 따라 지정이 취소된 운전적성검사기관이나 그 기관의 설립 · 운영자 및 임원이 그 지정이 취소된 날부터 2년이 지나지 아니하고 설립 · 운영하는 검사기관을 운전적성 검사기관으로 지정하여서는 아니 된다.

예제 **철도안전법령상 운전적성검사기관에 관한 설명으로 틀린 것은?**

가. 운전적성검사기관으로 지정을 받으려는 자는 국토교통부장관에게 지정 신청을 하여야 한다.
나. 국토교통부장관은 운전적성검사기관 지정 신청을 받은 경우에는 적성검사기관의 운영계획, 철도차량운전자의 수급상황 등을 종합적으로 심사한 후 그 지정 여부를 결정하여야 한다.
다. 운전적성검사기관 지정기준, 지정절차에 관한 세부적인 사항은 국토교통부령으로 정한다.
라. 국토교통부장관은 운전적성검사기관을 지정한 경우에는 그 사실을 관보에 고시하여야 한다.

해설 철도안전법 제15조5항(운전적성검사): 운전적성검사기관의 지정기준, 지정절차 등에 관하여 필요한 사항은 대통령령으로 정한다.

시행령 제13조(운전적성검사기관 지정절차)

① 법 제15조제4항에 따른 운전적성검사에 관한 전문기관(이하 "운전적성검사기관"이라 한다)으로 지정을 받으려는 자는 국토교통부장관에게 지정 신청을 하여야 한다.

② 국토교통부장관은 제1항에 따라 운전적성검사기관 지정 신청을 받은 경우에는 제14조에 따른 지정기준을 갖추었는지 여부, 운전적성검사기관의 운영계획, 운전업무종사자의 수급상황 등을 종합적으로 심사한 후 그 지정 여부를 결정하여야 한다.

③ 국토교통부장관은 제2항에 따라 운전적성검사기관을 지정한 경우에는 그 사실을 관보에 고시하여야 한다.

④ 제1항부터 제3항까지의 규정에 따른 운전적성검사기관 지정절차에 관한 세부적인 사항은 국토교통부령으로 정한다.

예제 **[ ]은 운전적성검사기관 지정 신청을 받은 경우에는 제14조에 따른 지정기준을 갖추었는지 여부, 운전적성검사기관의 [ ], 운전업무종사자의 [ ] 등을 종합적으로 심사한 후 그 지정 여부를 결정하여야 한다(시행령 제13조(운전적성검사기관 지정절차)).**

정답 국토교통부장관, 운영계획, 수급상황

시행령 제14조(운전적성검사기관 지정기준)

① 운전적성검사기관의 지정기준은 다음 각 호와 같다.

1. 운전적성검사 업무의 통일성을 유지하고 운전적성검사 업무를 원활히 수행하는 데 필요한 상설 전담조직을 갖출 것
2. 운전적성검사 업무를 수행할 수 있는 전문검사인력을 3명 이상 확보할 것
3. 운전적성검사 시행에 필요한 사무실, 검사장과 검사 장비를 갖출 것
4. 운전적성검사기관의 운영 등에 관한 업무규정을 갖출 것

② 제1항에 따른 운전적성검사기관 지정기준에 관한 세부적인 사항은 국토교통부령으로 정한다.

예제 운전적성검사기관의 지정기준 1은 '운전적성검사 업무의 [ ]을 유지하고 운전적성검사 업무를 원활히 수행하는 데 필요한 상설 [ ]을 갖출 것'이다(시행령 제14조(운전적성검사기관 지정기준)).

정답 통일성, 전담조직

예제 철도안전법령상 운전적성검사기관으로 지정받기 위한 기준은 운전적성검사 업무를 수행할 수 있는 전문검사인력을 [ ] 확보해야 한다.

정답 3명 이상

예제 운전적성검사기관의 지정기준은 '[ ]시행에 필요한 사무실, [ ]과 [ ]를 갖출 것'이다.

정답 운전적성검사, 검사장, 검사 장비

예제 철도안전법령상 운전적성검사기관으로 지정받기 위한 기준으로 틀린 것은?

가. 운전적성검사기관의 운영 등에 관한 업무규정을 갖출 것
나. 운전적성검사 업무를 수행할 수 있는 전문검사인력을 2명 이상 확보할 것
다. 운전적성검사 업무를 원활히 수행하는 데 필요한 상설전담조직을 갖출 것
라. 운전적성검사 시행에 필요한 사무실, 검사장과 검사 장비를 갖출 것

해설 철도안전법 시행령 제14조(운전적성검사기관 지정기준): 운전적성검사 업무를 수행할 수 있는 전문검사인력을 3명 이상 확보할 것

예제 **운전적성검사기관 지정기준으로 틀린 것은?**

가. 운전적성검사 시행에 필요한 사무실, 검사장과 검사 장비를 갖출 것

나. 운전적성검사 업무의 통일성을 유지하고 운전적성검사 업무를 원활히 수행하는 데 필요한 상설 전담조직을 갖출 것

다. 운전적성검사기관의 운영 등에 관한 행정사무규정을 갖출 것

라. 운전적성검사 업무를 수행할 수 있는 전문검사 인력을 3명 이상 확보할 것

해설 철도안전법 시행령 제14조(운전적성검사기관의 지정기준)

다. 운전적성검사기관의 운영 등에 관한 업무규정을 갖출 것

시행령 제15조(운전적성검사기관의 변경사항 통지)

① 운전적성검사기관은 그 명칭·대표자·소재지나 그 밖에 운전적성검사 업무의 수행에 중대한 영향을 미치는 사항의 변경이 있는 경우에는 해당 사유가 발생한 날부터 15일 이내에 국토교통부장관에게 그 사실을 알려야 한다.

② 국토교통부장관은 제1항에 따라 통지를 받은 때에는 그 사실을 관보에 고시하여야 한다.

예제 **운전적성검사 업무의 수행에 중대한 영향을 미치는 사항의 [ ]이 있는 경우에는 해당 사유가 발생한 날부터 [ ]이내에 국토교통부장관에게 그 사실을 알려야 한다(시행령 제15조(운전적성검사기관의 변경사항 통지)).**

정답 변경, 15일

규칙 제16조(적성검사 방법·절차 및 합격기준 등)

① 법 제15조제1항에 따른 운전적성검사(이하 "운전적성검사"라 한다) 또는 법 제21조의6 제1항에 따른 관제적성검사(이하 "관제적성검사"라 한다)를 받으려는 사람은 별지 제9호서식의 적성검사 판정서에 성명·주민등록번호 등 본인의 기록사항을 작성하여 법 제15조제4항에 따른 운전적성검사기관(이하 "운전적성검사기관"이라 한다) 또는 법 제21조의6제3항에 따른 관제적성검사기관(이하 "관제적성검사기관"이라 한다)에 제출하여야 한다.

② 법 제15조제3항 및 법 제21조의6제2항에 따른 적성검사의 항목 및 합격기준은 별표 4와 같다.

③ 운전적성검사기관 또는 관제적성검사기관은 별지 제9호서식의 적성검사 판정서의 각 적성검사 항목별로 적성검사를 실시한 후 합격 여부를 기록하여 신청인에게 발급하여야 한다.

④ 그 밖에 운전적성검사 또는 관제적성검사의 방법·절차·판정기준 및 항목별 배점기준 등에 관하여 필요한 세부사항은 국토교통부장관이 정한다.

예제 **운전적성검사 또는 관제적성검사의 방법·절차·[ ] 및 항목별 배점기준 등에 관하여 필요한 세부사항은[ ]이 정한다(규칙 제16조(적성검사 방법·절차 및 합격기준 등)).**

정답 판정기준, 국토교통부장관

[적성검사 항목 및 불합격 기준 (제16조제2항 관련) (철도안전법 시행규칙[별표4])]

검사대상	검사항목		불합격 기준
	문답형 검사	반응형 검사	
1. 고속철도차량, 제1종 전기차량, 제2종 전기차량, 디젤차량 및 노면 전차 운전면허응시자	• 지능 • 작업태도 • 품성	(1) 속도예측능력 (2) 주의력 - 선택적 주의력 - 주의배분능력 - 지속적 주의력 (3) 거리지각능력 (4) 안정도	• 지능검사 점수가 85점 미만인 사람(해당 연령대 기준 적용) • 반응형 검사 중 속도예측능력과 선택적 주의력 검사 결과가 부적합 등급으로 판정된 사람 • 작업태도 검사와 반응형 검사의 점수합계가 50점 미만인 사람 • 품성검사 결과 부적합자로 판정된 사람
2. 철도장비운전 면허응시자	• 지능 • 작업태도 • 품성	(1) 속도예측능력 (2) 주의력 - 선택적 주의력 - 주의배분능력	• 지능검사 점수가 85점 미만인 사람(해당 연령대 기준 적용) • 반응형 검사 중 속도예측능력과 선택적 주의력 검사 결과가 부적합 등급으로 판정된 사람 • 작업태도 검사와 반응형 검사의 점수합계가 50점 미만인 경우 • 품성검사 결과 부적합자로 판정된 사람

3. 철도교통관제 자격증명 응시자	• 지능 • 작업태도 • 품성	(1) 주의력 – 선택적 주의력 – 주의배분능력 (2) 민첩성 – 적응능력 – 판단력 – 동작 정확력 – 정서 안정도	• 지능검사 점수가 85점 미만인 사람(해당 연령대 기준 적용) • 작업태도 검사, 선택적 주의력 검사, 주의배분능력 검사, 적응능력 검사 중 부적합 등급이 2개 이상이거나 작업태도 검사와 반응형 검사의 점수합계가 50점 미만인 사람 • 품성검사 결과 부적합자로 판정된 사람

비고 :
1. 지능검사는 연령대별로 점수 산정기준을 달리하여 환산한 점수를 적용한다.
2. 작업태도 검사와 반응형 검사의 점수 합계는 100점을 기준으로 한다.

예제 제2종 전기차량운전면허 응시자의 적성검사 불합격 기준으로 맞지 않은 것은?

가. 지능검사점수가 85점 이하인 사람
나. 품성검사 결과 부적합자로 판정된 사람
다. 작업태도 검사와 반응형 검사의 점수합계가 50점 미만인 사람
라. 반응형 검사 중 속도예측능력과 선택적 주의력검사 결과가 부적합 등급으로 판정된 경우

해설 철도안전법 시행규칙 [별표 4]: 지능검사 점수가 85점 미만인 사람이 불합격 기준이 된다.

예제 철도안전법령상 적성검사 항목 중 반응형 검사에 해당하지 않는 것은?

가. 안정도
나. 주의배분능력
다. 작업태도
라. 선택적 주의력

해설 철도안전법 시행규칙 [별표 4] 적성검사 항목 및 불합격 기준

예제 다음 중 운전업무 종사자등의 적성검사 항목 및 불합격기준으로 맞는 것은?

가. 고속철도차량 운전업무종사자가 정기검사 시에는 반응형검사 중 주의배분검사를 받아야 한다.
나. 노면전차 운전업무 종사자가 정기검사 시에는 반응형검사 중 속도예측능력검사를 받아야 한다.
다. 관제업무종사자가 특별검사시 작업태도검사와 반응형검사의 점수합계가 40점 미만인 사람은 불합격이다.
라. 철도장비 업무종사자가 특별검사 시에는 문답형 검사 중 작업태도 검사만 받으면 된다.

해설 1. 철도안전법 시행규칙 [별표 4] 적성검사 항목 및 불합격 기준: 검사의 점수합계가 50점 미만인 사람은 불합격해당자이다.

예제 **운전업무종사자 등의 적성검사 항목에 대한 설명 중 틀린 것은?**

가. 정거장에서 철도신호기·선로전환기 및 조작판 등을 취급하는 업무를 수행하는 사람의 정기검사 불합격기준에 작업태도 검사, 주의배분능력 검사, 적응능력 검사, 판단력 검사, 동작 정확력 검사 중 부적합 등급이 2개 이상이다.

나. 관제업무종사자 정기검사에 반응형 검사항목에 주의배분능력이 포함된다.

다. 관제업무종사자 특별검사 불합격기준에 작업태도 검사, 선택적 주의력검사, 주의배분능력 검사, 적응능력 검사 중 부적합 등급이 2개 이상이다.

라. 철도장비업무종사자 정기검사에서 반응형 검사항목에 주의배분능력이 포함된다.

해설 철도안전법 시행규칙 [규칙별표 13]: 정거장에서 철도신호기·선로전환기 및 조작판 등을 취급하는 업무를 수행하는 사람의 적성검사 불합격기준에 작업태도 검사, 주의배분능력 검사, 적응능력 검사, 판단력 검사, 동작 정확력 검사 중 부적합 등급이 2개 이상이다.

예제 **운전업무종사자등의 적성검사 항목 및 불합격 기준으로 틀린 것은?**

가. 디젤차량 운전 업무 종사자의 정기검사의 반응형 검사에서는 선택적 주의력이 있다.

나. 철도 장비업무 종사자의 정기검사의 반응형 검사에서는 주의배분능력이 있다.

다. 관제업무종사자 정기검사의 반응형 검사에서는 지속적 주의력이 있다.

라. 제1종 전기차량 운전 업무 종사자의 특별검사의 반응형 검사에서는 선택적주의력이 있다.

해설 철도안전법 시행규칙 [규칙별표 13]: 관제업무종사자 정기검사의 반응형 검사에서는 (1) 주의력 (2) 민첩성이 있다.

규칙 제17조(운전적성검사기관 또는 관제적성검사기관의 지정절차 등)

① 운전적성검사기관 또는 관제적성검사기관으로 지정받으려는 자는 별지 제10호서식의 적성검사기관 지정신청서에 다음 각 호의 서류를 첨부하여 국토교통부장관에게 제출하여야 한다. 이 경우 국토교통부장관은 「전자정부법」 제36조제1항에 따른 행정정보의 공동이용을 통하여 법인 등기사항증명서(신청인이 법인인 경우만 해당한다)를 확인하여야 한다.

[운전적성검사기관 또는 관제적성검사기관 지정신청 시 서류]

1. 운영계획서
2. 정관이나 이에 준하는 약정(법인 그 밖의 단체만 해당한다)
3. 운전적성검사 또는 관제적성검사를 담당하는 전문인력의 보유 현황 및 학력 · 경력 · 자격 등을 증명할 수 있는 서류
4. 운전적성검사시설 또는 관제적성검사시설 내역서
5. 운전적성검사장비 또는 관제적성검사장비 내역서
6. 운전적성검사기관 또는 관제적성검사기관에서 사용하는 직인의 인영

예제 운전적성검사기관 또는 관제적성검사기관 지정신청 시 서류는?

1. [ ]계획서
2. [ ]이나 이에 준하는 약정
3. [ ]의 보유 현황 및 [ ] 등을 증명
4. 운전적성검사시설 또는 [ ] 내역서
5. 운전적성검사장비 또는 [ ] 내역서
6. 직인의 [ ]

정답 운영, 정관, 전문인력, 학력 · 경력 · 자격, 관제적성검사시설, 관제적성검사장비, 인영

예제 관제적성검사기관의 지정절차에서 국토교통부장관에게 제출하여야 하는 서류로 틀린 것은?

가. 관제적성검사기관에서 사용하는 직인
나. 관제적성검사를 담당하는 전문인력의 보유 현황 및 학력 · 경력 · 자격 등을 증명할 수 있는 서류
다. 관제적성검사장비 내역서
라. 운영계획서

해설 '관제적성검사기관에서 사용하는 직인의 인영'이 옳다.

예제 다음 중 운전적성검사기관 또는 관제적성검사기관으로 지정받으려는 자가 지정신청서에 국토교통부장관에게 제출하여야 하는 것으로 틀린 것은?

가. 운영계획서
나. 운전적성검사시설 또는 관제적성검사시설 내역서

다. 운전적성검사 또는 관제적성검사원들에 대한 교육시설
라. 운전적성검사장비 또는 관제적성검사장비 내역서

해설 철도안전법 시행규칙 제17조(운전적성검사기관 또는 관제적성검사기관의 지정절차 등): 운전적성검사 또는 관제적성검사원들에 대한 교육시설은 해당이 안 된다.

규칙 제18조(운전적성검사기관 및 관제적성검사기관의 세부 지정기준 등)

① 영 제14조제2항 및 영 제20조의2에 따른 운전적성검사기관 및 관제적성검사기관의 세부지정기준은 별표 5와 같다.
② 국토교통부장관은 운전적성검사기관 또는 관제적성검사기관이 제1항 및 영 제14조제1항(영 제20조의2에서 준용하는 경우를 포함한다)에 따른 지정기준에 적합한지의 여부를 2년마다 심사하여야 한다.
③ 영 제15조 및 영 제20조의2에 따른 운전적성검사기관 및 관제적성기관의 변경사항 통지는 별지 제11호의2서식에 따른다.

[운전적성검사기관 또는 관제적성검사기관의 세부 지정기준(제18조제1항 관련)]

1. 검사인력
가. 자격기준

등급	자격자	학력 및 경력자
책임 검사원	1) 정신보건임상심리사 1급 자격을 취득한 사람 2) 정신보건임상심리사 2급 자격을 취득한 사람으로서 2년 이상 적성검사 분야에 근무한 경력이 있는 사람 3) 임상심리사 1급 자격을 취득한 사람 4) 임상심리사 2급 자격을 취득한 사람으로서 2년 이상 적성검사 분야에 근무한 경력이 있는 사람	1) 심리학 관련 분야 박사학위를 취득한 사람 2) 심리학 관련 분야 석사학위 취득한 사람으로서 2년 이상 적성검사 분야에 근무한 경력이 있는 사람 3) 대학을 졸업한 사람(법령에 따라 이와 같은 수준 이상의 학력이 있다고 인정되는 사람을 포함한다)으로서 선임검사원 경력이 2년 이상 있는 사람
선임 검사원	1) 정신보건임상심리사 2급 자격을 취득한 사람 2) 임상심리사 2급 자격을 취득한 사람	1) 심리학 관련 분야 석사학위를 취득한 사람 2) 심리학 관련 분야 학사학위 취득한 사

	람으로서 2년 이상 적성검사 분야에 근무한 경력이 있는 사람 3) 대학을 졸업한 사람(법령에 따라 이와 같은 수준 이상의 학력이 있다고 인정되는 사람을 포함한다)으로서 검사원 경력이 5년 이상 있는 사람
검사원	학사학위 이상 취득자

예제 운전적성검사 세부 지정기준으로 맞는 것은?

가. 업무규정에 장비운용 · 관리계획이 포함된다.

나. 시설기준은 1일 검사능력 50명(1회 25명) 이상의 검사장(60㎡ 이상이어야 한다)을 확보하여야 한다.

다. 선임검사원은 대학을 졸업한 사람으로서 검사원 경력이 2년 이상 있는 사람

라. 업무규정에 수수료 관리기준이 포함된다.

해설 철도안전법 시행규칙 제18조(운전적성검사기관 및 관제적성검사기관의 세부 지정기준 등) 제2항: 나. 1일 검사능력 50명(1회 25명) 이상의 검사장(70㎡ 이상이어야 한다)을 확보하여야 한다. 다. 대학을 졸업한 사람으로서 검사원 경력이 5년 이상 있는 사람 라. 업무규정에 '수수료 징수기준'이 포함된다.

예제 다음 중 적성검사기관에 관한 설명으로 틀린 것은?

가. 국토교통부장관은 운전적성검사기관 또는 관제적성검사기관의 지정을 취소하거나 업무정지의 처분을 한 경우에는 지체 없이 운전적성검사기관 또는 관제적성검사기관에 지정기관 행정처분서를 통지하고, 그 사실을 관보에 고시하여야 한다.

나. 국토교통부장관은 운전적성검사기관 또는 관제적성검사기관의 지정 신청을받은 경우에는 종합적으로 그 지정여부를 심사한 후 지정에 적합하다고 인정되는 경우 적성검사기관 지정서를 신청인에게 발급하여야 한다.

다. 국토교통부장관은 「전자정부법」에 따른 행정정보의 공동이용을 통하여 법인등기사항증명서(신청인이 법인인 경우만 해당한다)를 확인하여야 한다.

라. 국토교통부장관은 운전적성검사기관 또는 관제적성검사기관이 지정기준에 적합한 지의 여부를 1년마다 심사하여야 한다.

해설 철도안전법 시행규칙 제18조(운전적성검사기관 및 관제적성검사기관의 세부 지정기준 등) 제2항: 국토교통부장관은 운전적성검사기관 또는 관제적성검사기관이 지정기준에 적합한 지의 여부를 2년마다 심사하여야 한다.

나. 보유기준

1) 운전적성검사 또는 관제적성검사(이하 이 표에서 "적성검사"라 한다) 업무를 수행하는 상설 전담조직을 1일 50명을 검사하는 것을 기준으로 하며, 책임검사원과 선임검사원 및 검사원은 각각 1명 이상 보유하여야 한다.

2) 1일 검사인원이 25명 추가될 때마다 적성검사를 진행할 수 있는 검사원을 1명씩 추가로 보유하여야 한다.

2. 시설 및 장비

가. 시설기준

1) 1일 검사능력 50명(1회 25명) 이상의 검사장(70㎡ 이상이어야 한다)을 확보하여야 한다. 이 경우 분산된 검사장은 제외한다.

나. 장비기준

1) 속도예측능력, 주의력(선택적 주의력 · 주의배분능력 · 지속적 주의력), 거리지각능력, 안정도, 민첩성(적응능력 · 판단력 · 동작정확력 · 정서안전도)을 검사할 수 있는 토치모니터 등 검사장비와 프로그램을 갖추어야 한다.

2) 적성검사기관 공동으로 활용할 수 있는 프로그램(속도예측능력 · 주의력 · 거리지각능력 · 안정도 검사 등)을 개발할 수 있어야 한다.

3. 업무규정

가. 조직 및 인원

나. 검사 인력의 업무 및 책임

다. 검사체제 및 절차

라. 각종 증명의 발급 및 대장의 관리

마. 장비운용 · 관리계획

바. 자료의 관리 · 유지

사. 수수료 징수기준

아. 그 밖에 국토교통부장관이 적성검사 업무수행에 필요하다고 인정하는 사항

4. 일반사항

가. 국토교통부장관은 2개 이상의 운전적성검사기관 또는 관제적성검사기관을 지정한 경우에는 모든 운전적성검사기관 또는 관제적성검사기관에서 실시하는 적성검사의 방법 및 검사항목 등이 동일하게 이루어지도록 필요한 조치를 하여야 한다.

나. 국토교통부장관은 철도차량운전자 등의 수급계획과 운영계획 및 검사에 필요한 프로그램개발 등을 종합 검토하여 필요하다고 인정하는 경우에는 1개 기관만 지정할 수 있다. 이 경우 전국의 분산된 5개 이상의 장소에서 검사를 할 수 있어야 한다.

제15조의2(운전적성검사기관의 지정취소 및 업무정지)

① 국토교통부장관은 운전적성검사기관이 다음 각 호의 어느 하나에 해당할 때에는 지정을 취소하거나 6개월 이내의 기간을 정하여 업무의 정지를 명할 수 있다. 다만, 제1호 및 제2호에 해당할 때에는 지정을 취소하여야 한다.

1. 거짓이나 그 밖의 부정한 방법으로 지정을 받았을 때
2. 업무정지 명령을 위반하여 그 정지기간 중 운전적성검사 업무를 하였을 때
3. 제15조제5항에 따른 지정기준에 맞지 아니하게 되었을 때
4. 제15조제6항을 위반하여 정당한 사유 없이 운전적성검사 업무를 거부하였을 때
5. 제15조제6항을 위반하여 거짓이나 그 밖의 부정한 방법으로 운전적성검사 판정서를 발급하였을 때

② 제1항에 따른 지정취소 및 업무정지의 세부기준 등에 관하여 필요한 사항은 국토교통부령으로 정한다.

③ 국토교통부장관은 제1항에 따라 지정이 취소된 운전적성검사기관이나 그 기관의 설립·운영자 및 임원이 그 지정이 취소된 날부터 2년이 지나지 아니하고 설립·운영하는 검사기관을 운전적성검사기관으로 지정하여서는 아니 된다.

예제 **다음 중 운전적성검사기관의 지정을 취소하여야 하는 경우는?**

가. 정당한 사유 없이 적성검사업무를 거부하였을 때
나. 거짓이나 그 밖의 부정한 방법으로 운전적성검사를 실시하였을 때
다. 지정기준의 범위를 초과하였을 때 되었을 때
라. 업무정지 명령을 위반하여 그 정지기간 중 운전적성검사 업무를 하였을 때

해설 제15조의2(운전적성검사기관의 지정취소 및 업무정지): '업무정지 명령을 위반하여 그 정지기간 중 운전적성검사 업무를 하였을 때'는 운전적성검사기관의 지정을 취소

규칙 제19조(운전적성검사기관 및 관제적성검사기관의 지정취소 및 업무정지)

① 법 제15조의 2제2항 및 법 제21조의6제5항에 따른 운전적성검사기관 및 관제적성검사기관의 지정취소 및 업무정지의 기준은 별표 6과 같다.

☞ 「철도안전법」 제21조6제5항(관제적성검사)
관제적성검사기관의 지정취소 및 업무정지 등에 관하여는 제15조제5항 및 제15조의2를 준용한다. 이 경우 "운전적성검사기관"은 "관제교육훈련기관"으로, "운전적성검사"는 "관제교육훈련"으로, "제15조제5항"은 "제21조의7제4항으로, "운전적성검사 판정서"는 "관제교육훈련 수료증"으로 본다.

② 국토교통부장관은 운전적성검사기관 또는 관제적성검사기관의 지정을 취소하거나 업무정지의 처분을 한 경우에는 지체 없이 운전적성검사기관 또는 관제적성검사기관에 별지 제11호의3서식의 지정기관 행정처분서를 통지하고, 그 사실을 관보에 고시하여야 한다.

[규칙 별표 6] [운전적성검사기관 및 관제적성검사기관의 지정취소 및 업무정지의 기준] (제19조제1항 관련)

위반사항	해당 법조문	처분기준			
		1차위반	2차위반	3차위반	4차위반
1. 거짓이나 그 밖의 부정한 방법으로 지정을 받은 경우	법 제15조의2 제1항제1호	지정 취소			
2. 업무정지 명령을 위반하여 그 정지 기간 중 운전적성검사업무 또는 관제적성검사업무를 한 경우	법 제15조의2 제1항제2호	지정 취소			
3. 법 제15조제5항 또는 제21조의6제4항에 따른 지정기준에 맞지 아니하게 된 경우	법 제15조의2 제1항제3호	경고 또는 보완 명령	업무 정지 1개월	업무 정지 3개월	
4. 정당한 사유 없이 운전적성검사업무 또는 관제적성검사업무를 거부한 경우	법 제15조의2 제1항제4호	경고	업무 정지 1개월	업무 정지 3개월	지정 취소
5. 법 제15조제6항을 위반하여 거짓이나 그 밖의 부정한 방법으로 운전적성검사 판정서 또는 관제적성검사 판정서를 발급한 경우	법 제15조의2 제1항제5호	업무 정지 1개월	업무 정지 3개월	지정 취소	

비고 :
1. 위반행위가 둘 이상인 경우로서 그에 해당하는 각각의 처분기준이 다른 경우에는 그 중 무거운 처분기준에 따르며, 위반행위가 둘 이상인 경우로서 그에 해당하는 각각의 처분기준이 같은 경우에는 무거운 처분기준의 2분의 1까지 가중할 수 있되, 각 처분기준을 합산한 기간을 초과할 수 없다.

2. 위반행위의 횟수에 따른 행정처분의 가중된 부과기준은 최근 1년간 같은 위반행위로 행정처분을 받은 경우에 적용한다. 이 경우 기간의 계산은 위반행위에 대하여 행정처분을 받은 날과 그 처분 후 다시 같은 위반행위를 하여 적발된 날을 기준으로 한다.
3. 비고 제2호에 따라 가중된 행정처분을 하는 경우 가중처분의 적용 차수는 그 위반행위 전 부과처분 차수(비고 제2호에 따른 기간 내에 행정처분이 둘 이상 있었던 경우에는 높은 차수를 말한다)의 다음 차수로 한다.
4. 처분권자는 위반행위의 동기 · 내용 및 위반의 정도 등 다음 각 목에 해당하는 사유를 고려하여 그 처분을 감경할 수 있다. 이 경우 그 처분이 업무정지인 경우에는 그 처분기준의 2분의 1 범위에서 감경할 수 있고, 지정취소인 경우(거짓이나 그 밖의 부정한 방법으로 지정을 받은 경우나 업무정지 명령을 위반하여 그 정지기간 중 적성검사업무를 한 경우는 제외한다)에는 3개월의 업무정지 처분으로 감경할 수 있다.
   가. 위반행위가 고의나 중대한 과실이 아닌 사소한 부주의나 오류로 인한 것으로 인정되는 경우
   나. 위반의 내용 · 정도가 경미하여 이해관계인에게 미치는 피해가 적다고 인정되는 경우

예제 **운전적성검사기관이 업무정지 명령을 위반하여 그 정지기간 중 적성검사업무를 수행하여 1차 적발 시 처벌은?**

가. 경고 나. 업무정지 1월
다. 업무정지 3월 **라. 지정취소**

해설 안전법 제15조의2 제1항: 업무정지 명령을 위반하여 그정지기간 중 운전적성검사업무 또는 관제적성검사업무를 한 경우 지정취소

예제 **운전적성검사기관 및 관제적성검사기관의 지정취소 및 업무정지로 맞는 것은?**

가. 업무정지 명령을 위반하여 그 정지기간 중 운전적성검사업무 또는 관제적성검사업무를 한 경우 1차 위반 - 지정취소
나. 정당한 사유 없이 운전적성검사업무 또는 관제적성검사업무를 거부한 경우 3차 위반 - 업무정지 6개월
다. 반행위자가 법 위반상태를 시정하거나 해소하기 위한 노력이 인정되는 경우 개별 기준에 따른 업무제한, 정지 기간의 2분의 1 범위에서 그 기간을 줄일 수 있다.
라. 법 위반상태가 6개월 이상인 경우 개별 기준에 따른 업무제한, 정지 기간의 2분의 1 범위에서 그 기간을 늘일 수 있다

해설 안전법 제15조의2: 나. 정당한 사유 없이 운전적성검사업무 또는 관제적성검사업무를 거부한 경우 3차 위반 - 업무정지 3개월이다.

예제 **철도안전법령상 교육훈련기관의 지정취소 및 업무정지기준에 관한 설명으로 틀린 것은?**

가. 거짓이나 그 밖의 부정한 방법으로 교육훈련기관으로 지정을 받은 경우 1차 위반 시 지정취소를 하여야 한다.

나. 가중된 행정처분을 하는 경우 가중처분의 적용 차수는 그 위반행위 전 부과처분 차수의 다음 차수로 한다.

다. 정당한 사유 없이 교육훈련업무를 거부한 경우 1차 위반 시 경고 처분을 하여야 한다.

라. 처분권자는 위반행위의 동기·내용 및 위반의 정도 등 사유를 고려하여 그 처분을 감경할 수 있다. 이 경우 그 처분이 업무정지인 경우에는 그 처분의 3분의 1의 범위에서 감경할 수 있다.

해설 철도안전법 시행규칙 [별표 9]: 처분권자는 위반행위의 동기 · 내용 및 위반의 정도 등 다음 각 목에 해당하는 사유를 고려하여 그 처분을 감경할 수 있다. 이 경우 그 처분이 업무정지인 경우에는 그 처분기준의 2분의 1 범위에서 감경할 수 있다.

예제 **철도안전법령상 교육훈련기관의 지정취소 및 업무정지기준에 의하면 그 처분이 업무정지인 경우에는 그 처분기준의 (   ) 범위에서 감경할 수 있다.**

정답 2분의 1

제16조(운전교육훈련)

① 운전면허를 받으려는 사람은 철도차량의 안전한 운행을 위하여 국토교통부장관이 실시하는 운전에 필요한 지식과 능력을 습득할 수 있는 교육훈련(이하 "운전교육훈련"이라 한다)을 받아야 한다.

② 운전교육훈련의 기간, 방법 등에 관하여 필요한 사항은 국토교통부령으로 정한다.

③ 국토교통부장관은 철도차량 운전에 관한 전문 교육훈련기관(이하 "운전교육훈련기관"이라 한다)을 지정하여 운전교육훈련을 실시하게 할 수 있다.

④ 운전교육훈련기관의 지정기준, 지정절차 등에 관하여 필요한 사항은 대통령령으로 정한다.

⑤ 운전교육훈련기관의 지정취소 및 업무정지 등에 관하여는 제15조제6항 및 제15조의2를 준용한다. 이 경우 "운전적성검사기관"은 "운전교육훈련기관"으로, "운전적성검사 업무"는 "운전교육훈련 업무"로, "제15조제5항"은 "제16조제4항"으로, "운전적성검사 판정서"는 "운전교육훈련 수료증"으로 본다.

시행령 제16조(운전교육훈련기관 지정절차)

① 운전교육훈련기관으로 지정을 받으려는 자는 국토교통부장관에게 지정 신청을 하여야 한다.

② 국토교통부장관은 제1항에 따라 운전교육훈련기관의 지정 신청을 받은 경우에는 제17조에 따른 지정기준을 갖추었는지 여부, 운전교육훈련기관의 운영계획 및 운전업무종사자의 수급 상황 등을 종합적으로 심사한 후 그 지정 여부를 결정하여야 한다.

예제 **[ ]은 운전교육훈련기관의 지정 신청을 받은 경우에는 [ ]을 갖추었는지 여부, 운전교육훈련기관의 [ ] 및 운전업무종사자의 수급 상황 등을 종합적으로 심사한 후 그 지정 여부를 결정하여야 한다.**

정답 국토교통부장관, 지정기준, 운영계획

③ 국토교통부장관은 제2항에 따라 운전교육훈련기관을 지정한 때에는 그 사실을 관보에 고시하여야 한다.

④ 제1항부터 제3항까지의 규정에 따른 운전교육훈련기관의 지정절차에 관한 세부적인 사항은 국토교통부령으로 정한다.

예제 **다음 중 운전교육훈련기관의 지정절차에 관한 내용으로 맞지 않는 것은?**

가. 운전교육훈련기관으로 지정을 받으려는 자는 국토교통부장관에게 지정 신청을 하여야 한다.

나. 국토교통부장관은 운전교육훈련기관의 지정 신청을 받은 경우에는 지정기준을 갖추었는지 여부, 운전교육훈련기관의 운영계획 및 운전업무종사자의 수급 상황 등을 종합적으로 심사한 후 그 지정 여부를 결정하여야 한다.

다. 국토교통부장관은 운전교육훈련기관을 지정한 때에는 그 사실을 관보에 고시하여야 한다.

라. 운전교육훈련기관의 지정절차에 관한 세부적인 사항은 대통령령으로 정한다.

해설 철도안전법 시행령 제16조(운전교육훈련기관 지정절차) 제4항 제1항부터 제3항까지의 규정: 운전교육훈련기관의 지정절차에 관한 세부적인 사항은 국토교통부령으로 정한다.

시행령 제17조(운전교육훈련기관 지정기준)

① 운전교육훈련기관 지정기준은 다음 각 호와 같다.

1. 운전교육훈련 업무 수행에 필요한 상설 전담조직을 갖출 것

예제 **운전교육훈련 업무 수행에 필요한 [ ]을 갖출 것**

정답 상설 전담조직

2. 운전면허의 종류별로 운전교육훈련 업무를 수행할 수 있는 전문인력을 확보할 것
3. 운전교육훈련 시행에 필요한 사무실·교육장과 교육 장비를 갖출 것
4. 운전교육훈련기관의 운영 등에 관한 업무규정을 갖출 것

예제 **운전교육훈련기관의 운영 등에 관한 [ ]을 갖출 것**

정답 업무규정

② 제1항에 따른 운전교육훈련기관 지정기준에 관한 세부적인 사항은 국토교통부령으로 정한다.

예제 **운전교육훈련기관 지정기준은 "3. 운전교육훈련 시행에 필요한 사무실·교육장과 ( )를 갖출 것 4. 운전교육훈련기관의 운영 등에 관한 ( )을 갖출 것"이다(시행령 제17조(운전교육훈련기관 지정기준)).**

정답 교육 장비, 업무규정

예제 **철도안전법령상 교육훈련기관의 지정기준이 아닌 것은?**

가. 운전교육훈련 시행에 필요한 사무실·교육장과 교육 장비를 갖출 것
나. 교육훈련기관의 운영 등에 관한 업무규정을 갖출 것
다. 교육훈련 시행에 필요한 검사장·교육장과 검사 장비를 갖출 것
라. 운전면허의 종류별로 교육훈련 업무를 수행할 수 있는 전문인력을 확보할 것

해설 철도안전법 시행령 제17조(운전교육훈련기관 지정기준): 운전교육훈련 시행에 필요한 사무실 · 교육장과 교육 장비를 갖출 것

예제 **다음 중 운전교육훈련기관의 지정기준에 관한 내용으로 틀린 것은?**

가. 운전교육훈련기관의 운영 등에 관한 업무규정을 갖출 것

나. 운전면허의 종류별로 운전교육훈련 업무를 수행할 수 있는 전문인력을 확보할 것

다. 운전교육훈련 시행에 필요한 사무실 · 교육장과 교육 장비를 갖출 것

라. 운전교육훈련 업무 수행에 필요한 임시 전담조직을 갖출 것

해설 철도안전법 시행령 제17조(운전교육훈련기관 지정기준) 제1항 운전교육훈련기관 지정기준은 다음 각 호와 같다.

1. 운전교육훈련 업무 수행에 필요한 상설 전담조직을 갖출 것
2. 운전면허의 종류별로 운전교육훈련 업무를 수행할 수 있는 전문인력을 확보할 것
3. 운전교육훈련 시행에 필요한 사무실 · 교육장과 교육 장비를 갖출 것
4. 운전교육훈련기관의 운영 등에 관한 업무규정을 갖출 것

시행령 제18조(운전교육훈련기관의 변경사항 통지)

① 운전교육훈련기관은 그 명칭 · 대표자 · 소재지나 그 밖에 운전교육훈련 업무의 수행에 중대한 영향을 미치는 사항의 변경이 있는 경우에는 해당 사유가 발생한 날부터 15일 이내에 국토교통부장관에게 그 사실을 알려야 한다.

② 국토교통부장관은 제1항에 따라 통지를 받은 경우에는 그 사실을 관보에 고시하여야 한다.

예제 **운전교육훈련 업무의 [ ]에 중대한 영향을 미치는 사항의 변경이 있는 경우에는 해당 사유가 발생한 날부터 [ ]이내에 국토교통부장관에게 그 사실을 알려야 한다(시행령 제18조(운전교육훈련기관의 변경사항 통지)).**

정답 수행, 15일

규칙 제20조(운전교육훈련의 기간 및 방법 등)

① 법 제16조제1항에 따른 교육훈련(이하 "운전교육훈련"이라 한다)은 운전면허 종류별로 실제 차량이나 모의운전연습기를 활용하여 실시한다.

예제 [ ]은 운전면허 종류별로 실제 차량이나 [ ]를 활용하여 실시한다.

정답 교육훈련, 모의운전연습기

② 운전교육훈련을 받으려는 사람은 법 제16조제3항에 따른 운전교육훈련기관(이하 "운전교육훈련기관"이라 한다)에 운전교육훈련을 신청하여야 한다.

예제 운전교육훈련을 받으려는 사람은 운전교육훈련기관에 [ ]을 신청하여야 한다.

정답 운전교육훈련

③ 운전교육훈련의 과목과 교육훈련시간은 별표 7과 같다.

④ 운전교육훈련기관은 운전교육훈련과정별 교육훈련신청자가 적어 그 운전교육훈련과정의 개설이 곤란한 경우에는 국토교통부장관의 승인을 받아 해당 운전교육훈련과정을 개설하지 아니하거나 운전교육훈련시기를 변경하여 시행할 수 있다.

⑤ 운전교육훈련기관은 운전교육훈련을 수료한 사람에게 별지 제12호서식의 운전교육훈련 수료증을 발급하여야 한다.

⑥ 그 밖에 운전교육훈련의 절차·방법 등에 관하여 필요한 세부사항은 국토교통부장관이 정한다.

예제 운전교육훈련의 [ ] 등에 관하여 필요한 세부사항은 [ ]이 정한다.

정답 절차·방법, 국토교통부장관

[전기능 모의운전연습기(FTS: Full Type Simulator)]

- 실차와 동일한 교육환경 (99년 과천선 ADV)
- 실제 현장의 위기감을 부여(3자유도 모션 시스템 3.5t)
- 고장처치 및 이례사항 기능(IDC 적용)

FTS

FTS운전실내부

[기본기능 모의운전연습기(PTS: Personal Type Simulator)]

- TC car 운전제어대
- 고장처치 시스템 탑재
- 자율훈련 기능
- 자가 진단 기능

PTS

PTS기능교육

예제 운전교육훈련기관은 운전교육훈련과정별 [   ]가 적어 그 운전교육훈련과정의 개설이 곤란한 경우에는 국토교통부장관의 승인을 받아 해당 운전교육훈련과정을 개설하지 아니하거나 [   ]를 변경하여 시행할 수 있다(규칙 제20조(운전교육훈련의 기간 및 방법 등)).

정답 교육훈련신청자, 운전교육훈련시기

예제 다음 중 교육훈련기관에 관한 내용으로 틀린 것은?

가. 운전교육훈련을 받으려는 사람은 운전교육훈련기관에 운전교육훈련을 신청하여야 한다.

나. 운전교육훈련의 절차·방법 등에 관하여 필요한 세부사항은 국토교통부장관이 정한다.

다. 운전교육훈련은 운전면허 종류별로 실제 차량을 활용하여 실시한다.

라. 운전교육훈련기관은 운전교육훈련과정별 교육훈련신청자가 적어 그 운전교육훈련과정의 개설이 곤란한 경우에는 국토교통부장관의 승인을 받아 해당 운전교육훈련과정을 개설하지 아니하거나 운전교육훈련시기를 변경하여 시행할 수 있다.

해설 철도안전법 시행규칙 제20조(운전교육훈련의 기간 및 방법 등) 제6항: 운전교육훈련은 운전면허 종류별로 실제 차량이나 모의운전연습기를 활용하여 실시한다.

[규칙 별표 7] [운전면허 취득을 위한 교육훈련 과정별 교육시간 및 교육훈련과목 (제20조제3항 관련)]

1. 일반응시자

교육과정	교육훈련 과목
디젤차량 운전면허(470시간) 제1종 전기차량 운전면허(470시간) 제2종 전기차량 운전면허(410시간) 철도장비 운전면허(170시간) 노면전차 운전면허(240시간)	• 현장실습교육 • 운전실무 및 모의운행훈련 • 비상 시 조치 등

2. 운전면허 소지자

소지면허	교육과정	교육훈련 과목
디젤차량 운전면허 제1종 전기차량 운전면허 제2종 전기차량 운전면허	고속철도차량 운전면허(280시간)	• 현장실습교육 • 운전실무 및 모의운행훈련 • 비상 시 조치 등
디젤차량 운전면허	디젤차량 운전면허(35시간) 제2종 전기차량 운전면허(35시간) 노면전차 운전면허(20시간)	• 현장실습교육 • 운전실무 및 모의운행훈련
제2종 전기차량 운전면허	디젤차량 운전면허(70시간) 제1종 전기차량 운전면허(70시간) 노면전차 운전면허(20시간)	• 현장실습교육 • 운전실무 및 모의운행훈련
철도장비 운전면허	디젤차량 운전면허(260시간) 제1종 전기차량 운전면허(260시간) 제2종 전기차량 운전면허(170시간 노면전차 운전면허(100시간)	• 현장실습교육 • 운전실무 및 모의운행훈련 • 비상 시 조치 등
노면전차 운전면허	디젤차량 운전면허(120시간) 제1종 전기차량 운전면허(120시간) 제2종 전기차량 운전면허(105시간) 철도장비 운전면허(45시간)	• 현장실습교육 • 운전실무 및 모의운행훈련 • 비상 시 조치 등

[철도장비]

멀티플타이탬퍼(서울교통공사)(송정석닷컴)

철도 장비 발전

[노면전차]

3. 철도차량 운전 관련 업무경력자

경력	교육과정	교육훈련 과목
철도차량 운전업무 보조경력이 1년 이상이거나 철도장비 운전업무 수행경력이 3년 이상인 사람	디젤차량 운전면허(100시간)	• 현장실습교육 • 운전실무 및 모의운행훈련 • 비상 시 조치 등
	제1종 전기차량 운전면허(100시간)	
철도차량 운전업무 보조경력이 1년 이상이거나 전동차 차장 경력이 2년 이상인 사람	제2종 전기차량 운전면허(100시간)	
	노면전차 운전면허(60시간)	
철도차량 운전업무 보조경력이 1년 이상인 사람	철도장비 운전면허(20시간)	
철도건설 및 유지보수 장비 작업경력이 1년 이상인 사람	철도장비 운전면허(65시간)	

4. 철도 관련 업무경력자

경력	교육과정	교육훈련 과목
철도운영자에 소속되어 철도 관련 업무에 종사한 경력 3년 이상인 사람	디젤차량 운전면허(145시간) 제1종 전기차량 운전면허(145시간) 제2종 전기차량 운전면허(140시간) 철도장비 운전면허(85시간) 노면전차 운전면허(85시간)	• 현장실습교육 • 운전실무 및 모의운행 훈련 • 비상 시 조치 등

5. 버스 운전 경력자

경력	교육과정	교육훈련 과목
「여객자동차 운수사업법 시행령」 제3조제1호에 따른 노선 여객자동차운송사업에 종사한 경력이 1년 이상인 사람	노면전차 운전면허(120시간)	• 현장실습교육 • 운전실무 및 모의운행 훈련 • 비상 시 조치 등

예제 **운전면허 취득을 위한 교육훈련 과정별 과목 및 시간으로 맞는 것은?**

가. 철도장비 운전업무 수행경력 2년 이상인 사람 - 제1종 전기차량 운전면허(100시간)

나. 철도건설 및 유지보수 장비 작업경력 1년 이상인 사람 - 철도장비 운전면허(20시간)

다. 철도운영자에 소속되어 철도관련 업무에 종사한 경력 2년 이상인 사람 - 노면전차 운전면허(85시간)

라. 노선 여객자동차운송사업에 종사한 경력이 1년 이상인 사람 - 노면전차 운전면허(120시간)

해설 가. 철도장비 운전업무 수행경력 2년 이상인 사람 - 제1종 전기차량 운전면허(260시간)
나. 철도건설 및 유지보수 장비 작업경력 1년 이상인 사람- 철도장비 운전면허(65시간)
다. 철도운영자에 소속되어 철도관련 업무에 종사한 경력 3년 이상인 사람- 노면전차 운전면허(85시간)

예제 **운전면허 취득을 위한 교육훈련 시간이 맞는 것은?**

가. 노면전차 운전면허 소지자가 제2종 전기차량 운전면허 취득시 - 100시간

나. 철도장비 운전면허 소지자가 노면전차 운전면허 취득시 - 200시간

다. 전동차 차장 경력 2년 이상인 사람이 제2종 전기차량 운전면허 취득시 - 150시간

라. 철도운영자에 소속되어 철도관련 업무에 종사한 경력 3년 이상인 사람이 노면전차 운전면허 취득시 - 85시간

해설 가. 노면전차 운전면허 소지자가 제2종 전기차량 운전면허 취득시 - 105시간
나. 일반응시자가 노면전차 운전면허 취득시 - 240시간
다. 전동차 차장 경력이 2년 이상인 사람이 제2종 전기차량 운전면허 취득시 - 100시간

예제 **철도안전법령상 운전면허 취득(일반응시자)을 위한 교육훈련 과목으로 틀린 것은?**

가. 현장실습교육
나. 운전실무 및 모의운행훈련
다. 도시철도시스템 일반
라. 비상 시 조치 등

해설 철도안전법 시행규칙 [별표 7] 운전면허 취득을 위한 교육훈련 과정별 과목 및 시간

예제 **철도안전법령상 철도차량 운전업무 보조경력 1년 이상이나 전동차 차장 경력 2년 이상인 사람이 노면전차 운전면허를 취득하기 위해서는 몇 시간의 교육을 이수하여야 하는가?**

가. 75시간
나. 85시간
다. 60시간
라. 100시간

해설 철도안전법 시행규칙 [별표 7] 운전면허 취득을 위한 교육훈련 과정별 과목 및 시간

예제 **다음 설명으로 틀린 것은?**

가. 전동차 차장 경력 2년 이상인 사람이 노면전차 운전면허를 취득하려면 60시간 교육

나. 철도차량 운전업무 보조경력 1년 이상인 사람이 철도장비 운전면허를 취득하려면 60시간 교육

다. 철도건설 및 유지보수 장비 작업경력 1년 이상인 사람이 철도장비 운전면허를 취득하려면 65시간 교육

라. 철도운영자에 소속되어 철도관련 업무에 종사한 경력 3년 이상인 사람이 노면전차 운전면허를 취득하려면 85시간 교육

해설 철도차량 운전업무 보조경력 1년 이상인 사람이 철도장비 운전면허를 취득하려면 20시간 교육을 받아야 한다.

> 6. 일반사항
> 가. 철도차량 운전면허 소지자가 다른 종류의 철도차량 운전면허를 취득하기 위하여 교육훈련을 받는 경우에는 신체검사와 적성검사를 받은 것으로 본다. 다만, 철도장비 운전면허 소지자가 다른 종류의 철도차량 운전면허를 취득하기 위하여 교육훈련을 받는 경우에는 적성검사를 받아야 한다.
> 나. 고속철도차량 운전면허를 취득하기 위한 교육훈련을 받으려는 사람은 법 제21조에 따른 디젤차량, 제1종 전기차량 또는 제2종 전기차량의 운전업무 수행경력이 3년 이상 있어야 한다.
> 다. 모의운행훈련은 전(全) 기능 모의운전연습기를 활용한 교육훈련과 병행하여 실시하는 기본기능 모의운전연습기 및 컴퓨터지원교육시스템을 활용한 교육훈련을 포함한다.
> 라. 철도장비 운전면허 취득을 위하여 교육훈련을 받는 사람의 모의운행훈련은 다른 차량 종류의 모의운전연습기를 활용하여 실시할 수 있다.

규칙 제21조(운전교육훈련기관의 지정절차 등)

1. 훈련기관 지정절차

① 운전교육훈련기관으로 지정받으려는 자는 별지 제13호서식의 운전교육훈련기관 지정신청서에 다음 각 호의 서류를 첨부하여 국토교통부장관에게 제출하여야 한다. 이 경우 국토교통부장관은 「전자정부법」 제36조제1항에 따른 행정정보의 공동이용을 통하여 법인 등기사항증명서(신청인이 법인인 경우만 해당한다)를 확인하여야 한다.

[운전교육훈련기관 지정신청서에 첨부해야 하는 서류]

1. 운전교육훈련계획서(운전교육훈련평가계획을 포함한다)
2. 운전교육훈련기관 운영규정
3. 정관이나 이에 준하는 약정(법인 그 밖의 단체에 한정한다)
4. 운전교육훈련을 담당하는 강사의 자격 · 학력 · 경력 등을 증명할 수 있는 서류 및 담당업무
5. 운전교육훈련에 필요한 강의실 등 시설 내역서
6. 운전교육훈련에 필요한 철도차량 또는 모의운전연습기 등 장비 내역서
7. 운전교육훈련기관에서 사용하는 직인의 인영

예제 운전교육훈련기관 지정신청서에 첨부해야하는 서류는?

1. [ ]계획서
2. 운영[ ]
3. [ ] 또는 약정
4. 강사의 [ ] 등을 증명할 수 있는 서류
5. 강의실 등 [ ]
6. 철도차량 또는 [ ] 등 장비 내역서
7. 직인의 [ ]

정답 운전교육훈련, 규정, 정관, 자격 · 학력 · 경력, 시설 내역서, 모의운전연습기, 인영

예제 운전교육훈련기관으로 지정받으려는 자는 운전교육훈련기관 지정신청서에 다음 각 호의 서류를 첨부하여 [ ]에게 제출하여야 한다. 이 경우 [ ]은 「전자정부법」 제36조제1항에 따른 행정정보의 공동이용을 통하여 [ ]를 확인하여야 한다(규칙 제21조(운전교육훈련기관의 지정절차 등)).

정답 국토교통부장관, 국토교통부장관, 법인 등기사항증명서

예제 운전교육훈련기관으로 지정받으려는 자는 '운전교육훈련에 필요한 철도차량 또는 [ ] 등 [ ]를 국토교통부장관에게 제출하여야 한다(규칙 제21조(운전교육훈련기관의 지정절차 등)).

정답 모의운전연습기, 장비 내역서

[전기능 모의운전연습기(FTS: Full Type Simulator)]

- 실차와 동일한 교육환경 (99년 과천선 ADV)
- 실제 현장의 위기감을 부여(3자유도 모션 시스템 3.5t)
- 고장처치 및 이례사항 기능(IDC 적용)

FTS

FTS운전실내부

[기본기능 모의운전연습기(PTS: Personal Type Simulator)]

- TC car 운전제어대
- 고장처치 시스템 탑재
- 자율훈련 기능
- 자가 진단 기능

PTS

PTS기능교육

[운전교육훈련기관 지정서 및 전문교육훈련 수료증]

제　　호

운전교육훈련기관 지정서

1. 기관명 :
2. 대표자 :
3. 주소(법인소재지) :
4. 사업자등록번호 :
   (법인등록번호)
5. 지정 운전교육훈련과정 :
6. 지정조건 :

『철도안전법』 제24조의4제2항, 같은 법 시행령 제21조의4 및 같은 법 시행규칙 제42조의5제2항에 따라 정비교육훈련기관으로 지정합니다.

년　월　일

국토교통부장관　직인

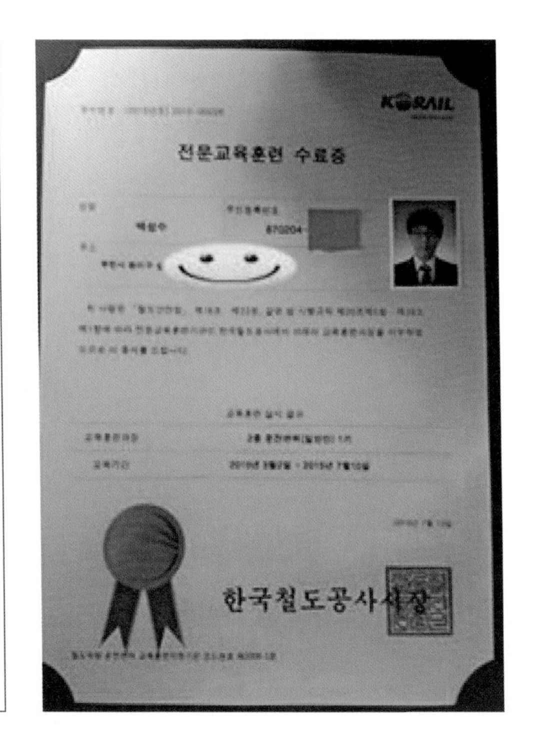

예제 **철도안전법령상 교육훈련기관으로 지정받기 위하여 국토교통부장관에게 제출하여야 할 서류가 아닌 것은?**

가. 정관이나 이에 준하는 약정(법인 그 밖의 단체에 한정한다)
나. 교육훈련에 필요한 강의실 등 시설 내역서
다. 교육훈련에 필요한 철도차량 또는 모의운전연습기 등 장비 내역서
라. 교육훈련계획서(교육훈련평가계획은 제외한다)

해설 철도안전법 시행규칙 제21조(운전교육훈련기관의 지정절차 등) 제1항: 운전교육훈련계획서(교육훈련평가계획을 포함한다)

② 국토교통부장관은 제1항에 따라 운전교육훈련기관의 지정 신청을 받은 때에는 영 제16조제2항에 따라 그 지정 여부를 종합적으로 심사한 후 별지 제14호서식의 운전교육훈련기관 지정서를 신청인에게 발급하여야 한다.

규칙 제22조(운전교육훈련기관의 세부 지정기준 등)

① 영 제17조제2항에 따른 운전교육훈련기관의 세부 지정기준은 별표 8과 같다.

② 국토교통부장관은 운전교육훈련기관이 제1항 및 영 제17조제1항에 따른 지정기준에 적합한 지의 여부를 2년마다 심사하여야 한다.

③ 영 제18조에 따른 운전교육훈련기관의 변경사항 통지는 별지 제11호의2서식에 따른다.

시행규칙 [별표8] [교육훈련기관의 세부 지정기준 (제22조제1항 관련)](별표8)

등급	학력 및 경력
책임교수	1) 박사학위 소지자로서 철도교통에 관한 업무에 10년 이상 또는 철도차량 운전 관련 업무에 5년 이상 근무한 경력이 있는 사람 2) 석사학위 소지자로서 철도교통에 관한 업무에 15년 이상 또는 철도차량 운전 관련 업무에 8년 이상 근무한 경력이 있는 사람 3) 학사학위 소지자로서 철도교통에 관한 업무에 20년 이상 또는 철도차량 운전 관련 업무에 10년 이상 근무한 경력이 있는 사람 4) 철도 관련 4급 이상의 공무원 경력 또는 이와 같은 수준 이상의 자격 및 경력이 있는 사람 5) 대학의 철도차량 운전 관련 학과에서 조교수 이상으로 재직한 경력이 있는 사람 6) 선임교수 경력이 3년 이상 있는 사람
선임교수	1) 박사학위 소지자로서 철도교통에 관한 업무에 5년 이상 또는 철도차량 운전 관련 업무에 3년 이상 근무한 경력이 있는 사람 2) 석사학위 소지자로서 철도교통에 관한 업무에 10년 이상 또는 철도차량 운전 관련 업무에 5년 이상 근무한 경력이 있는 사람 3) 학사학위 소지자로서 철도교통에 관한 업무에 15년 이상 또는 철도차량 운전 관련 업무에 8년 이상 근무한 경력이 있는 사람 4) 철도차량 운전업무에 5급 이상의 공무원 경력 또는 이와 같은 수준 이상의 자격 및 경력이 있는 사람 5) 대학의 철도차량 운전 관련 학과에서 전임강사 이상으로 재직한 경력이 있는 사람 6) 교수 경력이 3년 이상 있는 사람
교수	1) 학사학위 소지자로서 철도차량 운전업무수행자에 대한 지도교육 경력이 2년 이상 있는 사람 2) 전문학사 소지자로서 철도차량 운전업무수행자에 대한 지도교육 경력이 3년 이상 있는 사람 3) 고등학교 졸업자로서 철도차량 운전업무수행자에 대한 지도교육 경력이 5년 이상 있는 사람 4) 철도차량 운전과 관련된 교육기관에서 강의 경력이 1년 이상 있는 사람

비고 :
1. "철도교통에 관한 업무"란 철도운전 · 안전 · 차량 · 기계 · 신호 · 전기 · 시설에 관한 업무를 말한다.
2. "철도차량운전 관련 업무"란 철도차량 운전업무수행자에 대한 안전관리 · 지도교육 및 관리감독업무를 말한다.

예제 교육훈련기관의 세부 지정기준에서 자격기준으로 틀린 것은?

가. "철도차량운전 관련 업무"란 철도차량 운전업무수행자에 대한 안전관리 · 지도교육 및 관리감독 업무를 말한다.

나. "철도교통에 관한 업무"란 철도운전 · 관제 · 안전 · 차량 · 기계 · 신호 · 전기 · 시설에 관한 업무를 말한다.

다. 교수의 자격기준은 전문학사 소지자로서 철도차량 운전업무수행자에 대한 지도교육 경력이 3년 이상 있는 사람

라. 선임교수의 자격기준은 학사학위 소지자로서 철도교통에 관한 업무에 15년 이상 또는 철도차량 운전관련 업무에 8년 이상 근무한 경력이 있는 사람

해설 철도안전법 시행규칙 [별표9]: "철도교통에 관한 업무"란 철도운전 · 안전 · 차량 · 기계 · 신호 · 전기 · 시설에 관한 업무를 말한다.

예제 교육훈련기관의 세부 지정기준으로 맞는 것은?

가. 책임교수는 대학의 철도차량 운전 관련 학과에서 교수 이상으로 재직한 경력이 있는 사람

나. 선임교수는 철도차량 운전업무에 6급 이상의 공무원 경력 또는 이와 같은 수준 이상의 자격 및 경력이 있는 사람

다. 교수의 경우 해당 철도차량 운전업무 수행경력이 3년 이상인 사람으로서 학력 및 경력의 기준을 갖추어야 한다.

라. 고속철도차량 교수의 경우 종전 철도청에서 실시한 교수요원 양성과정(해외교육이수자를 포함한다) 이수자 중 학력 및 경력 미달자는 고속철도차량 교수를 할 수 없다.

해설 가. 대학의 철도차량 운전 관련 학과에서 조교수 이상으로 재직한 경력이 있는 사람
나. 철도차량 운전업무에 5급 이상의 공무원 경력 또는 이와 같은 수준 이상의 자격 및 경력이 있는 사람

예제 **교육훈련기관의 세부 지정기준으로 틀린 것은?**

가. 책임교수 - 대학의 철도차량 운전 관련 학과에서 부교수 이상으로 재직한 경력이 있는 사람

나. 선임교수 - 학사학위 소지자로서 철도교통에 관한 업무에 15년 이상 또는 철도차량 운전 관련 업무에 8년 이상 근무한 경력이 있는 사람

다. 선임교수 - 철도차량 운전업무에 5급 이상의 공무원 경력 또는 이와 같은 수준 이상의 자격 및 경력이 있는 사람

라. 교수 - 전문학사 소지자로서 철도차량 운전업무수행자에 대한 지도교육 경력이 3년 이상 있는 사람

해설 책임교수 자격은 대학의 철도차량 운전 관련 학과에서 조교수 이상으로 재직한 경력이 있는 사람이다.

예제 **철도안전법령상 교육훈련기관의 세부 지정기준에서 책임교수의 학력 및 경력 기준으로 맞는 것은?**

가. 철도 관련 4급 이상의 공무원 경력 또는 이와 같은 수준 이상의 자격 및 경력이 있는 사람

나. 박사학위 소지자로서 철도교통에 관한 업무에 10년 이상 또는 철도차량 운전관련 업무에 3년 이상 근무한 경력이 있는 사람

다. 석사학위 소지자로서 철도교통에 관한 업무에 15년 이상 또는 철도차량 운전관련 업무에 7년 이상 근무한 경력이 있는 사람

라. 학사학위 소지자로서 철도교통에 관한 업무에 20년 이상 또는 철도차량 운전관련 업무에 8년 이상 근무한 경력이 있는 사람

해설 철도안전법 시행규칙 [별표 8] 교육훈련기관의 세부 지정기준: 철도 관련 4급 이상의 공무원 경력 또는 이와 같은 수준 이상의 자격 및 경력이 있는 사람은 책임교수 자격기준이 된다.

예제 **철도안전법령상 교육훈련기관의 선임교수가 되기 위한 자격기준으로 틀린 것은?**

가. 박사학위 소지자로서 철도교통에 관한 업무에 5년 이상 근무한 경력이 있는 사람

나. 학사학위 소지자로서 철도차량 운전 관련 업무에 5년 이상 근무한 경력이 있는 사람

다. 대학의 철도차량 운전 관련 학과에서 전임강사 이상으로 재직한 경력이 있는 사람

라. 철도차량 운전업무에 5급 이상의 공무원 경력 또는 이와 같은 수준 이상의 자격 및 경력이 있는 사람

해설 철도안전법 시행규칙 [별표 8] 교육훈련기관의 세부 지정기준: 학사학위 소지자로서 철도교통에 관한 업무에 15년 이상 또는 철도차량 운전 관련 업무에 8년 이상 근무한 경력이 있는 사람이 선임교수 자격기준이 된다.

예제 **교육훈련기관의 세부 지정기준으로 틀린 것은?**

가. 철도교통에 관한 업무란 철도운영 · 신호취급 · 안전에 관한 업무를 말한다.

나. 철도교통에 관한 업무 경력에는 책임교수의 경우 석사학위 소지자는 15년, 선임교수의 경우 석사학위 소지자는 10년 이상 근무한 경력이 있는 사람

다. 면적 60제곱미터 이상의 강의실을 갖출 것. 다만, 1제곱미터당 교육인원은 1명을 초과하지 아니하여야 한다.

라. 30명이 동시에 실습할 수 있는 면적 90제곱미터 이상의 컴퓨터지원시스템 실습장을 갖출 것

해설 철도안전법 시행규칙 [별표 8] 교육훈련기관의 세부 지정기준: "철도교통에 관한 업무"란 철도운전 · 안전 · 차량 · 기계 · 신호 · 전기 · 시설에 관한 업무를 말한다.

예제 **교육훈련기관의 세부지정기준에서 선임교수의 자격기준에 대한 설명 중 틀린 것은?**

가. 교수의 경력이 3년 이상 있는 사람

나. 대학의 철도차량 운전관련학과에서 전임강사 이상으로 재직한 경력이 있는 사람

다. 학사학위 소지자로서 철도교통에 관한 업무에 20년 이상 근무한 경력이 있는 사람

라. 석사학위 소지자로서 철도교통에 관한 업무에 10년 이상 근무한 경력이 있는 사람

해설 철도안전법 시행규칙 [별표 8](교육훈련기관의 세부 지정기준): 다. 학사학위 소지자로서 철도교통에 관한 업무에 15년 이상 근무한 경력이 있는 사람은 선임교수의 자격 기준이다.

1. 보유기준

1) 1회 교육생 30명을 기준으로 철도차량 운전면허 종류별 전임 책임교수, 선임교수, 교수를 각 1명 이상 확보하여야 하며, 운전면허 종류별 교육인원이 15명 추가될 때마다 운전면허 종류별 교수 1명 이상을 추가로 확보하여야 한다. 이 경우 추가로 확보하여야 하는 교수는 비전임으로 할 수 있다.

예제 **1회 교육생 [ ]을 기준으로 철도차량 운전면허 종류별 전임 [ ], [ ], [ ]를 각 [ ] 이상 확보하여야 한다.**

정답 30명, 책임교수, 선임교수, 교수, 1명

2) 두 종류 이상의 운전면허 교육을 하는 지정기관의 경우 책임교수는 1명만 둘 수 있다.

2. 시설기준

가. 강의실

- 면적은 교육생 30명 이상 한 번에 수용할 수 있어야 한다(60제곱미터 이상). 이 경우 1제곱미터당 수용인원은 1명을 초과하지 아니하여야 한다.

나. 기능교육장

1) 전 기능 모의운전연습기 · 기본기능 모의운전연습기 등을 설치할 수 있는 실습장을 갖추어야 한다.

2) 30명이 동시에 실습할 수 있는 컴퓨터지원시스템 실습장(면적 90㎡ 이상)을 갖추어야 한다.

다. 그 밖에 교육훈련에 필요한 사무실 · 편의시설 및 설비를 갖출 것

예제 **교육훈련기관은 [ ]이 동시에 실습할 수 있는 컴퓨터지원시스템 실습장([ ])을 갖추어야 한다(규칙 제21조(운전교육훈련기관의 지정절차 등))**

정답 30명, 면적 90㎡ 이상

3. 장비기준

가. 실제차량

- 철도차량 운전면허별로 교육훈련기관으로 지정받기 위하여 고속철도차량 · 전기기관차 · 전기동차 · 디젤기관차 · 철도장비 · 노면전차를 각각 보유하고, 이를 운용할 수 있는 선로, 전기 · 신호 등의 철도시스템을 갖출 것

나. 모의운전연습기

[철도안전법 시행규칙 [별표 8] 교육훈련기관의 세부 지정기준]

장비면	성능기준	보유기준	비고
전 기능 모의운전연습기 (FTS: Full Type Simulator)	• 운전실 및 제어용 컴퓨터시스템 • 선로영상시스템 • 음향시스템 • 고장처치시스템 • 교수제어대 및 평가시스템 플랫폼시스템 • 구원운전시스템 • 진동시스템	1대 이상 보유 권장	
기본기능 모의운전연습기 (PTS: Personal Type Simulator)	• 운전실 및 제어용 컴퓨터시스템 • 선로영상시스템 • 음향시스템 • 고장처치시스템 • 교수제어대 및 평가시스템	5대 이상 보유 권장	1회 교육수요(10명 이하)가 적어 실제차량으로 대체하는 경우 1대 이상으로 조정할 수 있음

[서울교통공사 9호선]에서는

- 승무원들의 역량함량을 위해
  1) 전기능 모의운전연습기인 FTS(Full-Type Simulator)와
  2) 개인별 훈련이 가능한 PTS(Personal-Type Simulator),
  3) 그리고 철도시스템 및 고장조치와 관련한 온라인 학습이 가능한 CAI(Computer-Aided Instructor)를 운영하고 있다.
- 또한 FTS와 PTS를 동시에 통제 가능한 교관제어식과 FTS 훈련상황을 실시간으로 시청할 수 있는 훈련생 대기실도 별도로 설치되어 있다.

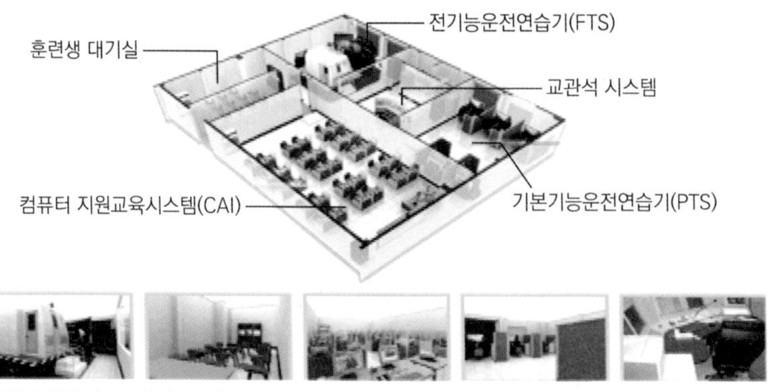

기초교육에서 고도화된 전문훈련까지 가능한 기관사를 위한 종합적인 교육훈련을 제공하는 최첨단 교육설비

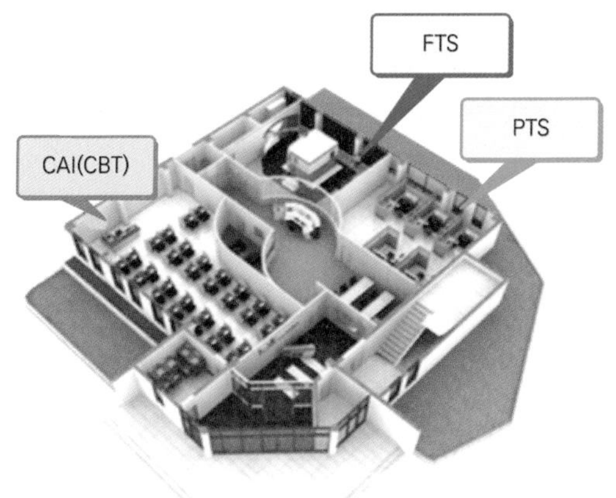

[수도권] 서울지하철 9호선 모의 운전연습기(FTS: Full Type Simulator)] 타보니(동아닷컴)

[전기능 모의운전연습기(FTS: Full Type Simulator)]

- 실차와 동일한 교육환경 (99년 과천선 ADV)
- 실제 현장의 위기감을 부여(3자유도 모션 시스템3.5t)
- 고장처치 및 이래사항 기능(IDC 적용)

FTS

FTS운전실내부

[기본기능 모의운전연습기(PTS: Personal Type Simulator)]

- TC car 운전제어대
- 고장처치 시스템 탑재
- 자율훈련 기능
- 자가 진단 기능

PTS

PTS기능교육

다. 컴퓨터지원교육시스템

성능기준	보유기준	비고
• 운전 기기 설명 및 취급법 • 운전 이론 및 규정 • 신호(ATS, ATC, ATO, ATP) 및 제동이론 • 차량의 구조 및 기능 • 고장처치 목록 및 절차 • 비상 시 조치 등	지원교육프로그램 및 컴퓨터 30대 이상 보유	컴퓨터지원교육시스템은 차종별 프로그램만 갖추면 다른 차종과 공유하여 사용할 수 있음

예제 **철도안전법령상 전 기능 모의 운전연습기의 1대 이상 보유해야 하는 성능기준으로 맞지 않는 것은?**

가. 고장처치시스템　　　나. 선로영상시스템
다. 연장급전시스템　　　라. 교수제어대 및 평가시스템

해설 철도안전법 시행규칙 [별표 8] 교육훈련기관의 세부 지정기준: 전 기능 모의 운전연습기의 1대 이상 보유해야 하는 성능기준에 연장급전시스템은 포함되지 않는다.

예제 **교육훈련기관의 세부 지정기준에서 정한 시설기준으로 적절하지 않은 것은?**

가. 30명이 동시에 실습할 수 있는 컴퓨터지원시스템 실습장(면적 90[㎡] 이상)을 갖추어야 한다.
나. 전 기능 모의운전연습기·기본기능 모의운전연습기 등을 설치할 수 있는 실습장을 갖추어야 한다.
다. 강의실의 경우 1[㎡]당 수용인원은 1명을 초과되지 아니하여야 한다.
라. 강의실 면적은 교육생 25명 이상을 한 번에 수용할 수 있는 강의실(60[㎡] 이상)을 갖추어야 한다.

해설 30명이 동시에 실습할 수 있는 컴퓨터지원시스템 실습장(면적 90㎡ 이상)을 갖추어야 한다.

예제 **철도안전법령상 교육훈련기관의 컴퓨터지원교육시스템의 성능기준으로 틀린 것은?**

가. 비상 시 조치 등　　　**나. 선로영상시스템**
다. 차량의 구조 및 기능　　　라. 운전 이론 및 규정

해설 철도안전법 시행규칙 [별표 8] 교육훈련기관의 컴퓨터지원교육시스템의 세부 지정기준: 성능기준에는 운전 기기 설명 및 취급법, 운전 이론 및 규정, 신호(ATS, ATC, ATO, ATP) 및 제동이론, 차량의 구조 및 기능, 고장처치 목록 및 절차, 비상 시 조치 등이 있다.

4. 국토교통부장관이 정하는 필기시험 출제범위에 적합한 교재를 갖출 것
5. 교육훈련기관 업무규정의 기준
   가. 교육훈련기관의 조직 및 인원
   나. 교육생 선발에 관한 사항
   다. 연간 교육훈련계획: 교육과정 편성, 교수인력의 지정 교과목 및 내용 등
   라. 교육기관 운영계획
   마. 교육생 평가에 관한 사항
   바. 실습설비 및 장비 운용방안
   사. 각종 증명의 발급 및 대장의 관리
   아. 교수인력의 교육훈련
   자. 기술도서 및 자료의 관리·유지
   차. 수수료 징수에 관한 사항
   카. 그 밖에 국토교통부장관이 철도전문인력 교육에 필요하다고 인정하는 사항

예제 **국토교통부장관은 운전교육훈련기관이 [ ]에 적합한지의 여부를[ ]년마다 심사하여야 한다(규칙 제22조(운전교육훈련기관의 세부 지정기준 등)).**

정답 지정기준, 2

규칙 제23조(교육훈련기관의 지정취소·업무정지 등)

① 법 제16조제5항에서 준용하는 제15조의2에 따른 교육훈련기관의 지정취소 및 업무정지의 기준은 별표 9와 같다.

② 국토교통부장관은 교육훈련기관의 지정을 취소하거나 업무정지의 처분을 한 경우에는 지체 없이 그 교육훈련기관에 별지 제11호의3서식의 지정기관 행정처분서를 통지하고 그 사실을 관보에 고시하여야 한다.

예제 국토교통부장관은 교육훈련기관의 지정을 취소하거나 업무정지의 처분을 한 경우에는 [ ] 그 교육훈련기관에 [ ]를 통지하고 그 사실을 [ ]에 고시하여야 한다(규칙 제23조(교육훈련기관의 지정취소 · 업무정지 등).

정답 지체 없이, 지정기관 행정처분서, 관보

[운전교육훈련기관의 지정취소 및 업무정지기준 (제23조제1항 관련)]

위반사항	근거법조문	처분기준			
		1차위반	2차위반	3차위반	4차위반
1. 거짓이나 그 밖의 부정한 방법으로 지정을 받은 경우	법 제16조 제5항제1호	지정 취소			
2. 업무정지 명령을 위반하여 그정지기간 중 운전교육훈련업무를 한 경우	법 제16조 제5항제2호	지정 취소			
3. 법 제16조제4항에 따른 지정기준에 맞지 아니한 경우	법 제16조 제5항제3호	경고 또는 보완 명령	업무 정지 1개월	업무 정지 3개월	지정 취소
4. 정당한 사유 없이 운전교육훈련 업무를 거부한 경우	법 제16조 제5항제4호	경고	업무 정지 1개월	업무 정지 3개월	지정 취소
5. 법 제16조제5항을 위반하여 거짓이나 그 밖의 부정한방법으로운전교육훈련 수료증을 발급한 경우	법 제16조 제5항제5호	업무 정지 1개월	업무 정지 3개월	지정 취소	

제17조(운전면허시험)

① 운전면허를 받으려는 사람은 국토교통부장관이 실시하는 철도차량운전면허시험(이하 "운전면허시험"이라 한다)에 합격하여야 한다.

② 운전면허시험에 응시하려는 사람은 제12조에 따른 신체검사 및 운전적성검사에 합격한 후 운전교육훈련을 받아야 한다.

③ 운전면허시험의 과목, 절차 등에 관하여 필요한 사항은 국토교통부령으로 정한다.

예제 **철도차량운전면허 시험에 대한 설명으로 맞는 것은?**

가. 철도차량운전면허 종류별로 필기시험과 기능시험으로 구분하여 시행한다.
나. 모든 철도차량운전면허는 종류별로 기능시험과 필기시험은 동시에 시행한다.
다. 면허시험에 합격한 후에 교육훈련기관에서 교육훈련을 받아야 한다.
라. 운전면허시험의 과목, 절차 등에 관하여 필요한 사항은 대통령령으로 정한다.

해설 철도안전법 제17조(운전면허시험): 운전면허시험의 과목, 절차 등에 관하여 필요한 사항은 대통령령이 아니라 국토교통부령으로 정한다.

규칙 제24조(운전면허시험의 과목 및 합격기준)

① 법 제17조제1항에 따른 철도차량 운전면허시험(이하 "운전면허시험"이라 한다)은 영 제11조제1항에 따른 운전면허의 종류별로 필기시험과 기능시험으로 구분하여 시행한다. 이 경우 기능시험은 실제차량이나 모의운전연습기를 활용하여 시행한다.

② 제1항에 따른 필기시험과 기능시험의 과목 및 합격기준은 별표 10과 같다. 이 경우 기능시험은 필기시험을 합격한 경우에만 응시할 수 있다.

③ 제1항에 따른 필기시험에 합격한 사람에 대해서는 필기시험에 합격한 날부터 2년이 되는 날이 속하는 해의 12월 31일까지 실시하는 운전면허시험에 있어 필기시험의 합격을 유효한 것으로 본다.

④ 운전면허시험의 방법·절차, 기능시험 평가위원의 선정 등에 관하여 필요한 세부사항은 국토교통부장관이 정한다.

예제 **운전면허 필기시험에 합격한 날부터 [ ]이 되는 날이 속하는 해의 [ ]까지 실시하는 운전면허시험에 있어 필기시험의 합격을 유효한 것으로 본다(규칙 제24조(운전면허시험의 과목 및 합격기준)).**

정답 2년, 12월 31일

예제 운전면허시험의 방법 · 절차, 기능시험 평가위원의 선정 등에 관하여 필요한 세부사항은 [ ]이 정한다(규칙 제24조(운전면허시험의 과목 및 합격기준)).

정답 국토교통부장관

예제 철도차량 운전면허시험에 관한 내용이다. 다음 중 틀린 것은?

가. 필기시험에 합격한 자에 대하여는 필기시험에 합격한 날부터 1년이 되는 날이 속하는 연도의 12월 31일까지 실시하는 운전면허시험에 있어 필기시험의 합격을 유효한 것으로 본다.

나. 운전면허를 받으려는 사람은 국토교통부장관이 실시하는 철도차량 운전면허시험에 합격하여야 한다.

다. 운전면허시험의 과목, 절차 등에 관하여 필요한 사항은 국토교통부령으로 정한다.

라. 운전면허시험에 응시하려는 사람은 신체검사 및 운전적성검사에 합격한 후 운전교육훈련을 받아야 한다.

해설 규칙 제24조(운전면허시험의 과목 및 합격기준): 필기시험에 합격한 사람에 대해서는 필기시험에 합격한 날부터 2년이 되는 날이 속하는 해의 12월 31일까지 실시하는 운전면허시험에 있어 필기시험의 합격을 유효한 것으로 본다.

1. 운전면허 시험의 응시자별 면허시험 과목

가. 일반응시자 · 철도차량 운전 관련 업무경력자 · 철도 관련 업무 경력자

응시면허	필기시험	기능시험
디젤차량 운전면허	• 철도 관련 법 • 철도시스템 일반 • 디젤차량의 구조 및 기능 • 운전이론 일반 • 비상 시 조치 등	• 준비점검 • 제동취급 • 제동기 외의 기기 취급 • 신호 준수, 운전 취급, 신호 · 선로 숙지 • 비상 시 조치 등
제1종 전기차량 운전면허	• 철도 관련 법 • 철도시스템 일반 • 전기기관차의 구조 및 기능 • 운전이론 일반 • 비상 시 조치 등	• 준비점검 • 제동취급 • 제동기 외의 기기 취급 • 신호 준수, 운전 취급, 신호 · 선로 숙지 • 비상 시 조치 등
제2종 전기차량 운전면허	• 철도 관련 법 • 도시철도시스템 일반	• 준비점검 • 제동취급

<table>
<tr><td></td><td>• 전기동차의 구조 및 기능
• 운전이론 일반
• 비상 시 조치 등</td><td>• 제동기 외의 기기 취급
• 신호 준수, 운전 취급, 신호·선로 숙지
• 비상 시 조치 등</td></tr>
<tr><td>철도장비
운전면허</td><td>• 철도 관련 법
• 철도시스템 일반
• 기계·장비차량의 구조 및 기능
• 비상 시 조치 등</td><td>• 준비점검
• 제동취급
• 제동기 외의 기기 취급
• 신호 준수, 운전 취급, 신호·선로 숙지
• 비상 시 조치 등</td></tr>
<tr><td>노면전차
운전면허</td><td>• 철도 관련 법
• 노면전차 시스템 일반
• 노면전차의 구조 및 기능
• 비상 시 조치 등</td><td>• 준비점검
• 제동취급
• 제동기 외의 기기 취급
• 신호 준수, 운전 취급, 신호·선로 숙지
• 비상 시 조치 등</td></tr>
</table>

예제 **철도안전법령상 제1종 전기차량 운전면허 취득을 위한 필기시험 과목이 아닌 것은?**

가. 철도 관련 법　　나. 비상 시 조치 등

다. 도시철도시스템 일반　　라. 전기기관차의 구조 및 기능

해설 제1종 전기차량 운전면허 취득을 위한 필기시험 과목에 '철도시스템 일반'은 있으나 '도시철도시스템 일반'은 없다.

나. 운전면허소지자

<table>
<tr><th>소지면허</th><th>응시면허</th><th>필기시험</th><th>기능시험</th></tr>
<tr><td rowspan="2">디젤차량
운전면허
제1종
전기차량
운전면허
제2종
전기차량
운전면허</td><td rowspan="2">고속철도
차량
운전면허</td><td>• 고속철도 시스템 일반
• 고속철도차량의 구조 및 기능
• 고속철도 운전이론 일반
• 고속철도 운전 관련 규정
• 비상 시 조치 등</td><td>• 준비점검
• 제동 취급
• 제동기 외의 기기 취급
• 신호 준수, 운전 취급, 신호·선로 숙지
• 비상 시 조치 등</td></tr>
<tr><td colspan="2">주) 고속철도차량 운전면허시험 응시자는 디젤차량, 제1종 전기차량 또는 제2종 전기차량에 대한 운전업무 수행 경력이 3년 이상 있어야 한다.</td></tr>
<tr><td>디젤차량
운전면허</td><td>제1종
전기차량
운전면허</td><td>• 전기기관차의 구조 및 기능</td><td>• 준비점검
• 제동 취급
• 제동기 외의 기기 취급</td></tr>
</table>

소지면허	응시면허	필기시험	기능시험
		주) 디젤차량 운전업무수행 경력이 2년 이상 있고 별표 7 제2호에 따른 교육훈련을 받은 사람은 필기시험 및 기능시험을 면제한다.	
	제2종 전기차량 운전면허	• 도시철도 시스템 일반 • 전기동차의 구조 및 기능	• 준비점검 • 제동 취급 • 제동기 외의 기기 취급
		주) 디젤차량 운전업무수행 경력이 2년 이상이고 별표 7 제2호에 따른 교육훈련을 받은 사람은 필기시험을 면제한다.	
	노면전차 운전면허	• 노면전차 시스템 일반 • 노면전차의 구조 및 기능	• 준비점검 • 제동 취급 • 제동기 외의 기기 취급
		주) 디젤차량 운전업무수행 경력이 2년 이상이고 별표 7 제2호에 따른 교육훈련을 받은 사람은 필기시험을 면제한다.	
제1종 전기차량 운전면허	디젤차량 운전면허	디젤차량의 구조 및 기능	• 준비점검 • 제동 취급 • 제동기 외의 기기 취급
		주) 제1종 전기차량 운전업무수행 경력이 2년 이상이고 별표 7 제2호에 따른 교육훈련을 받은 사람은 필기시험 및 기능시험을 면제한다.	
	제2종 전기차량 운전면허	• 도시철도 시스템 일반 • 전기동차의 구조 및 기능	• 준비점검 • 제동 취급 • 제동기 외의 기기 취급
	노면전차 운전면허	• 노면전차 시스템 일반 • 노면전차의 구조 및 기능	• 준비점검 • 제동 취급 • 제동기 외의 기기 취급
제2종 전기차량 운전면허	디젤차량 운전면허	• 철도시스템 일반 • 디젤차량의 구조 및 기능	• 준비점검 • 제동 취급 • 제동기 외의 기기 취급
		주) 제2종 전기차량 운전업무수행 경력이 2년 이상이고 별표 7 제2호에 따른 교육훈련을 받은 사람은 필기시험을 면제한다.	
	제1종 전기차량 운전면허	• 철도시스템 일반 • 전기기관차의 구조 및 기능	• 준비점검 • 제동 취급 • 제동기 외의 기기 취급
		주) 제2종 전기차량 운전업무수행 경력이 2년 이상이고 별표 7 제2호에 따른 교육훈련을 받은 사람은 필기시험을 면제한다.	
	노면전차 운전면허	• 노면전차 시스템 일반 • 노면전차의 구조 및 기능	• 준비점검 • 제동 취급 • 제동기 외의 기기 취급

소지면허	응시면허	필기시험	기능시험
		주) 제2종 전기차량 운전업무수행 경력이 2년 이상 있고 별표 7 제2호에 따른 교육훈련을 받은 사람은 필기시험을 면제한다.	
철도장비 운전면허	디젤차량 운전면허	• 철도 관련 법 • 철도시스템 일반 • 디젤차량의 구조 및 기능	• 준비점검 • 제동 취급 • 제동기 외의 기기 취급 • 신호 준수, 운전 취급, 신호·선로 숙지 • 비상 시 조치 등
	제1종 전기차량 운전면허	• 철도 관련 법 • 철도시스템 일반 • 전기기관차의 구조 및 기능	
	제2종 전기차량 운전면허	• 철도 관련 법 • 도시철도 시스템 일반 • 전기동차의 구조 및 기능	
	노면전차 운전면허	• 철도 관련 법 • 노면전차 시스템 일반 • 노면전차의 구조 및 기능	
노면전차 운전면허	디젤차량 운전면허	• 철도 관련 법 • 철도시스템 일반 • 디젤차량의 구조 및 기능 • 운전이론 일반	• 준비점검 • 제동 취급 • 제동기 외의 기기 취급 • 신호 준수, 운전 취급, 신호·선로 숙지 • 비상 시 조치 등
	제1종 전기차량 운전면허	• 철도 관련 법 • 철도시스템 일반 • 전기기관차의 구조 및 기능 • 운전이론 일반	
	제2종 전기차량 운전면허	• 철도 관련 법 • 도시철도 시스템 일반 • 전기동차의 구조 및 기능 • 운전이론 일반	
	철도장비 운전면허	• 철도 관련 법 • 철도시스템 일반 • 기계·장비차량의 구조 및 기능	

예제 **철도안전법령상 제2종 전기차량 운전면허 소지자가 제1종 전기차량 운전면허를 취득하려는 경우 필기시험을 면제받기 위한 경력으로 맞는 것은?**

가. 철도장비 운전업무수행 경력이 2년 이상인 경우

나. 철도장비 운전업무수행 경력이 1년 이상인 경우

다. 제2종 전기차량 운전업무수행 경력이 1년 이상인 경우

라. 제2종 전기차량 운전업무수행 경력이 2년 이상인 경우

해설 제2종 전기차량 운전면허 소지자가 제1종 전기차량 운전면허를 취득하려는 경우 필기시험을 면제받기 위한 경력은 2년 이상이다.

예제 **철도안전법령상 노면전차 운전면허 소지자가 제1종 전기차량 운전면허를 취득하려는 경우 필기시험을 치르는 과목으로 틀린 것은?**

가. 전기동차의 구조 및 기능

나. 철도 관련 법

다. 철도시스템 일반

라. 운전이론 일반

해설 노면전차 운전면허 소지자가 제1종 전기차량 운전면허를 취득하려는 경우 필기시험을 치르는 과목으로는 철도 관련 법, 철도시스템 일반, 전기기관차의 구조 및 기능, 운전이론 일반 4과목이다. 따라서 '전기동차의 구조 및 기능'이 아니고 '전기기관차의 구조 및 기능'이다.

2. 철도차량 운전면허 시험의 합격기준은 다음과 같다.

가. 필기시험 합격기준은 과목당 100점을 만점으로 하여 매 과목 40점 이상(철도 관련 법의 경우 60점 이상), 총점 평균 60점 이상 득점한 사람

나. 기능시험의 합격기준은 시험 과목당 60점 이상, 총점 평균 80점 이상 득점한 사람

3. 기능시험은 실제차량이나 모의운전연습기를 활용한다.

예제 **운전면허 [ ]의 합격기준은 과목당 100점을 만점으로 하여 매 과목 [ ] 이상(철도 관련 법의 경우 60점 이상), 총점 평균 [ ]이상 득점한 사람이 해당된다.**

정답 필기시험, 40점, 60점

예제 **철도안전법령상 철도차량 운전면허를 취득하기 위한 필기시험의 합격기준은?**

가. 매 과목 40점 이상, 총점 평균 60점 이상 득점한 사람

나. 매 과목 60점 이상, 총점 평균 80점 이상 득점한 사람

다. 매 과목 40점 이상, 철도 관련법은 60점 이상으로 총점 평균 60점 이상 득점

라. 매 과목 60점 이상, 철도 관련법은 70점 이상으로 총점 평균 70점 이상 득점

해설 필기시험 합격기준은 과목당 100점을 만점으로 하여 매 과목 40점 이상(철도 관련 법의 경우 60점 이상), 총점 평균 60점 이상 득점한 사람

예제 **철도차량 운전면허 시험의 과목 및 합격기준으로 틀린 것은?**

가. 제2종 전기차량 운전면허 필기시험 항목에는 도시철도시스템 일반이 있다.

나. 고속철도차량운전면허 필기시험 항목에는 고속철도 운전 관련 규정이 있다.

다. 철도장비 운전면허 소지자가 디젤차량 운전면허에 응시할 때에는 필기시험 항목으로 철도 관련법이 있다.

라. 철도장비 운전면허 소지자가 디젤차량 운전면허에 응시할 때에는 필기시험 항목으로 운전이론이 있다.

해설 철도장비 운전면허 소지자가 디젤차량 운전면허에 응시할 때에는 필기시험 항목으로 철도 관련 법, 철도시스템 일반, 기계 · 장비차량의 구조 및 기능, 비상 시 조치 등이 있다. 따라서 운전이론 과목은 없다.

예제 **철도차량 운전면허 시험의 과목 및 합격기준에 대한 설명으로 맞는 것은?**

가. 디젤차량 운전면허 소지자가 고속철도차량 운전면허를 취득하려면 필기시험에 철도 운전 관련 규정이 포함된다.

나. 디젤차량 운전면허 소지자가 제1종 전기차량 운전면허를 취득하려는 경우 디젤차량 운전업무 수행 경력이 2년 이상 있고 제1종 전기차량 운전면허에 필요한 교육훈련을 받은 사람은 필기와 기능시험을 면제한다.

다. 철도장비 운전면허 소지자가 제2종 전기차량 운전면허를 취득하려는 경우 필기시험에서 운전이론 일반과목이 포함된다.

라. 제2종 전기차량 운전면허 소지자가 제1종 전기차량 운전면허를 취득하려는경우 기능시험에 비상시 조치 과목이 포함된다.

해설 가. 디젤차량 운전면허 소지자가 고속철도차량 운전면허를 취득하지 못한다.
다. 철도장비 운전면허 소지자가 제2종 전기차량 운전면허를 취득하려는 경우 필기시험에서 운전이론 일반과목이 포함되지 않는다.
라. 제2종 전기차량 운전면허 소지자가 제1종 전기차량 운전면허를 취득하려는경우 기능시험에 비상시 조치 과목이 포함되지 않는다.

규칙 제25조(운전면허시험 시행계획의 공고)

① 「한국교통안전공단법」에 따라 설립된 한국교통안전공단(이하 "한국교통안전공단"이라 한다)은 운전면허시험을 실시하려는 때에는 매년 11월 30일까지 필기시험 및 기능시험의 일정·응시과목 등을 포함한 다음 해의 운전면허시험 시행계획을 인터넷 홈페이지 등에 공고하여야 한다.

② 한국교통안전공단은 운전면허시험의 응시 수요 등을 고려하여 필요한 경우에는 제1항에 따라 공고한 시행계획을 변경할 수 있다. 이 경우 미리 국토교통부장관의 승인을 받아야 하며 변경되기 전의 필기시험일 또는 기능시험일(필기시험일 또는 기능시험일이 앞당겨진 경우에는 변경된 필기시험일 또는 기능시험일을 말한다)의 7일 전까지 그 변경사항을 인터넷 홈페이지 등에 공고하여야 한다.

예제 **한국교통안전공단은 운전면허시험을 실시하려는 때에는 매년 [ ]까지 필기시험 및 기능시험의 일정·응시과목 등을 포함한 다음 해의 [ ]을 인터넷 홈페이지 등에 공고하여야 한다(규칙 제25조(운전면허시험 시행계획의 공고)).**

정답 11월 30일, 운전면허시험 시행계획

예제 **다음 중 철도차량운전면허 시험 시행계획과 관련된 사항으로 틀린 것은?**

가. 한국교통안전공단은 운전면허시험의 응시 수요 등을 고려하여 필요한 경우에는 공고한 시행계획을 국토교통부 장관에게 신고한 후 변경할 수 있다.
나. 매년 11월 30일까지 필기시험 및 기능시험의 일정·응시과목 등을 포함한 다음 해의 운전면허시험 시행계획을 공고하여야 한다.
다. 한국교통안전공단은 운전면허 시험의 응시 수요 등을 고려하여 필요한 경우에는 공고한 시행계획을 변경할 수 있다.

라. 변경된필기시험일 또는 기능시험일의 7일 전까지 그 변경사항을 인터넷 홈페이지 등에 공고하여야 한다.

해설 철도안전법 시행규칙 제25조(운전면허시험 시행계획의 공고): 한국교통안전공단은 운전면허시험의 응시 수요 등을 고려하여 필요한 경우에는공고한 시행계획을 변경할 수 있다. 이 경우 미리 국토교통부장관의 승인을 받아야 한다.

[한국교통안전공단]

규칙 제26조(운전면허시험 응시원서의 제출 등)

① 운전면허시험에 응시하려는 사람은 별지 제15호서식의 철도차량 운전면허시험 응시원서에 다음 각 호의 서류를 첨부하여 한국교통안전공단에 제출하여야 한다.

1. 신체검사의료기관이 발급한 신체검사 판정서(운전면허시험 응시원서 접수일 이전 2년 이내인 것에 한정한다)
2. 운전적성검사기관이 발급한 운전적성검사 판정서(운전면허시험 응시원서 접수일 이전 10년 이내인 것에 한정한다)
3. 운전교육훈련기관이 발급한 운전교육훈련 수료증명서
4. 철도차량 운전면허증의 사본(철도차량 운전면허 소지자가 다른 철도차량 운전면허를 취득하고자 하는 경우에 한정한다)
5. 운전업무 수행 경력증명서(고속철도차량 운전면허시험에 응시하는 경우에 한정한다)

② 한국교통안전공단은 제1항제1호부터 제4호까지의 서류를 영 제63조제1항제7호에 따라 관리하는 정보체계에 따라 확인할 수 있는 경우에는 그 서류를 제출하지 아니하도록 할 수 있다.

예제 고속철도차량 운전면허시험에 응시하는 사람의 경우에만 제출하는 응시원서로 올바른 것은?

가. 적성검사 판정서　　나. 신체검사 판정서

다. 운전업무 수행 경력증명서　　라. 철도차량 운전면허증의 사본

해설 철도안전법 시행규칙 제26조(운전면허시험 응시원서의 제출 등): 고속철도차량 운전면허시험에 응시하는 사람의 경우에만 제출하는 응시원서는 운전업무 수행 경력증명서이다.

③ 한국교통안전공단은 제1항에 따라 운전면허시험 응시원서를 접수한 때에는 별지 제16호서식의 철도차량 운전면허시험 응시원서 접수대장에 기록하고 별지 제15호서식의 운전면허시험 응시표를 응시자에게 발급하여야 한다. 다만, 응시원서 접수 사실을 영 제63조제1항제7호에 따라 관리하는 정보체계에 따라 관리하는 경우에는 응시원서 접수 사실을 철도차량 운전면허시험 응시원서 접수대장에 기록하지 아니할 수 있다.

④ 한국교통안전공단은 운전면허시험 응시원서 접수마감 7일 이내에 시험일시 및 장소를 한국교통안전공단 게시판 또는 인터넷 홈페이지 등에 공고하여야 한다.

예제 신체검사의료기관이 발급한 신체검사 판정서(운전면허시험 응시원서 접수일 이전 [　　] 이내인 것에 한정한다)(규칙 제26조(운전면허시험 응시원서의 제출 등))

정답 2년

예제 적성검사기관이 발급한 [적성검사 판정서](철도차량 운전면허시험 응시원서 접수일 이전 [　　] 이내인 것에 한정한다)가 운전면허시험의 응시원서 제출서류에 해당된다.

정답 10년

예제 한국교통안전공단은 운전면허시험 응시원서 접수마감 [　　]이내에 시험일시 및 장소를 한국교통안전공단 게시판 또는 [　　　　]등에 공고하여야 한다(규칙 제26조(운전면허시험 응시원서의 제출 등)).

정답 7일, 인터넷 홈페이지

예제 **운전면허시험의 응시원서 제출서류로 틀린 것은?**

가. 신체검사의료기관이 발급한 신체검사 판정서(철도차량 운전면허시험 응시원서 접수일 이전 2년 이내인 것에 한정한다)

나. 적성검사기관이 발급한 적성검사 판정서(철도차량 운전면허시험 응시원서 접수일 이전 10년 이내인 것에 한정한다)

다. 교육훈련기관이 발급한 교육훈련 수료증명서(철도차량 운전면허시험 응시원서 접수일 이전 2년 이내인 것에 한정한다)

라. 운전업무 수행 경력증명서(고속철도차량 운전면허시험에 응시하는 경우에 한정한다)

해설 철도안전법 시행규칙 제26조(운전면허시험 응시원서의 제출 등): '운전교육훈련기관이 발급한 운전교육훈련 수료증명서'가 맞다.

예제 **철도안전법령상 철도차량 운전면허시험 응시원서에 제출(고속철도차량 운전면허시험응시) 하여야 할 서류가 아닌 것는?**

가. 철도차량 운전면허증의 사본

나. 신체검사의료기간이 발급한 신체검사 판정서

다. 적성검사기관이 발급한 적성검사 판정서

라. 운전업무 수행 이력증명서

해설 철도안전법 시행규칙 제26조(응시원서의 제출 등):1. 신체검사 판정서, 2 적성검사 판정서, 3. 교육훈련 수료증명서, 4. 철도차량 운전면허증의 사본, 5. 운전업무 수행 경력증명서(고속철도차량운전면허 시험 응시)이다. 따라서 고속철도차량운전면허시험 응시 경우 운전업무 수행 경력증명서를 제출해야 한다.

예제 **고속철도차량 운전면허시험에 응시하는 사람의 경우에만 제출하는 응시원서로 옳은 것은?**

가. 철도차량 운전면허증의 사본

나. 신체검사 판성서

다. 운전업무 수행 경력증명서

라. 적성검사 판정서

해설 철도안전법 시행규칙 제26조(운전면허시험 응시원서의 제출 등): 운전업무 수행 경력증명서는 고속철도차량 운전면허시험에 응시하는 경우에 한정한다.

규칙 제27조(운전면허시험 응시표의 재발급)

운전면허시험 응시표를 발급받은 사람이 응시표를 잃어버리거나 헐어서 못 쓰게 된 경우에는 사진(3.5센티미터×4.5센티미터) 1장을 첨부하여 한국교통안전공단에 재발급을 신청(「정보통신망 이용촉진 및 정보보호 등에 관한법률」 제2조제1항제1호에 따른 정보통신망을 이용한 신청을 포함한다)하여야 하고, 한국교통안전공단은 응시원서 접수 사실을 확인한 후 운전면허시험 응시표를 신청인에게 재발급하여야 한다.

규칙 제28조(시험실시결과의 게시 등)

① 한국교통안전공단은 운전면허시험을 실시하여 합격자를 결정한 때에는 한국교통안전공단 게시판 또는 인터넷 홈페이지에 게재하여야 한다.

② 한국교통안전공단은 운전면허시험을 실시한 경우에는 운전면허 종류별로 필기시험 및 기능시험 응시자 및 합격자 현황 등의 자료를 국토교통부장관에게 보고하여야 한다.

예제 **철도차량운전면허시험에 관한 내용 중 틀린 것은?**

가. 한국교통안전공단은 응시원서를 접수한 경우에는 응시원서 접수마감 7일 이내에 시험일시 및 장소를 한국교통안전공단 게시판 등에 공고(인터넷 게재를 포함한다)하여야 한다.

나. 운전면허시험 응시표를 발급받은 사람이 응시표를 잃어버리거나 헐어서 못쓰게 된 경우에는 사진(3.5센티미터x4.5센티미터) 1장을 첨부하여 한국교통안전공단에 재발급을 신청하여야 한다.

다. 한국교통안전공단은 운전면허시험을 실시한 경우에는 운전면허 종류별로 필기시험 및 기능시험 응시자 및 합격자 현황 등의 자료를 한국교통안전공단에 보관하여야 한다.

라. 한국교통안전공단은 운전면허시험을 실시하여 합격자를 결정한 때에는 국토교통부에 보고하지 않고 한국교통안전공단 게시판 및 인터넷홈페이지에 게재하여야 한다.

해설 철도안전법 시행규칙 제26, 제27, 제28조(시험실시결과의 게시 등) 한국교통안전공단은 한국교통안전공단은 운전면허시험을 실시하여 합격자를 결정한 때에는 한국교통안전공단 게시판 및 인터넷홈페이지에 게재하여야 한다. 한국교통안전공단은 운전면허시험을 실시한 경우에는 운전면허 종류별로 필기시험 및 기능시험 응시자 및 합격자 현황 등의 자료를 국토교통부장관에게 보고하여야 한다.

제18조(운전면허증의 발급 등)

① 국토교통부장관은 운전면허시험에 합격하여 운전면허를 받은 사람에게 국토교통부령으로 정하는 바에 따라 철도차량 운전면허증(이하 "운전면허증"이라 한다)을 발급하여야 한다.

② 제1항에 따라 운전면허를 받은 사람(이하 "운전면허 취득자"라 한다)이 운전면허증을 잃어버렸거나 운전면허증이 헐어서 쓸 수 없게 되었을 때 또는 운전면허증의 기재사항이 변경되었을 때에는 국토교통부령으로 정하는 바에 따라 운전면허증의 재발급이나 기재사항의 변경을 신청할 수 있다.

규칙 제29조(운전면허증의 발급 등)

① 운전면허시험에 합격한 사람은 한국교통안전공단에 별지 제17호서식의 철도차량 운전면허증 (재)발급신청서를 제출(「정보통신망 이용촉진 및 정보보호 등에 관한 법률」 제2조제1항제1호에 따른 정보통신망을 이용한 제출을 포함한다)하여야 한다.

② 제1항에 따라 철도차량 운전면허증 발급 신청을 받은 한국교통안전공단은 법 제18조제1항에 따라 별지 제18호서식의 철도차량 운전면허증을 발급하여야 한다.

[철도차량의 운전면허증]

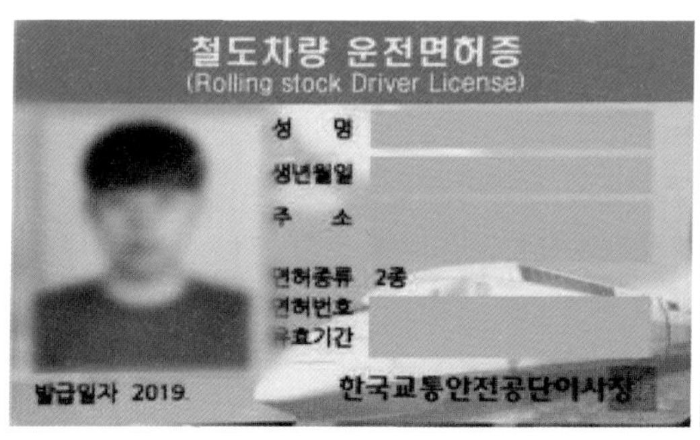

예제 철도차량 운전면허증 [ ]을 받은 [ ]은 법 제18조제1항에 따라 철도차량 운전면허증을 발급하여야 한다(규칙 제29조(운전면허증의 발급 등)).

정답 발급 신청, 한국교통안전공단

③ 제2항에 따라 철도차량 운전면허증을 발급받은 사람(이하 "운전면허 취득자"라 한다)이 철도차량 운전면허증을 잃어버렸거나 헐어 못 쓰게 된 때에는 별지 제17호서식의 철도차량 운전면허증 (재)발급신청서에 분실사유서나 헐어 못 쓰게 된 운전면허증을 첨부하여 한국교통안전공단에 제출하여야 한다.

④ 한국교통안전공단은 제1항 및 제3항에 따라 철도차량 운전면허증을 발급이나 재발급한 때에는 별지 제19호서식의 철도차량 운전면허증 관리대장에 이를 기록·관리하여야 한다. 다만, 철도차량 운전면허증의 발급이나 재발급 사실을 영 제63조제1항제7호에 따라 관리하는 정보체계에 따라 관리하는 경우에는 별지 제19호서식의 철도차량 운전면허증 관리대장에 이를 기록·관리하지 아니할 수 있다.

예제 **한국교통안전공단은 철도차량 운전면허증을 [ ]이나 [ ]한 때에는 별지 제19호서식의 철도차량 운전면허증 [ ]에 이를 기록·관리하여야 한다(규칙 제29조(운전면허증의 발급 등))**

정답 발급, 재발급, 관리대장

예제 **철도안전법령상 철도차량 운전면허증에 관한 설명으로 옳지 않은 것은?**

가. 철도차량 운전면허증 발급 신청을 받은 한국교통안전공단은 국토부장관의 허가를 거쳐서 철도차량 운전면허증을 발급하여야 한다.

나. 운전면허시험에 합격한 사람은 한국교통안전공단에 발급신청서를 반드시 제출하여야 한다.

다. 철도차량 운전면허증을 발급받은 사람이 철도차량 운전면허증을 잃어버렸을 때에는 (재)발급 신청서에 분실사유서를 첨부하여 한국교통안전공단에 제출하여야 한다.

라. 한국교통안전공단은 철도차량 운전면허증을 발급이나 재발급한 때에는 철도차량운전면허증 관리대장에 이를 기록·관리해야 한다.

해설 (규칙 제29조(운전면허증의 발급 등)): 철도차량 운전면허증 발급 신청을 받은 한국교통안전공단은 철도차량 운전면허증을 발급하여야 한다.

규칙 제30조(철도차량 운전면허증 기록사항 변경)

① 운전면허 취득자가 주소 등 철도차량 운전면허증의 기록사항을 변경하려는 경우에는 이를 증명할 수 있는 서류를 첨부하여 한국교통안전공단에 기록사항의 변경을 신청하여야 한다. 이 경우 한국교통안전공단은 기록사항을 변경한 때에는 별지 제19호서식의 철도차량 운전면허증 관리대장에 이를 기록·관리하여야 한다.

예제 **기록사항을 [ ]한 때에는 철도차량 운전면허증 [ ]에 이를 기록·관리하여야 한다.**

정답 변경, 관리대장

② 제1항 후단에도 불구하고 철도차량 운전면허증의 기록 사항의 변경을 영 제63조제1항 제7호에 따라 관리하는 정보체계에 따라 관리하는 경우에는 별지 제19호서식의 철도차량운전면허증 관리대장에 이를 기록·관리하지 아니할 수 있다.

제19조(운전면허의 갱신)

① 운전면허의 유효기간은 10년으로 한다.

예제 **운전면허의 유효기간은 [ ]으로 한다.**

정답 10년

② 운전면허 취득자로서 제1항에 따른 유효기간 이후에도 그 운전면허의 효력을 유지하려는 사람은 운전면허의 유효기간 만료 전에 국토교통부령으로 정하는 바에 따라 운전면허의 갱신을 받아야 한다.

③ 국토교통부장관은 제2항 및 제5항에 따라 운전면허의 갱신을 신청한 사람이 다음 각 호의 어느 하나에 해당하는 경우에는 운전면허증을 갱신하여 발급하여야 한다.

1. 운전면허의 갱신을 신청하는 날 전 10년 이내에 국토교통부령으로 정하는 철도차량의 운전업무에 종사한 경력이 있거나 국토교통부령으로 정하는 바에 따라 이와 같은 수준 이상의 경력이 있다고 인정되는 경우

2. 국토교통부령으로 정하는 교육훈련을 받은 경우

④ 운전면허 취득자가 제2항에 따른 운전면허의 갱신을 받지 아니하면 그 운전면허의 유효기간이 만료되는 날의 다음 날부터 그 운전면허의 효력이 정지된다.

⑤ 제4항에 따라 운전면허의 효력이 정지된 사람이 6개월의 범위에서 대통령령으로 정하는 기간 내에 운전면허의 갱신을 신청하여 운전면허의 갱신을 받지 아니하면 그 기간이 만료되는 날의 다음 날부터 그 운전면허는 효력을 잃는다.

예제 **운전면허의 효력이 정지된 사람이 [ ]의 범위에서 대통령령으로 정하는기간 내에 운전면허의 [ ]을 신청하여 운전면허의 갱신을 받지 아니하면 그 기간이 만료되는 [ ] 그 운전면허는 효력을 잃는다.**

정답 6개월, 갱신, 날의 다음 날부터

⑥ 국토교통부장관은 운전면허 취득자에게 그 운전면허의 유효기간이 만료되기 전에 국토교통부령으로 정하는 바에 따라 운전면허의 갱신에 관한 내용을 통지하여야 한다.

⑦ 국토교통부장관은 제5항에 따라 운전면허의 효력이 실효된 사람이 운전면허를 다시 받으려는 경우 대통령령으로 정하는 바에 따라 그 절차의 일부를 면제할 수 있다.

예제 **운전면허의 유효기간은 얼마인가?**

가. 2년
나. 3년
다. 5년
라. 10년

해설 철도안전법 제19조(운전면허의 갱신) 제1항 운전면허의 유효기간은 10년으로 한다.

예제 **철도차량 운전면허의 갱신 사항 중 틀린 사항은?**

가. 운전면허의 유효기간은 10년이다.

나. 운전면허의 효력이 실효된 사람이 운전면허를 다시 받으려는 경우 대통령령으로 정하는 바에 따라 그 절차의 일부를 면제할 수 있다.

다. 운전면허의 갱신을 받지 아니하면 그 운전면허의 유효기간이 만료되는 날부터 그 운전면허의 효력이 정지된다.

라. 운전면허의 효력을 유지하려는 사람은 운전면허의 유효기간 만료 전에 운전면허 갱신을 받아야 한다.

해설 철도안전법 제19조(운전면허의 갱신): 운전면허의 갱신을 받지 아니하면 그 기간이 만료되는 날의 다음 날부터 그 운전면허는 효력을 잃는다.

예제 **운전면허 갱신에 관한 사항으로 맞는 것은?**

가. 운전면허 취득자로서 제1항에 따른 유효기간 이후에도 그 운전면허의 효력을 유지하려는 사람은 운전면허의 유효기간 만료 전에 대통령령으로 정하는 바에 따라 운전면허의 갱신을 받아야 한다.
나. 운전면허의 효력이 실효된 사람이 운전면허가 실효된 날부터 2년 이내에 실효된 운전면허와 동일한 운전면허를 취득하려는 경우에는 다음 각 호의 구분에 따라 운전면허 취득절차의 일부를 면제한다.
다. 법 제19조 제3항 제2호에서 "국토교통부령으로 정하는 교육훈련을 받은 경우"란 운전면허의 유효기간 내에 교육훈련기관이나 철도운영자등이 실시한 철도차량 운전에 필요한 교육훈련을 운전면허 갱신신청일 전까지 20시간 이상 받은 경우를 말한다.
라. 통지를 받을 사람의 주소 등을 통상적인 방법으로 확인할 수 없거나 통지서를 송달할 수 없는 경우에는 한국교통안전공단의 게시판에 15일 이상 고시함으로써 통지에 갈음할 수 있다.

해설 가. 나. 운전면허의 효력이 정지된 사람이 6개월의 범위에서 대통령령으로 정하는 기간 내에 운전면허의 갱신을 신청하여야 한다.

예제 **철도안전법령상 운전면허의 갱신에 관한 설명으로 틀린 것은?**

가. 운전면허의 유효기간은 10년으로 한다.
나. 운전면허의 효력이 정지된 사람이 6개월의 범위에서 운전면허의 갱신을 신청하여 운전면허의 갱신을 받지 아니하면 그 기간이 만료되는 날의 다음 날부터 그 운전면허는 효력을 잃는다.
다. 한국교통안전공단은 운전면허 취득자에게 그 운전면허의 유효기간이 만료되기 전에 국토교통부령으로 정하는 바에 따라 운전면허의 갱신에 관한 내용을 통지하여야 한다.
라. 운전면허의 갱신을 받지 아니하면 운전면허의 유효기간이 만료되는 날의 그 다음날부터 운전면허의 효력이 정지된다.

해설 철도안전법 제19조(운전면허의 갱신) 제1항: 국토교통부장관은 운전면허 취득자에게 그 운전면허의 유효기간이 만료되기 전에 국토교통부령으로 정하는 바에 따라 운전면허의 갱신에 관한 내용을 통지하여야 한다.

예제 다음 중 설명에서 틀린 것은?

가. 운전적성검사의 합격기준, 검사의 방법 및 절차 등에 관하여 필요한 사항은 국토교통부령으로 정한다.

나. 종합시험운행의 세부적인 절차·방법 등에 관하여 필요한 사항은 국토교통부장관이 정하여 고시한다.

다. 운전면허의 효력이 정지된 사람이 6개월의 범위에서 국토교통부령으로 정하는 기간 내에 운전면허의 갱신을 신청하여 운전면허의 갱신을 받지 아니하면그 기간이 만료되는 날부터 그 운전면허는 효력을 잃는다.

라. 영상기록의 제공과 그 밖에 영상기록의 보관 등에 필요한 사항은 국토교통부령으로 정한다

해설 철도안전법 제19조(운전면허의 갱신) 제1항: 운전면허의 효력이 정지된 사람은 6개월 범위에서 대통령령으로 정하는 기간 내에 운전면허의 갱신을 신청하여야 한다.

시행령 제19조(운전면허 갱신 등)

① 법 제19조제4항에 따라 운전면허의 효력이 정지된 사람이 제2항에 따른 기간 내에 운전면허 갱신을 받은 경우 해당 운전면허의 유효기간은 갱신 받기전 운전면허의 유효기간 만료일 다음 날부터 기산한다.

② 법 제19조제5항에서 "대통령령으로 정하는 기간"이란 6개월을 말한다.

시행령 제20조(운전면허 취득절차의 일부 면제)

법 제19조제7항에 따라 운전면허의 효력이 실효된 사람이 운전면허가 실효된 날부터 3년 이내에 실효된 운전면허와 동일한 운전면허를 취득하려는 경우에는 다음 각 호의 구분에 따라 운전면허 취득절차의 일부를 면제한다.

1. 법 제19조제3항 각 호에 해당하지 아니하는 경우: 법 제16조에 따른 운전교육훈련 면제
2. 법 제19조제3항 각 호에 해당하는 경우: 법 제16조에 따른 운전교육훈련과 법 제17조에 따른 운전면허시험 중 필기시험 면제

예제 따라 운전면허의 효력이 [ ]된 사람이 운전면허가 실효된 날부터 [ ]이내에 실효된 운전면허와 [ ]운전면허를 취득하려는 경우에는 운전면허 취득절차의 일부를 [ ]한다(시행령 제20조(운전면허 취득절차의 일부 면제)).

정답 실효, 3년, 동일한, 면제

예제 다음 중 옳지 않는 것은?

가. 운전면허의 효력이 정지된 사람이 기간 내에 운전면허 갱신을 받은 경우 해당 운전면허의 유효기간은 갱신 받기 전 운전면허의 유효기간 만료일 다음날부터 기산한다.

나. 운전면허의 효력이 실효된 사람이 운전면허가 실효된 날부터 5년 이내에 실효된 운전면허와 동일한 운전면허를 취득하려는 경우에는 구분에 따라 운전면허 취득절차의 일부를 면제한다.

다. 국토교통부장관은 운전교육훈련기관의 변경사항 통지를 받은 경우에는 그 사실을 관보에 고시하여야 한다.

라. 운전교육훈련기관의 그 명칭 · 대표자 · 소재지나 그 밖에 운전교육훈련 업무의 수행에 중대한 영향을 미치는 사항의 변경이 있는 경우에는 해당 사유가 발생한 날부터 15일 이내에 국토교통부장관에게 그 사실을 알려야 한다.

해설 철도안전법 시행령 제20조(운전면허 취득절차의 일부 면제) 법 제19조제7항: 운전면허의 효력이 실효된 사람이 운전면허가 실효된 날부터 3년 이내에 실효된 운전면허와 동일한 운전면허를 취득하려는 경우에는 다음 각 호의 구분에 따라 운전면허 취득절차의 일부를 면제한다.

규칙 제31조(운전면허의 갱신절차)

① 법 제19조제2항에 따라 철도차량운전면허(이하 "운전면허"라 한다)를 갱신하려는 사람은 운전면허의 유효기간 만료일 전 6개월 이내에 별지 제20호서식의 철도차량 운전면허 갱신신청서에 다음 각 호의 서류를 첨부하여 한국교통안전공단에 제출하여야 한다.

1. 철도차량 운전면허증
2. 법 제19조제3항 각 호에 해당함을 증명하는 서류

② 제1항에 따라 갱신받은 운전면허의 유효기간은 종전 운전면허 유효기간의 만료일 다음날부터 기산한다.

예제 철도차량운전면허를 갱신하려는 사람은 운전면허 유효기간 만료일 전 몇 개월 이내까지 철도차량운전면허 갱신신청서를 제출하여야 하는가?

가. 1개월 나. 3개월
다. 6개월 라. 12개월

해설 철도안전법 시행규칙 제31조(운전면허의 갱신절차): 철도차량운전면허를 갱신하려는 사람은 운전면허의 유효기간 만료일 전 6개월 이내에 철도차량 운전면허 갱신신청서를 한국교통안전공단에 제출하여야 한다.

규칙 제32조(운전면허 갱신에 필요한 경력 등)

① 법 제19조제3항제1호에서 "국토교통부령으로 정하는 철도차량의 운전업무에 종사한 경력"이란 운전면허의 유효기간 내에 6개월 이상 해당 철도차량을 운전한 경력을 말한다.

예제 "국토교통부령으로 정하는 철도차량의 운전업무에 종사한 경력"이란 [ ]의 유효기간 내에 [ ] 이상 해당 철도차량을 운전한 경력을 말한다(규칙 제32조(운전면허 갱신에 필요한 경력 등)).

정답 운전면허, 6개월

② 법 제19조제3항제1호에서 "이와 같은 수준 이상의 경력"이란 다음 각 호의 어느 하나에 해당하는 업무에 2년 이상 종사한 경력을 말한다.

예제 "이와 같은 수준 이상의 경력"이란 다음 각 호의 어느 하나에 해당하는 업무에 [ ] 이상 종사한 경력을 말한다.

정답 2년

1. 관제업무
2. 운전교육훈련기관에서의 운전교육훈련업무
3. 철도운영자등에게 소속되어 철도차량 운전자를 지도·교육·관리하거나 감독하는 업무

③ 법 제19조제3항제2호에서 "국토교통부령으로 정하는 교육훈련을 받은 경우"란 운전교육훈련기관이나 철도운영자등이 실시한 철도차량 운전에 필요한 교육훈련을 운전면허 갱신신청일 전까지 20시간 이상 받은 경우를 말한다.

④ 제1항 및 제2항에 따른 경력의 인정, 제3항에 따른 교육훈련의 내용 등 운전면허 갱신에 필요한 세부사항은 국토교통부장관이 정하여 고시한다.

예제 **"국토교통부령으로 정하는 교육훈련을 받은 경우"란 [ ]이나 철도운영자등이 실시한 철도차량 운전에 필요한 교육훈련을 운전면허 갱신신청일 전까지 [ ] 이상 받은 경우를 말한다(규칙 제32조(운전면허 갱신에 필요한 경력 등)).**

정답 운전교육훈련기관, 20시간

예제 **철도안전법령상 운전면허 갱신에 필요한 경력으로 철도차량 운전업무에 종사한 경력에 준하는 경력이 있다고 인정되지 않는 경우는?**

가. 여객을 상대로 역무서비스를 2년 이상 종사한 경력
나. 관제업무에 3년 이상 종사한 경력
다. 교육훈련기관에서 교육훈련업무를 2년 이상 종사한 경력
라. 철도운영자등에게 소속되어 철도차량운전자를 지도·교육·관리하거나 감독 업무에 2년 이상 종사한 경력

해설 철도안전법 시행규칙 제32조(운전면허 갱신에 필요한 경력 등): 여객을 상대로 역무서비스를 2년 이상 종사한 경력은 철도차량 운전업무에 종사한 경력에 준한다고 볼 수 없다.

예제 **운전면허 갱신 시 필요한 경력이 아닌 것은?**

가. 유효기간 내 6개월 이상 해당 철도차량을 운전한 경력
나. 관제업무에 2년 이상 종사한 경력
다. 운전교육훈련기관에서 실시한 교육훈련을 15시간 이상 받은 경우
라. 운전교육훈련업무에 2년 이상 근무한 경력

해설 운전면허 갱신 시 필요한 경력은 철도차량 운전에 필요한 교육훈련을 운전면허 갱신신청일 전까지 20시간 이상 받은 경우를 말한다.

예제 **철도차량운전면허의 갱신에 관한 내용이다. 다음 중 틀린 내용은?**

가. 한국교통안전공단은 운전면허의 효력이 정지된 사람이 있는 때에는 당해 운전면허의 효력이 정지된 날부터 30일 이내에 해당 운전면허 취득자에게 이를 통지하여야 한다.

나. 운전면허의 효력이 실효된 자가 운전면허가 실효된 날부터 3년 이내에 실효된 운전면허와 동일한 운전면허를 취득하고자 하는 경우에는 국토교통부령이 정하는 철도차량운전업무에 종사한 경력이 있거나 국토교통부령이 정하는 바에 의하여 이와 동등 이상의 경력이 있다고 인정되는 경우에는 운전면허취득절차의 일부를 면제한다.

다. "국토교통부령이 정하는 교육훈련을 받은 경우"라 함은 운전면허의 유효기간내에 교육훈련기관 또는 철도운영자등이 실시한 철도차량운전에 필요한 교육훈련을 운전면허 갱신 신청일 전까지 20시간 이상 받은 경우를 말한다.

라. 운전면허의 효력이 정지된 자가 6개월의 범위에서 대통령령이 정하는 기간내에 운전면허의 갱신을 신청하여 운전면허의 갱신을 받지 아니한 때에는 그 기간이 만료되는 날부터 당해 운전면허의 효력은 실효된다.

해설 철도안전법 제19조(운전면허 갱신) 제5항 제4항에 따라 운전면허의 효력이 정지된 사람이 6개월의 범위에서 대통령령으로 정하는 기간 내에 운전면허의 갱신을 신청하여 운전면허의 갱신을 받지 아니하면 그 기간이 만료되는 날의 다음 날부터 그 운전면허는 효력을 잃는다.

규칙 제33조(운전면허 갱신 안내 통지)

① 한국교통안전공단은 법 제19조제4항에 따라 운전면허의 효력이 정지된 사람이 있는 때에는 해당 운전면허의 효력이 정지된 날부터 30일 이내에 해당 운전면허 취득자에게 이를 통지하여야 한다.

② 한국교통안전공단은 법 제19조제6항에 따라 운전면허의 유효기간 만료일 6개월 전까지 해당 운전면허 취득자에게 운전면허 갱신에 관한 내용을 통지하여야 한다.

③ 제2항에 따른 운전면허 갱신에 관한 통지는 별지 제21호서식의 철도차량 운전면허 갱신 통지서에 따른다.

④ 제1항 및 제2항에 따른 통지를 받을 사람의 주소 등을 통상적인 방법으로 확인할 수 없거나 통지서를 송달할 수 없는 경우에는 한국교통안전공단 게시판 또는 인터넷 홈페이지에 14일 이상 공고함으로써 통지에 갈음할 수 있다.

예제 운전면허의 효력이 정지된 사람이 있는 때에는 해당 운전면허의 효력이 [ ]된 날부터 [ ] 이내에 해당 운전면허 취득자에게 이를 통지하여야 한다(규칙 제33조(운전면허 갱신 안내 통지)).

정답 정지, 30일

예제 [   ]은 운전면허의 유효기간 만료일[   ] 전까지 해당 운전면허 취득자에게 운전면허 갱신에 관한 내용을 통지하여야 한다(규칙 제33조(운전면허 갱신 안내 통지)).

정답 한국교통안전공단, 6개월

[철도차량 운전면허 갱신통지서]

철도차량 운전면허 갱신통지서

예제 철도차량운전면허 갱신 안내통지에 관한 내용으로 틀린 것은?

가. 한국교통안전공단은 운전면허의 효력이 정지된 사람이 있는 때에는 해당 운전면허의 효력이 정지된 날부터 15일 이내에 해당 운전면허 취득자에게 이를 통지하여야 한다.

나. 운전면허 갱신에 관한 통지는 철도차량 운전면허 갱신통지서에 따른다.

다. 한국교통안전공단은 운전면허의 유효기간 만료일 6개월 전까지 해당 운전면허 취득자에게 운전면허 갱신에 관한 내용을 통지하여야 한다.

라. 갱신 안내통지를 받을 사람의 주소 등을 통상적인 방법으로 확인할 수 없거나 통지서를 송달할 수 없는 경우에는 한국교통안전공단의 게시판에 14일 이상 공고함으로써 통지에 갈음할 수 있다.

해설 철도안전법 시행규칙 제33조(운전면허 갱신 안내 통지: 해당 운전면허의 효력이 정지된 날부터 30일 이내에 해당 운전면허 취득자에게 이를 통지하여야 한다.

예제 **갱신 안내통지를 받을 사람의 주소 등을 통상적인 방법으로 확인할 수 없거나 통지서를 송달할 수 없는 경우에는 [ ]의 게시판에 [ ] 이상 공고함으로써 [ ]에 갈음할 수 있다.**

정답 한국교통안전공단, 14일, 통지

제19조의2(운전면허증의 대여 금지)

운전면허를 받은 사람은 다른 사람에게 그 운전면허증을 대여하여서는 아니 된다.

제20조(운전면허의 취소 · 정지 등)

① 국토교통부장관은 운전면허 취득자가 다음 각 호의 어느 하나에 해당할 때에는 운전면허를 취소하거나 1년 이내의 기간을 정하여 운전면허의 효력을 정지시킬 수 있다. 다만, 제1호부터 제4호까지의 규정에 해당할 때에는 운전면허를 취소하여야 한다.

1. 거짓이나 그 밖의 부정한 방법으로 운전면허를 받았을 때
2. 제11조제2호부터 제4호까지의 규정에 해당하게 되었을 때

☞ 「철도안전법」 제11조(운전면허의 결격사유)

① 19세 미만인 사람

② 철도차량 운전상의 위험과 장애를 일으킬 수 있는 정신질환자 또는 뇌전증환자로서 대통령령으로 정하는 사람

③ 철도차량 운전상의 위험과 장애를 일으킬 수 있는 약물(마약류 관리에 관한 법률 제2조제1호에 따른 마약류 및 화학물질관리법 제22조제1항에 따른 환각물질을 말한다. 이하 같다) 또는 알코올 중독자로서 대통령령으로 정하는 사람

④ 두 귀의 청력을 완전히 상실한 사람, 두 눈의 시력을 완전히 상실한 사람, 그 밖에 대통령령으로 정하는 신체장애인

⑤ 운전면허가 취소된 날부터 2년이 지나지 아니하였거나 운전면허의 효력정지기간 중인 사람

3. 운전면허의 효력정지기간 중 철도차량을 운전하였을 때
4. 제19조의2를 위반하여 운전면허증을 다른 사람에게 대여하였을 때
5. 철도차량을 운전 중 고의 또는 중과실로 철도사고를 일으켰을 때
5의2. 제40조의2제1항 또는 제5항을 위반하였을 때

☞ **「철도안전법」 제40조의2(철도종사자의 준수사항)**
① 운전업무종사자는 철도차량의 운전업무 수행 중 다음 각 호의 사항을 준수하여야 한다.
  1. 철도차량 출발 전 국토교통부령으로 정하는 조치 사항을 이행할 것
  2. 국토교통부령으로 정하는 철도차량 운행에 관한 안전 수칙을 준수할 것
② 관제업무종사자는 관제업무 수행 중 다음 각 호의 사항을 준수하여야 한다.
  1. 국토교통부령으로 정하는 바에 따라 운전업무종사자 등에게 열차 운행에 관한 정보를 제공할 것
  2. 철도사고 및 운행장애(이하 "철도사고등"이라 한다) 발생 시 국토교통부령으로 정하는 조치 사항을 이행할 것
③ 작업책임자는 철도차량의 운행선로 또는 그 인근에서 철도시설의 건설 또는 관리와 관련된 작업 수행 중 다음 각 호의 사항을 준수하여야 한다.
  1. 국토교통부령으로 정하는 작업안전에 관한 조치 사항을 이행할 것
  2. 국토교통부령으로 정하는 작업안전에 관한 조치 사항을 이행할 것
④ 철도운행안전관리자는 철도차량의 운행선로 또는 그 인근에서 철도시설의 건설 또는 관리와 관련된 작업 수행 중 다음 각 호의 사항을 준수하여야 한다.
  1. 작업일정 및 열차의 운행일정을 작업수행 전에 조정할 것
  제1호의 작업일정 및 열차의 운행일정을 작업과 관련하여 관할 역의 관리책임자(정거장에서 철도신호기 · 선로전환기 또는 조작판 등을 취급하는 사람을포함한다) 및 관제업무종사자와 협의하여 조정할 것
⑤ 철도사고등이 발생하는 경우 해당 철도차량의 운전업무종사자와 여객승무원은 철도사고등의 현장을 이탈하여서는 아니 되며, 철도차량 내 안전 및 질서유지를 위하여 승객 구호조치 등 국토교통부령으로 정하는 경우에는 그러하지 아니하다.

6. 제41조제1항을 위반하여 술을 마시거나 약물을 사용한 상태에서 철도차량을 운전하였을 때
7. 제41조제2항을 위반하여 술을 마시거나 약물을 사용한 상태에서 업무를 하였다고 인정할 만한 상당한 이유가 있음에도 불구하고 국토교통부장관 또는 시 · 도지사의 확인 또는 검사를 거부하였을 때

☞「철도안전법」 제41조(철도종사자의 음주 제한 등)

① 다음 각 호의 어느 하나에 해당하는 철도종사자(실무수습 중인 사람을 포함한다)는 술(주세법 제3조제1호에 따른 주류를 말한다)을 마시거나 약물을 사용한 상태에서 업무를 하여서는 아니 된다.

1. 운전업무종사자
2. 관제업무종사자
3. 여객승무원
4. 작업책임자
5. 철도운행안전관리자
6. 정거장에서 철도신호기 · 선로전환기 및 조작판 등을 취급하거나 열차의 조성(組成 : 철도차량을 연결하거나 분리하는 작업을 말한다)업무를 수행하는 사람
7. 철도차량 및 철도시설의 점검 · 정비 업무에 종사하는 사람

② 국토교통부장관 또는 시 · 도지사(도시철도법 제3조제2호에 따른 도시철도 및 같은 법 제24조에 따라 지방자치단체로부터 도시철도의 건설과 운영의 위탁을 받은 법인이 건설 운영하는 도시철도만 해당한다)는 철도안전과 위험방지를 위하여 필요하다고 인정하거나 제1항에 따른 철도종사자가 술을 마시거나 약물을 사용한 상태에서 업무를 하였다고 인정할 만한 상당한 이유가 있을 때에는 철도종사자에 대하여 술을 마셨거나 약물을 사용하였는지 확인 또는 검사할 수 있다. 이 경우 그 철도종사자는 국토교통부장관 또는 시 · 도지사의 확인 또는 검사를 거부하여서는 아니 된다.

③ 제2항에 따른 확인 또는 검사 결과 철도종사자가 술을 마시거나 약물을 사용하였다고 판단하는 기준은 다음 각 호의 구분과 같다.

1. 술 : 혈중 알코올농도가 0.02퍼센트(제1항제4호부터 제6호까지의 철도종사자는 0.03퍼센트) 이상인 경우
2. 약물 : 양성으로 판정된 경우

④ 제2항에 따른 확인 또는 검사의 방법 · 절차 등에 관하여는 대통령령으로 정한다.

8. 이 법 또는 이 법에 따라 철도의 안전 및 보호와 질서유지를 위하여 한 명령 · 처분을 위반하였을 때

② 국토교통부장관이 제1항에 따라 운전면허의 취소 및 효력정지 처분을 하였을 때에는 국토교통부령으로 정하는 바에 따라 그 내용을 해당 운전면허 취득자와 운전면허 취득자를 고용하고 있는 철도운영자등에게 통지하여야 한다.

③ 제2항에 따른 운전면허의 취소 또는 효력정지 통지를 받은 운전면허 취득자는 그 통지를 받은 날부터 15일 이내에 운전면허증을 국토교통부장관에게 반납하여야 한다.

④ 국토교통부장관은 제3항에 따라 운전면허의 효력이 정지된 사람으로부터 운전면허증을 반납받았을 때에는 보관하였다가 정지기간이 끝나면 즉시 돌려주어야 한다.

⑤ 제1항에 따른 취소 및 효력정지 처분의 세부기준 및 절차는 그 위반의 유형 및 정도에 따라 국토교통부령으로 정한다.

⑥ 국토교통부장관은 국토교통부령으로 정하는 바에 따라 운전면허의 발급, 갱신, 취소 등에 관한 자료를 유지·관리하여야 한다.

예제 **다음 중 운전면허 효력정지에 해당하는 경우는?**

가. 운전면허의 효력정지기간 중 철도차량을 운전하였을 때
나. 고의 또는 중과실로 철도사고를 일으켜 사상자가 발생된 때
다. 거짓으로 운전면허를 받은 경우
라. 운전면허취득의 결격사유에 해당하게 된 때

해설 철도안전법 제20조(운전면허의 취소 · 정지 등): 철도차량을 운전 중 고의 또는 중과실로 철도사고를 일으켰을 때는 운전면허의 효력을 정지시킬 수 있다.

예제 **철도차량 운전면허의 취소의 조건이 아닌 것은?**

가. 효력정지기간 중 철도차량을 운전하였을 때
나. 운전면허증을 타인에게 대여하였을 때
다. 철도차량을 운행 중 고의 또는 중과실로 운행장애를 일으켰을 때
라. 철도차량 운전상의 위험과 장해를 일으킬 수 있는 약물을 복용하고 운전하였을 때

해설 철도안전법 제20조(운전면허의 취소 · 정지 등): '철도차량을 운전 중 고의 또는 중과실로 철도사고를 일으켰을 때' 철도차량 운전면허의 취소의 조건이 된다.

예제 **운전면허의 취소 또는 효력정지 처분의 세부기준으로 맞는 것은?**

가. 철도차량을 운전 중 고의 또는 중과실로 철도사고를 일으킨 경우에 1천만원 이상 물적 피해가 발생한 경우 1차 위반 - 효력정지 1개월
나. 법 제41조제1항을 위반하여 술을 마신 상태(혈중 알코올농도 0.02퍼센트 이상 0.1퍼센트 미만)에서 운전한 경우 1차 위반 - 효력정지 1개월
다. 철도차량 운전규칙을 위반하여 운전을 하다가 열차운행에 중대한 차질을 초래한 경우 2차 위반 - 효력정지 15일
라. 법 제41조제2항을 위반하여 술을 마시거나 약물을 사용한 상태에서 업무를 하였다고 인정할 만한 상당한 이유가 있음에도 불구하고 확인이나 검사 요구에 불응한 경우 2차 위반 - 면허 취소

해설 철도안전법 제20조(운전면허의 취소 · 정지 등): 운전을 하다가 열차운행에 중대한 차질을 초래한 경우 2차 위반 - 효력정지 15일

예제 **철도차량운전면허와 관련된 내용이다. 다음 중 틀린 것은?**

가. 국토교통부장관이 운전면허의 취소 및 효력정지 처분을 하였을 때에는 국토교통부령으로 정하는 바에 따라 그 내용을 해당 운전면허 취득자와 운전면허취득자를 고용하고 있는 철도운영자 등에게 통지하여야 한다.

나. 운전면허의 취소 또는 효력정지 통지를 받은 운전면허 취득자는 그 통지를 받은 날부터 15일 이내에 운전면허증을 국토교통부장관에게 반납하여야 한다.

다. 철도차량을 운전 중 고의 또는 중과실로 철도사고를 일으켰을 때는 면허를 취소한다.

라. 국토교통부장관은 국토교통부령으로 정하는 바에 따라 운전면허의 발급, 갱신, 취소 등에 관한 자료를 유지·관리하여야 한다.

해설 철도안전법 제20조(운전면허의 취소 · 정지 등): 철도차량을 운전 중 고의 또는 중과실로 철도사고를 일으켰을 때 국토교통부장관은 운전면허를 취소하거나 1년 이내의 기간을 정하여 운전면허의 효력을 정지시킬 수 있다.

예제 **철도차량을 운전 중 고의 또는 중과실로 철도사고를 일으켰을 때 국토교통부장관은 운전면허를 취소하거나 [　　　]의 기간을 정하여 운전면허의 효력을 정지시킬 수 있다.**

정답 1년 이내

예제 **철도차량운전면허와 관련된 내용이다. 다음 중 틀린 것은?**

가. 국토교통부장관은 운전면허 효력이 정지된 사람으로부터 운전면허증을 반납받았을 때에는 보관하였다가 정지기간이 끝나면 15일 이내에 돌려주어야 한다.

나. 운전면허의 취소 또는 효력정지 통지를 받은 운전면허 취득자는 그 통지를 받은 날부터 15일 이내에 운전면허증을 국토교통부장관에게 반납하여야 한다.

다. 운전면허의 취소 및 효력정지 처분의 세부기준 및 절차는 그 위반의 유형 및 정도에 따라 국토교통부령으로 정한다.

라. 운전면허증을 타인에게 대여하였을 때 면허를 취소한다.

해설 철도안전법 제20조(운전면허의 취소 · 정지 등): 국토교통부장관은 운전면허 효력이 정지된 사람으로부터 운전면허증을 반납 받았을 때에는 보관하였다가 정지기간이 끝나면 즉시 돌려주어야 한다.

예제 **다음 중 국토교통부장관이 운전면허를 취소하여야 하는 경우는?**

가. 철도의 안전 및 보호와 질서유지를 위하여 한 명령·처분을 위반하였을 때

나. 운전면허의 효력정지 기간 중 철도차량을 운전한 때

다. 술을 마시거나 약물을 사용한 상태에서 업무를 하였다고 인정할 만한 상당한 이유가 있음에도 불구하고 국토교통부장관의 확인 또는 검사를 거부하였을 때

라. 철도차량을 운전 중 고의 또는 중과실로 철도사고를 일으킨 때

해설 철도안전법 제20조(운전면허의 취소 · 정지 등) 제1항: 운전면허의 효력정지기간 중 철도차량을 운전하였을 때 국토교통부장관은 운전면허를 취소해야 한다.

규칙 제34조(운전면허의 취소 및 효력정지 처분의 통지 등)

① 국토교통부장관은 법 제20조 제1항에 따라 운전면허의 취소나 효력정지 처분을 한 때에는 별지 제22호서식의 철도차량 운전면허 취소·효력정지 처분 통지서를 해당 처분대상자에게 발송하여야 한다.

② 국토교통부장관은 제1항에 따른 처분대상자가 철도운영자등에게 소속되어 있는 경우에는 철도운영자등에게 그 처분 사실을 통지하여야 한다.

③ 제1항에 따른 처분대상자의 주소 등을 통상적인 방법으로 확인할 수 없거나 별지 제22호서식의 철도차량 운전면허 취소·효력정지 처분 통지서를 송달할 수 없는 경우에는 운전면허시험기관인 한국교통안전공단 게시판 또는 인터넷 홈페이지에 14일 이상 공고함으로써 제1항에 따른 통지에 갈음할 수 있다.

예제 **철도차량 운전면허 취소·효력정지 처분 통지서를 송달할 수 없는 경우에는 운전면허시험기관인 [ ] 또는 인터넷 홈페이지에 [ ] 이상 공고함으로써 제1항에 따른 통지에 갈음할 수 있다.**

정답 한국교통안전공단 게시판, 14일

④ 제1항에 따라 운전면허의 취소 또는 효력정지 처분의 통지를 받은 사람은 통지를 받은 날부터 15일 이내에 운전면허증을 한국교통안전공단에 반납하여야 한다.

규칙 제35조(운전면허의 취소 또는 효력정지 처분의 세부기준)

법 제20조제5항에 따른 운전면허의 취소 또는 효력정지 처분의 세부기준은 별표 11과 같다.

[철도차량 운전면허 취소효력정지 처분통지서]

■ 철도안전법 시행규칙 [별지 제22호서식] 〈개정 2015.10.2.〉

<table>
<tr><td colspan="5">제　　호
철도차량 운전면허 취소 · 효력정지 처분 통지서</td></tr>
<tr><td>① 성명</td><td colspan="2"></td><td>② 생년월일</td><td></td></tr>
<tr><td>③ 주소</td><td colspan="4"></td></tr>
<tr><td rowspan="4">④ 행정처분</td><td>처분면허</td><td></td><td>면허번호</td><td></td></tr>
<tr><td>처분내용</td><td colspan="3"></td></tr>
<tr><td>처분일</td><td colspan="3"></td></tr>
<tr><td>처분사유</td><td colspan="3"></td></tr>
<tr><td colspan="5">「철도안전법」 제20조제2항에 따라 위와 같이 철도차량 운전면허 행정처분이 결정되어, 같은 법 시행규칙 제34조제1항에 따라 통지하오니 같은 법 제20조제3항에 따라 운전면허의 취소나 효력정지 처분통지를 받은 날부터 15일 이내에 교통안전공단에 면허증을 반납하시기 바랍니다.
년　　월　　일
국토교통부장관　　직인</td></tr>
<tr><td colspan="5">유 의 사 항</td></tr>
<tr><td colspan="5">1. 운전면허가 취소 또는 정지된 사람이 취소 또는 정지처분 통지를 받은 날부터 15일 이내에 면허증을 반납하지 않은 경우에는 「철도안전법」 제81조에 따라 1천만원 이하의 과태료 처분을 받게 됩니다.
2. 운전면허증을 반납하지 않더라도 위 ④ 행정처분란의 결정내용에 따라 취소 또는 정지처분이 집행됩니다.
3. 운전면허 취소 또는 효력정지 처분에 대하여 이의가 있는 사람은 「행정심판법」 또는 「행정소송법」에 따라 기한 내에 행정심판 또는 행정소송을 제기할 수 있습니다.</td></tr>
</table>

210mm×297mm[백상지 80g/㎡]

예제 **운전면허의 취소 또는 효력정지 처분의 통지를 받은 사람은 통지를 받은 날부터 [ ] 이내에 운전면허증을 [ ]에 반납하여야 한다(규칙 제34조(운전면허의 취소 및 효력정지 처분의 통지 등)).**

정답 15일, 한국교통안전공단

예제 **철도차량운전면허의 취소 및 효력정지 처분의 통지에 관련한 내용으로 틀린 것은?**

가. 국토교통부장관은 운전면허의 취소나 효력정지 처분을 한 때에는 철도차량운전면허 취소·효력정지 처분 통지서를 해당 처분대상자에게 발송하여야 한다.

나. 운전면허의 취소 또는 효력정지 처분의 통지를 받은 사람은 지체 없이 운전면허증을 한국교통안전공단에 반납하여야 한다.

다. 처분대상자의 주소 등을 통상적인 방법으로 확인할 수 없거나 철도차량 운전면허 취소·효력정지 처분 통지서를 송달할 수 없는 경우에는 운전면허 시험기관인 한국교통안전공단 게시판에 14일 이상 공고함으로써 제1항에 따른 통지에 갈음할 수 있다.

라. 국토교통부장관은 처분대상자가 철도운영자등에게 소속되어 있는 경우에는 철도운영자등에게 그 처분 사실을 통지하여야 한다.

해설 철도안전법 시행규칙 제34조(운전면허의 취소 및 효력정지 처분의 통지 등): 운전면허의 취소 또는 효력정지 처분의 통지를 받은 사람은 통지를 받은 날부터 15일 이내에 운전면허증을 한국교통안전공단에 반납하여야 한다.

예제 **철도차량 운전면허 취소·효력정지 처분 통지서를 송달할 수 없는 경우에는 운전면허 시험기관인 [ ]에 [ ] 이상 공고함으로써 제1항에 따른 [ ]에 갈음할 수 있다.**

정답 한국교통안전공단 게시판, 14일, 통지

[운전면허취소 · 효력정지 처분의 세부기준 (제35조 관련)](철도안전법 시행규칙 별표11)

위반사항 및 내용	근거법 기준	처분기준			
		1차위반	2차위반	3차위반	4차위반
1. 거짓이나 그 밖의 부정한 방법으로 운전면허를 받은 경우	법 제20조 제1항제1호	면허취소			
2. 법 제11조제2호부터 제4호까지의 규정에 해당하는 경우 가. 철도차량 운전상의 위험과장해를 일으킬 수 있는 정신질환자 또는 뇌전증환자로서 해당 분야 전문의가 정상적인 운전을 할 수 없다고 인정하는 사람 나. 철도차량 운전상의 위험과장해를 일으킬 수 있는 약물(「마약류 관리에 관한 법률」 제2조제1호에 따른 마약류 및 「화학물질관리법」 제22조제1항에 따른 환각물질을 말한다) 또는 알코올중독자로서 해당 분야 전문의가 정상적인 운전을 할 수 없다고 인정하는 사람 다. 두 귀의 청력을 완전히 상실한 사람, 두 눈의 시력을 완전히 상실한 사람 라. 말을 하지 못하는 사람 마. 다리·머리·척추 그 밖의 신체장애로 인하여 걷지 못하거나 앉아 있을 수 없는 사람 바. 한쪽 팔이나 한쪽 다리 이상을 쓸 수 없는 사람 사. 한쪽 다리 발목 이상을	법 제20조 제1항제2호	면허취소			

잃은 사람 아. 한쪽 손 이상의 엄지손가락을 잃었거나 엄지손가락을 제외한 손가락 3개 이상 잃은 사람					
3. 운전면허의 효력정지 기간 중 철도차량을 운전한 경우	법 제20조 제1항제3호	면허취소			
4. 운전면허증을 타인에게 대여한 경우	법 제20조 제1항제4호	면허취소			
5. 철도차량을 운전 중 고의 또는 중과실로 철도사고를 일으킨 경우	법 제20조 제1항제5호				
(1) 사망자가 발생한 경우		(1) 면허취소			
(2) 부상자가 발생한 경우		(2) 효력정지 3개월	(2) 면허취소		
(3) 1천만원 이상 물적 피해가 발생한 경우		(3) 효력정지 15일	(3) 효력정지 3개월	(3) 면허취소	
5의2. 법 제40조의2제1항을 위반한 경우	법 제20조 제1항제5호의2	효력정지 1개월	효력정지 2개월	효력정지 3개월	효력정지 4개월
5의3. 법 제40조의2제5항을 위반한 경우	법 제20조 제1항제5호의2	효력정지 1개월	면허취소		
6. 법 제41조제1항을 위반하여 술에 만취한 상태(혈중알코올 농도 0.1퍼센트 이상)에서 운전한 경우	법 제20조 제1항제6호	면허취소			
7. 법 제41조제1항을 위반하여 술을 마신 상태의 기준(혈중알코올농도 0.02퍼센트 이상)을 넘어서 운전을 하다가 철도사고를 일으킨 경우	법 제20조 제1항제6호	면허취소			
8. 법 제41조제1항을 위반하여 약물을 사용한 상태에서 운전한 경우	법 제20조 제1항제6호	면허취소			
9. 법 제41조제1항을 위반하여 술을 마신 상태(혈중 알코올	법 제20조 제1항제6호	효력정지 3개월			

농도 0.02퍼센트 이상 0.1퍼센트 미만)에서 운전한 경우					
10. 법 제41조제2항을 위반하여 술을 마시거나 약물을 사용한 상태에서 업무를 하였다고 인정할 만한 상당한 이유가 있음에도 불구하고 확인이나 검사 요구에 불응한 경우	법 제20조 제1항제7호	면허취소			
11. 철도차량 운전규칙을 위반하여 운전을 하다가 열차운행에 중대한 차질을 초래한 경우	법 제20조 제1항제7호	경고	효력정지 15일	효력정지 3개월	면허취소

예제 **다음 중 1차 위반 시 운전면허 취소사유에 해당하지 않는 것은?**

가. 만취상태(혈중 알콜농도 0.1%)에서 운전한 때

나. 혈중 알콜농도 0.02%를 넘은 상태에서 운전하다 철도사고를 일으킨 때

다. 음주상태에서 음주확인 또는 검사요구에 불응한 때

라. 철도차량 운전 중 중과실로 철도사고를 일으켜 1천만원 이상 물적피해가 발생한 때

해설 철도차량을 운전 중 고의 또는 중과실로 철도사고를 일으켜 1천만원 이상 물적 피해가 발생한 경우 효력정지 15일(1차 위반 시)이다.

예제 **운전면허취소, 효력정지 처분의 세부기준으로 틀린 것은?**

가. 철도차량을 운전 중 고의 또는 중과실로 철도사고를 일으킨 경우에서 부상자가 발생한 경우(1차: 효력정지 3개월)

나. 철도사고 등이 발생하는 경우 해당 철도차량의 운전업무종사자와 여객승무원은 철도사고 등의 현장을 이탈하여서는 아니 되며, 국토교통부령으로 정하는 후속조치를 이행하여야 한다. 다만, 의료기관으로의 이송이 필요한 경우 등 국토교통부령으로 정하는 경우에는 그러하지 아니하다. (1차: 효력정지 1개월)

다. 법 제41조제1항을 위반하여 술을 마신 상태(혈중 알코올농도 0.02퍼센트 이상 0.1퍼센트 미만)에서 운전한 경우(1차: 효력정지 3개월)

라. 철도차량 운전규칙을 위반하여 운전을 하다가 열차운행에 중대한 차질을 초래한 경우(2차: 효력정지 1개월)

해설 철도차량 운전규칙을 위반하여 운전을 하다가 열차운행에 중대한 차질을 초래한 경우(2차: 효력정지 15일)

예제 철도안전법령상 다음 사항에 해당할 경우 어떤 조치를 하여야 하는가?

1. 철도차량을 운전 중 고의 또는 중과실로 철도사고를 일으켰을 때
2. 술을 마시거나 약물을 사용한 상태에서 업무를 하였다고 인정할 만한 상당한 이유가 있음에도 불구하고 국토교통부장관의 확인 또는 검사를 거부하였을 때
3. 철도안전법에 따라 철도의 안전 및 보호와 질서유지를 위하여 한 명령 · 처분을 위반하였을 때

가. 운전면허를 취소하거나 6개월 이내의 범위에서 운전면허의 효력정지
나. 운전면허를 취소하거나 1년 이내의 범위에서 운전면허의 효력정지
다. 운전면허를 취소하거나 2년 이내의 범위에서 운전면허의 효력정지
라. 운전면허를 취소하거나 3년 이내의 범위에서 운전면허의 효력정지

해설 철도안전법 제20조(운전면허의 취소 · 정지 등) 제1항 국토교통부장관은 운전면허 취득자가 각 호의 어느 하나에 해당할 때에는 운전면허를 취소하거나 1년 이내의 기간을 정하여 운전면허의 효력을 정지시킬 수 있다.

예제 철도안전법령상 철도차량 운전 중 고의나 중과실로 철도사고를 일으켜 부상자가 발생한 경우 1차 위반 시 행해지는 처분은?

가. 경고
나. 면허취소
다. 효력정지 1개월
라. 효력정지 3개월

해설 철도차량 운전 중 고의나 중과실로 철도사고를 일으켜 부상자가 발생한 경우 1차 위반 시 행해지는 처분은 효력정지 3개월이다.

예제 철도차량 운전 중 고의나 중과실로 철도사고를 일으켜 부상자가 발생한 경우 1차 위반 시 행해지는 처분은 효력정지[ ]이다.

정답 3개월

제21조(운전업무 실무수습)

철도차량의 운전업무에 종사하려는 사람은 국토교통부령으로 정하는 바에 따라 실무수습을 이수하여야 한다.

규칙 제37조(운전업무 실무수습)

① 법 제21조에 따라 철도차량의 운전업무에 종사하려는 사람은 다음 각 호의 운전업무 실무수습을 모두 이수하여야 한다.

1. 운전할 구간의 선로·신호시스템 등의 숙달을 위한 운전업무 실무수습
2. 운전할 철도차량의 기기 취급방법 및 비상 시 조치방법 등에 대한 운전업무 실무수습

② 철도운영자등은 제1항에 따른 운전업무 실무수습의 항목 및 교육시간 등에 관한 실무수습 계획을 수립하여 시행하여야 한다. 다만, 운전업무 실무수습을 이수한 사람으로서 운전할 구간 또는 철도차량의 변경으로 인하여 다시 운전업무 실무수습을 이수하여야 하는 사람에 대해서는 별도의 실무수습 계획을 수립하여 시행할 수 있다.

③ 삭제

④ 제1항에 따른 운전업무 실무수습의 방법·평가 등에 관하여 필요한 세부사항은 국토교통부장관이 정하여 고시한다.

규칙 제38조(운전업무 실무수습의 관리 등)

① 철도운영자등은 제37조제2항에 따른 실무수습계획을 수립한 경우에는 그 내용을 한국교통안전공단에 통보하여야 한다.

예제 **철도운영자등은 [ ]을 수립한 경우에는 그 내용을 [ ]에 통보하여야 한다.**

정답 실무수습계획, 한국교통안전공단

② 철도운영자등은 철도차량의 운전업무에 종사하려는 사람이 제37조제1항에 따른 운전업무 실무수습을 이수한 경우에는 별지 제24호서식의 운전업무종사자 실무수습 관리대장에 운전업무 실무수습을 받은 구간 등을 기록하고 그 내용을 한국교통안전공단에 통보하여야 한다.

③ 철도운영자등은 철도차량의 운전업무에 종사하려는 사람이 제37조제1항에 따라 운전업무 실무수습을 받은 구간 외의 다른 구간에서 운전업무를 수행하게 하여서는 아니 된다.

예제 **[ ]등은 실무수습계획을 수립한 경우에는 그 내용을 [ ]에 통보하여야 한다(규칙 제38조(운전업무 실무수습의 관리 등)).**

정답 철도운영자, 한국교통안전공단

제21조의2(무자격자의 운전업무 금지 등)

철도운영자등은 운전면허를 받지 아니하거나(제20조에 따라 운전면허가 취소되거나 그 효력이 정지된 경우를 포함한다) 제21조에 따른 실무수습을 이수하지 아니한 사람을 철도차량의 운전업무에 종사하게 하여서는 아니 된다.

제21조의3(관제자격증명)

관제업무에 종사하려는 사람은 국토교통부장관으로부터 철도교통관제사 자격증명(이하 "관제자격증명"이라 한다)을 받아야 한다.

[관제장치]

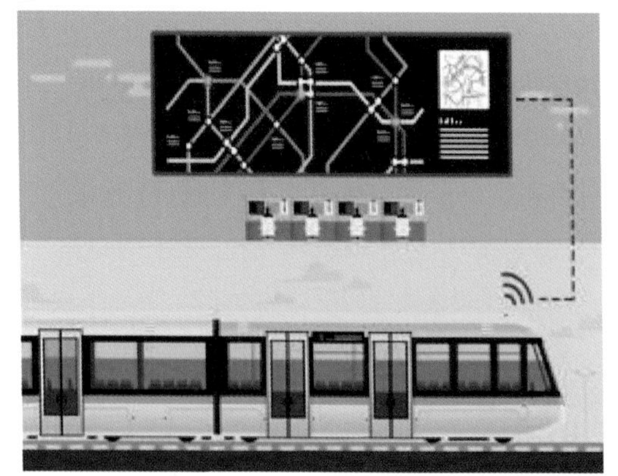

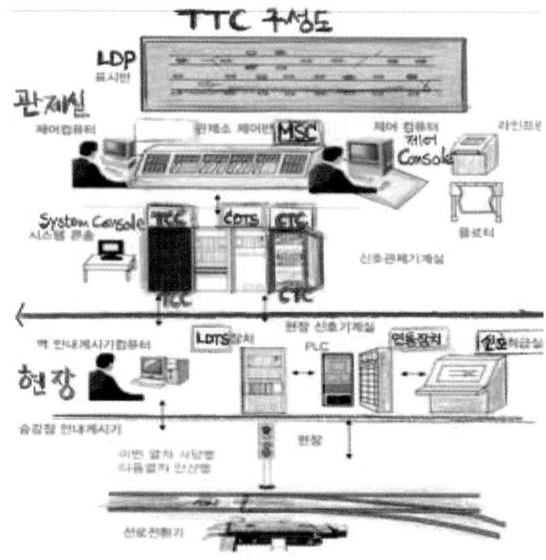

제21조의4(관제자격증명의 결격사유)

관제자격증명의 결격사유에 관하여는 제11조를 준용한다. 이 경우 "운전면허"는 "관제자격증명"으로, "철도차량 운전"은 "관제업무"로 본다.

제21조의5(관제자격증명의 신체검사)

① 관제자격증명을 받으려는 사람은 관제업무에 적합한 신체상태를 갖추고 있는지 판정받기 위하여 국토교통부장관이 실시하는 신체검사에 합격하여야 한다.

② 제1항에 따른 신체검사의 방법 및 절차 등에 관하여는 제12조 및 제13조를 준용한다. 이 경우 "운전면허"는 "관제자격증명"으로, "철도차량 운전"은 "관제업무"로 본다.

[LDP정보]

- 빨간색: 열차가 궤도를 점유하고 있다.
- 각종 신호기의 신호련시상태 표시되어 있다.
- 점유하고 있는 열차의 열차번호도 나타난다.

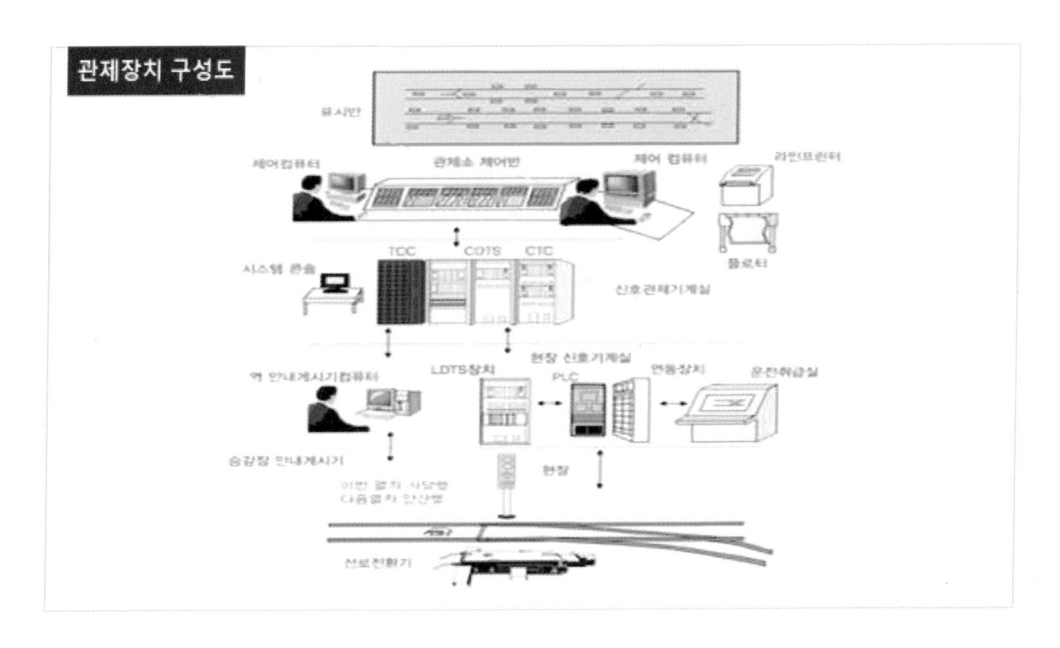

예제 **관제자격증명과 관련된 내용이다. 다음 중 틀린 것은?**

가. 관제업무에 종사하려는 사람은 국토교통부장관으로부터 철도교통관제사 자격증명을 받아야 한다.
나. 관제자격증명을 받으려는 사람은 관제업무에 적합한 적성을 갖추고 있는지 판정받기 위하여 국토교통부장관이 실시하는 적성검사에 합격하여야 한다.
다. 관제자격증명을 받으려는 사람은 관제업무에 적합한 신체상태를 갖추고 있는지 판정받기 위하여 대통령령이 실시하는 신체검사에 합격하여야 한다.
라. 국토교통부장관은 관제적성검사에 관한 전문기관을 지정하여 관제적성검사를 하게 할 수 있다.

해설 철도안전법 제21조의5(관제자격증명의 신체검사) 제1항: 관제자격증명을 받으려는 사람은 관제업무에 적합한 신체상태를 갖추고 있는지 판정받기 위하여 국토교통부장관이 실시하는 신체검사에 합격하여야 한다.

[철도교통관제사자격증명 취득절차]

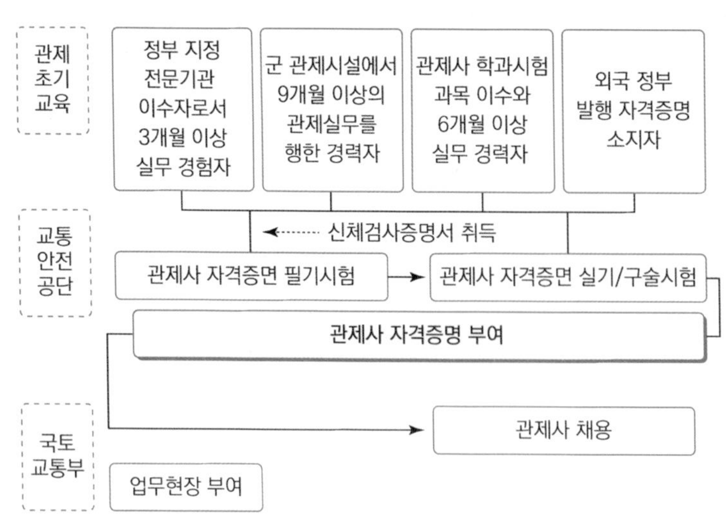

제21조의6(관제적성검사)

① 관제자격증명을 받으려는 사람은 관제업무에 적합한 적성을 갖추고 있는지 판정받기 위하여 국토교통부장관이 실시하는 적성검사(이하 "관제적성검사"라 한다)에 합격하여야 한다.

② 관제적성검사의 방법 및 절차 등에 관하여는 제15조제2항 및 제3항을 준용한다. 이 경우 "운전적성검사"는 "관제적성검사"로 본다.

③ 국토교통부장관은 관제적성검사에 관한 전문기관(이하 "관제적성검사기관"이라 한다)을 지정하여 관제적성검사를 하게 할 수 있다.

④ 관제적성검사기관의 지정기준 및 지정절차 등에 필요한 사항은 대통령령으로 정한다.

⑤ 관제적성검사기관의 지정취소 및 업무정지 등에 관하여는 제15조제6항 및 제15조의2를 준용한다. 이 경우 "운전적성검사기관"은 "관제적성검사기관"으로, "운전적성검사"는 "관제적성검사"로, "제15조제5항"은 "제21조의6제4항"으로 본다.

시행령 제20조의2(관제적성검사기관의 지정절차 등)

법 제21조의6제3항에 따른 관제적성검사에 관한 전문기관(이하 "관제적성검사기관"이라 한다)의 지정절차, 지정기준 및 변경사항 통지에 관하여는 제13조부터 제15조까지의 규정을 준용한다. 이 경우 "운전적성검사기관"은 "관제적성검사기관"으로, "운전업무종사자"는 "관제업무종사자"로, "운전적성검사"는 "관제적성검사"로 본다.

예제 **관제적성검사에 관한 전문기관(이하 "관제적성검사기관"이라 한다)의 지정절차, 지정기준 및 변경사항에 따르면 "[ ]"은 "관제적성검사기관"으로, "[ ]"는 "관제업무종사자"로, "[ ]"는 "관제적성검사"로 본다(시행령 제20조의2(관제적성검사기관의 지정절차 등)).**

정답 운전적성검사기관, 운전업무종사자, 운전적성검사

[철도관제적성검사기관 지정서]

제　　호

적성검사기관 지정서

1. 기관명
2. 대표자
3. 주소(법인소재지)
4. 사업자등록번호(법인등록번호)
5. 검사가능항목

「철도안전법」 제15조제4항·제21조의5제3항, 같은 법 시행령 제13조제2항·제20조의2 및 같은 법 시행규칙 제17조의제2항에 따라 적성검사기관으로 지정합니다.

년　월　일

국토교통부장관 　직인

제21조의7(관제교육훈련)

① 관제자격증명을 받으려는 사람은 관제업무의 안전한 수행을 위하여 국토교통부장관이 실시하는 관제업무에 필요한 지식과 능력을 습득할 수 있는 교육훈련(이하 "관제교육훈련"이라 한다)을 받아야 한다. 다만, 다음 각 호의 어느 하나에 해당하는 사람에게는 국토교통부령으로 정하는 바에 따라 관제교육훈련의 일부를 면제할 수 있다.

1. 「고등교육법」 제2조에 따른 학교에서 국토교통부령으로 정하는 관제업무 관련 교과목을 이수한 사람

☞ 「고등교육법」 제2조(학교) 고등교육을 실시하기 위하여 다음 각 호의 학교를 둔다.

1. 대학
2. 산업대학
3. 교육대학
4. 전문대학
5. 방송대학 · 통신대학 · 방송통신대학 및 사이버대학
6. 기술대학
7. 각종학교

2. 다음 각 목의 어느 하나에 해당하는 업무에 대하여 5년 이상의 경력을 취득한 사람
   가. 철도차량의 운전업무
   나. 철도신호기 · 선로전환기 · 조작판의 취급업무

② 관제교육훈련의 기간 및 방법 등에 필요한 사항은 국토교통부령으로 정한다.

③ 국토교통부장관은 관제업무에 관한 전문 교육훈련기관(이하 “관제교육훈련기관”이라 한다)을 지정하여 관제교육훈련을 실시하게 할 수 있다.

④ 관제교육훈련기관의 지정기준 및 지정절차 등에 필요한 사항은 대통령령으로 정한다.

⑤ 관제교육훈련기관의 지정취소 및 업무정지 등에 관하여는 제15조제6항 및 제15조의2를 준용한다. 이 경우 “운전적성검사기관”은 “관제교육훈련기관”으로, “운전적성검사”는 “관제교육훈련”으로, “제15조제5항”은 “제21조의7제4항”으로, “운전적성검사 판정서”는 “관제교육훈련 수료증”으로 본다.

[열차운행종합제어장치(TTC: Total Traffic Control System)]

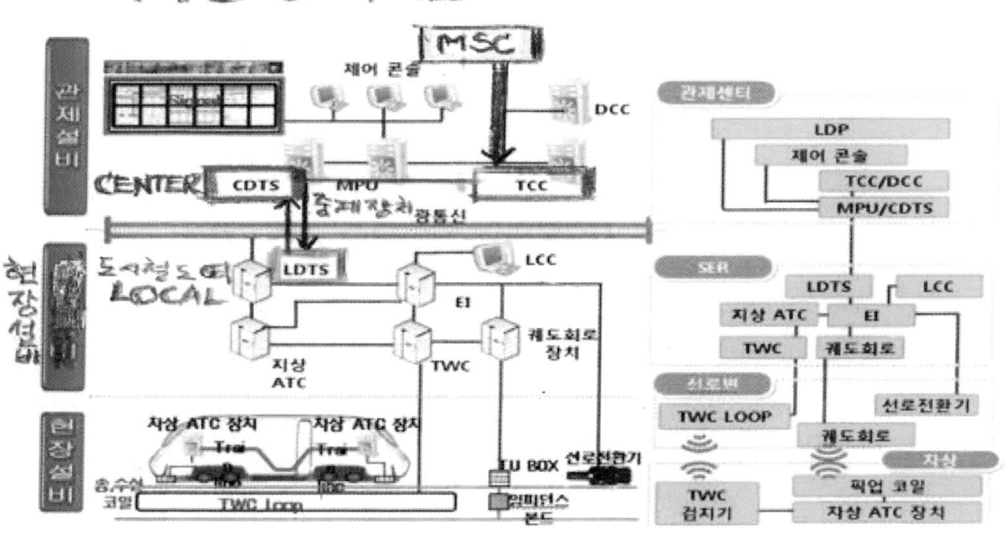

[철도관제교육훈련 증명서]

경력(교육훈련)증명서

자격구분	관제자격증명			
인적사항	성명		생년월일	
	주소			
경력인정사항	관제업무경력	구분	관제경력	
		관제업무 (6개월 이상)	~	
			~	
	동등이상의 경력	구분	해당경력	
		교육훈련기관에서의 관제교육훈련업무	~	
		철도운영자에 소속되어 관제업무종사자를 지도·교육·관리 또는 감독업무	~	
	갱신교육훈련	구분	교육일시	시간
		관제자격증명 갱신교육훈련	~	

「철도안전법 시행규칙」 제38조의14제4항에 따라 철도교통 관제자격증명 갱신에 필요한 경력(교육훈련)을 증명합니다.

년 월 일

기관명 : (직인)

210mm×297mm(백상지 80g/㎡)

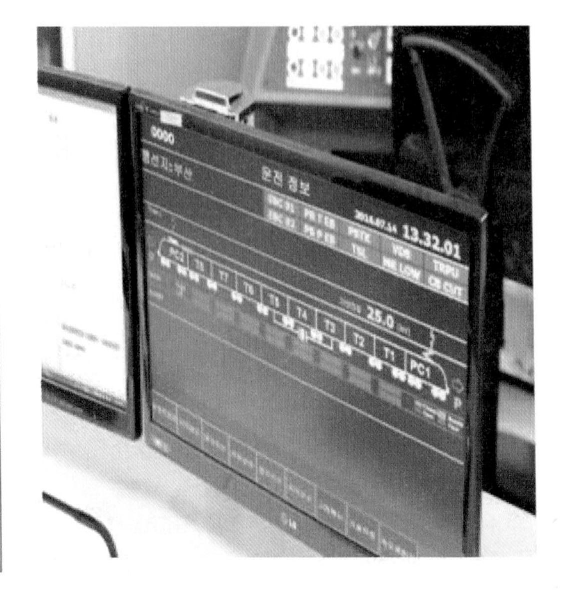

예제 **철도관제교육훈련 중 일부를 면제 받을 수 있는 사람은?**

가. 3년 이상의 철도차량 운전업무에 종사한 사람

나. 4년 이상의 철도신호기 취급업무를 담당한 사람

다. 5년 이상의 선로전환기 취급업무를 담당한 사람

라. 국토교통부령으로 운전업무 관련 교과목을 이수한 사람

해설 철도안전법 제21조의7(관제교육훈련): 5년 이상의 선로전환기 취급업무를 담당한 사람은 철도관제교육훈련 중 일부를 면제 받을 수 있다.

예제 **[ ]의 선로전환기 취급업무를 담당한 사람은 철도관제교육훈련 중 일부를 면제 받을 수 있다.**

정답 5년 이상

예제 **관제교육훈련과 관련된 내용이다. 다음 중 맞는 것은?**

가. 철도차량의 운전업무에 대하여 3년 이상의 경력을 취득한 사람은 국토교통부령으로 정하는 바에 따라 관제 교육훈련의 일부를 면제할 수 있다.

나. 관제교육훈련의 기간 및 방법 등에 필요한 사항은 대통령령으로 정한다.

다. 국토교통부장관은 관제업무에 관한 전문 교육훈련기관을 지정하여 관제교육훈련을 실시하게 할 수 있다.

라. 관제교육훈련기관의 지정기준 및 지정절차 등에 필요한 사항은 국토교통부령으로 정한다.

해설 철도안전법 제21조의7(관제교육훈련): 국토교통부장관은 관제업무에 관한 전문 교육훈련기관을 지정하여 관제교육훈련을 실시하게 할 수 있다.

예제 **철도안전법령상 관제교육훈련에 대한 설명으로 옳지 않은 것은?**

가. 관제교육훈련기관의 지정기준 및 지정절차 등에 필요한 사항은 대통령령으로 정한다.

나. 관제교육훈련의 기간 및 방법 등에 관하여 필요한 사항은 국토교통부령으로 정한다.

다. 국토교통부령으로 정하는 관제업무 관련 교과목을 이수한 사람은 관제교육훈련의 일부를 면제할 수 있다.

라. 철도차량의 운전업무에 대하여 3년 이상의 경력을 취득한 사람은 관제교육훈련의 일부를 면제할 수 있다.

해설 철도안전법 제21조의7(관제교육훈련): 철도차량의 운전업무에 대하여 5년 이상의 경력을 취득한 사람은 관제교육훈련의 일부를 면제할 수 있다.

예제 **철도차량의 운전업무에 대하여 [   ]의 경력을 취득한 사람은 관제교육훈련의 일부를 면제할 수 있다.**

정답 5년 이상

예제 **다음 중 철도안전법령에서 대통령령으로 정하는 것이 아닌 것은?**

가. 관제교육훈련의 기간 및 방법등에 필요한 사항

나. 운전적성검사기관 지정기준 · 지정절차에 관하여 필요한 사항

다. 철도안전 전문인력의 분야별 자격기준 · 자격부여절차 및 자격을 받기 위한 안전교육훈련 등에 관하여 필요한 사항

라. 철도안전 종합계획의 단계적 시행에 필요한 연차별 시행계획의 수립 및 시행 절차에 관하여 필요한 사항

해설 철도안전법 제21조의7(관제교육훈련) 제2항: 관제교육훈련의 기간 및 방법 등에 필요한 사항은 국토교통부령으로 정한다.

예제 **관제교육훈련에 대한 설명으로 틀린 것은?**

가. 철도신호기 · 선로전환기 · 조작판의 취급업무에 대하여 3년 이상의 경력을 취득한 사람은 국토교통부장관령으로 정하는 바에 따라 관제교육훈련의 일부를 면제할 수 있다.

나. 관제교육훈련의 기간 및 방법 등에 필요한 사항은 국토교통부령으로 정한다.

다. 관제교육훈련기관의 지정기준 및 지정절차 등에 필요한 사항은 대통령령으로 정한다.

라. 국토교통부장관은 관제업무에 관한 전문 교육훈련기관을 지정하여 관제교육훈련을 실시하게 할 수 있다.

해설 철도안전법 제21조의7(관제교육훈련): 철도신호기 · 선로전환기 · 조작판의 취급업무에 대하여 5년 이상의 경력을 취득한 사람은 국토교통부장관령으로 정하는 바에 따라 관제교육훈련의 일부를 면제할 수 있다.

[열차집중제어장치(CTC)]

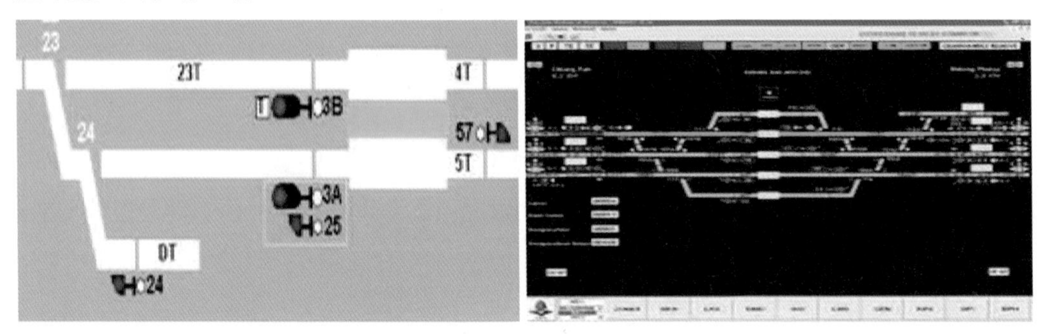

☞「철도안전법」제15조제6항(운전적성검사)
운전적성검사기관은 정당한 사유 없이 운전적성검사 업무를 거부하여서는 아니 되고, 거짓이나 그 밖의 부정한 방법으로 운전적성검사 판정서를 발급하여서는 아니 된다.

철도안전법 제15조의2(운전적성검사기관의 취소 및 업무정지)

① 국토교통부장관은 운전적성검사기관이 다음 각 호의 어느 하나에 해당할 때에는 지정을 취소하거나 6개월 이내의 기간을 정하여 업무의 정지를 명할 수 있다. 다만, 제1호 및 제2호에 해당할 때에는 지정을 취소하여야 한다.

1. 거짓이나 그 밖의 부정한 방법으로 지정을 받았을 때
2. 업무정지 명령을 위반하여 그 정지기간 중 운전적성검사 업무를 하였을 때
3. 제15조제5항에 따른 지정기준에 맞지 아니하게 되었을 때
4. 제15조제6항을 위반하여 정당한 사유 없이 운전적성검사 업무를 거부하였을 때
5. 제15조제6항을 위반하여 거짓이나 그 밖의 부정한 방법으로 운전적성검사 판정서를 발급하였을 때

② 제1항에 따른 지정취소 및 업무정지의 세부기준 등에 관하여 필요한 사항은 국토교통부령으로 정한다.

시행령 제20조의3(관제교육훈련기관의 지정절차 등)

법 제21조의7제3항에 따른 관제업무에 관한 전문 교육훈련기관(이하 "관제교육훈련기관"이라 한다)의 지정절차, 지정기준 및 변경사항통지에 관하여는 제16조부터 제18조까지의 규정을 준용한다. 이 경우 "운전교육훈련기관"은 "관제교육훈련기관"으로, "운전업무종사자"는 "관제업무종사자"로, "운전교육훈련"은 "관제교육훈련"으로 본다.

예제 **관제업무에 관한 전문 교육훈련기관(이하 "관제교육훈련기관"이라 한다)의 지정절차, 지정기준 및 변경사항통지에 관하여 "[ ]"은"관제교육훈련기관"으로, "[ ]"는 "관제업무종사자"로, "[ ]"은 "관제교육훈련"으로 본다(시행령 제20조의3(관제교육훈련기관의 지정절차 등)).**

정답 운전교육훈련기관, 운전업무종사자, 운전교육훈련

☞「철도안전법」 제21조의7(관제교육훈련) 제3항
국토교통부장관은 관제업무에 관한 전문교육훈련기관(이하 "관제교육훈련기관"이라 한다)을 지정하여 관제교육훈련을 실시하게 할 수 있다.

[관제교육훈련]

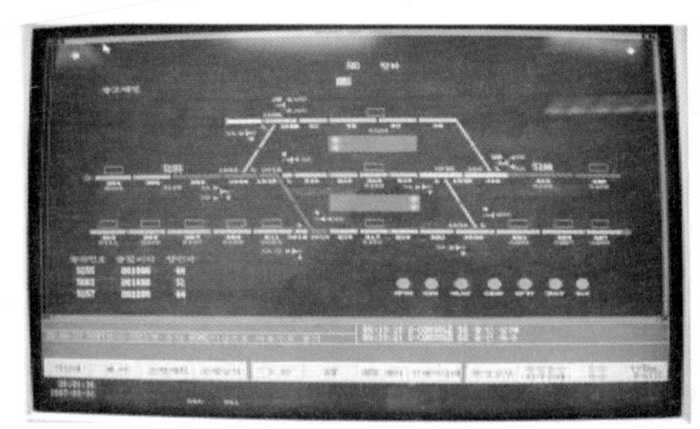

[TTC시스템의 주요 구성]

1) 열차운행제어컴퓨터(TCC: Traffic Control Computer)
2) 운영관리컴퓨터(MSC: Management Support Computer)
3) 정보전송장치(DTS: Data Transmission System)
4) 대형 표시반(LDP: Large Display Panel)
5) 입 출력 제어컴퓨터(I/O Controller)
6) 운영자제어용 콘솔(Work Station) 및 주변 장치 등으로 구성된다.

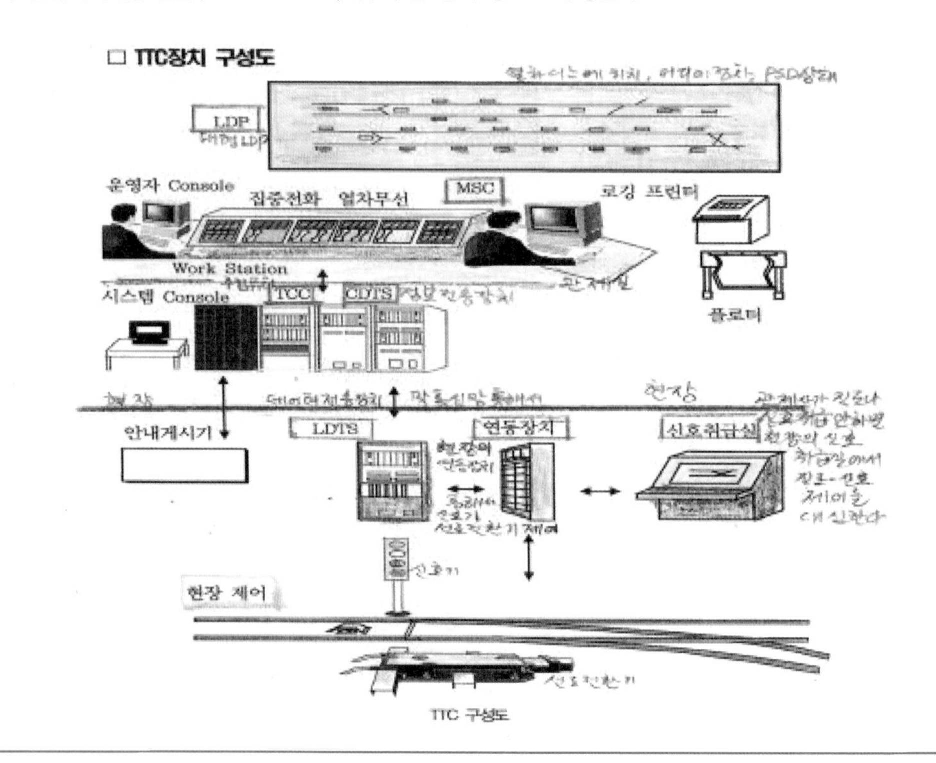

TTC 구성도

규칙 제38조의2(관제교육훈련의 기간 · 방법 등)

① 법 제21조의7에 따른 관제교육훈련(이하"관제교육훈련"이라 한다)은 모의관제시스템을 활용하여 실시한다.

예제 **관제교육훈련은 [ ]을 활용하여 실시한다(규칙 제38조의2(관제교육훈련의 기간 · 방법 등)).**

정답 모의관제시스템

② 관제교육훈련의 과목과 교육훈련시간은 별표 11의2와 같다.

③ 법 제21조의7제3항에 따른 관제교육훈련기관(이하 "관제교육훈련기관"이라 한다)은 관제교육훈련을 수료한 사람에게 별지 제24호의2서식의 관제교육훈련 수료증을 발급하여야 한다.

④ 관제교육훈련의 신청, 관제교육훈련과정의 개설 및 그 밖에 관제교육훈련의 절차 · 방법 등에 관하여는 제20조제2항 · 제4항 및 제6항을 준용한다. 이 경우 "운전교육훈련"은 "관제교육훈련"으로, "운전교육훈련기관"은 "관제교육훈련기관"으로 본다.

[관제교육훈련의 과목 및 교육훈련시간 (제38조의2제2항 관련)]

1. 관제교육훈련의 과목 및 교육훈련시간

관제교육훈련	교육훈련시간
가. 열차운행계획 및 실습 나. 철도관제시스템 운용 및 실습 다. 열차운행선 관리 및 실습 라. 비상 시 조치 등	360시간

[철도교통 관제자격증명 교육훈련 안내](예시)

2019년도 철도교통 관제자격증명 교육

교육대상	교육일정	인원(명)	교육비	교재비	비고(시험일정)
경력자	'19.02.25.~'19.04.05. (7주, 학과 119h 실기 105h	30	1인당 220만원	17.5만원 (학과11만원, 실기6.5만원)	학과: '19.05.18 실기: '19.04.15~05.12
	'19.08.19.~'19.10.01. (7주, 학과 119h 실기 105h)	30	1인당 220만원	17.5만원 (학과11만원, 실기6.5만원)	학과: '19.10.26 실기: '19.11.18~12.22.
재직자	'19.04.15~'19.07.17. (14주, 학과127h 실기360h)	30	1인당 606만원	17.5만원 (학과11만원, 실기6.5만원)	학과: '19.10.26. 실기: '19.08.19~9.22.
일반인	'19.10.14.~'20.01.29. (16주, 학과 205h 실기 360h)	30	1인당 648만원	17.5만원 (학과11만원, 실기6.5만원)	2020년 예정

* 경력자: 철도운영기관의 추천을 받은 자로 철도차량 운전업무, 철도신호기·조작판 등의 취급업무 5년 이상 경력자
* 재직자: 철도운영기관의 추천을 받은 자로 철도안전법 제11조 및 21조 4의 결격사유에 해당되지 않는 자
* 일반인: 만 19세 이상인 자로 철도안전법 제11조 및 21조 4의 결격사유에 해당되지 않는 자

철도교통관제사 되려면? 코레일 인제개발원(네이버 블로그)

예제 **관제교육훈련의 과목은**

가. (　　　　)

나. (　　　　)

다. (　　　　)

라. (　　　　)이고

교육훈련시간은 (　　　)이다.

정답 열차운행계획 및 실습, 철도관제시스템 운용 및 실습, 열차운행선 관리 및 실습, 비상 시 조치 등이고, 교육훈련시간은 360시간이다.

예제 **관제교육훈련시간으로 옳은 것은?**

가. 100시간　　　　나. 150시간

다. 360시간　　　　라. 410시간

해설 관제교육훈련시간은 360시간이다.

예제 **관제교육훈련 과목으로 옳지 않은 것은?**

가. 철도 관련 법　　　　나. 열차관제시스템 운용 및 실습

다. 열차운행선 관리 및 실습　　　　라. 비상 시 조치 등

해설 관제교육훈련 과목: 열차운행계획 및 실습, 철도관제시스템 운용 및 실습, 열차운행선 관리 및 실습, 비상 시 조치 등이므로 철도관련법은 해당되지 않는다.

[열차제어시스템의 변천]

제1세대	제2세대	제3세대
BOX형 통제시스템	열차집중제어시스템 [CTC시스템]	열차종합제어시스템 [TTC시스템]

- CTC시스템 : Centralized Traffic Control System
- TTC시스템 : Total Traffic Control System

관제교육훈련의 일부 면제

가. 법 제21조의7제1항제1호에 따라 「고등교육법」 제2조에 따른 학교에서 제1호에 따른 관제교육훈련 과목 중 어느 하나의 과목과 교육내용이 동일한 교과목을 이수한 사람에게는 해당 관제교육훈련 과목의 교육훈련을 면제한다. 이 경우 교육훈련을 면제받으려는 사람은 해당 교과목의 이수 사실을 증명할 수 있는 서류를 관제교육훈련기관에 제출하여야 한다.

나. 법 제21조의7제1항제2호에 따라 철도차량의 운전업무 또는 철도신호기 · 선로전환기 · 조작판의 취급 업무에 5년 이상의 경력을 취득한 사람에 대한 교육훈련시간은 105시간으로 한다. 이 경우 교육훈련을 면제받으려는 사람은 해당 경력을 증명할 수 있는 서류를 관제교육훈련기관에 제출하여야 한다.

[운영자 콘솔(Operator Console)]

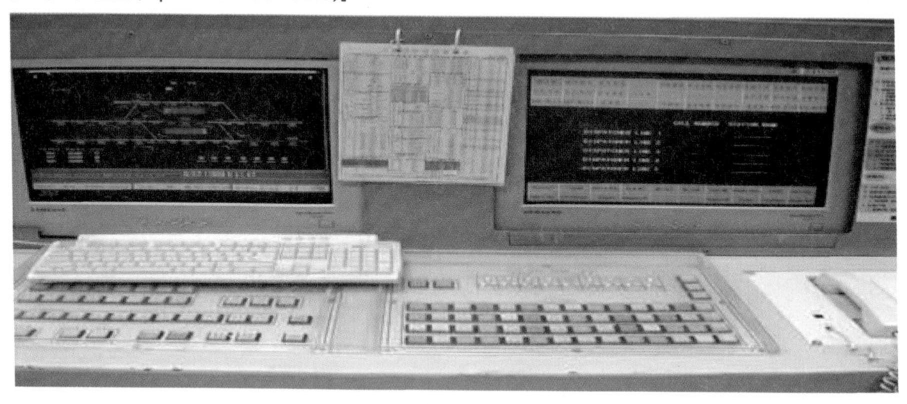

규칙 제38조의3(관제교육훈련의 일부 면제)

법 제21조의7제1항제1호에서 "국토교통부령으로 정하는 관제업무 관련 교과목"이란 별표 11의2에 따른 관제교육훈련의 과목 중 어느 하나의 과목과 교육내용이 동일한 교과목을 말한다.

규칙 제38조의4(관제교육훈련기관 지정절차 등)

① 관제교육훈련기관으로 지정받으려는 자는 별지 제24호의3서식의 관제교육훈련기관 지정신청서에 다음 각 호의 서류를 첨부하여 국토교통부장관에게 제출하여야 한다. 이 경우 국토교통부장관은 「전자정부법」 제36조제1항에 따른 행정정보의 공동이용을 통하여 법인 등기사항증명서(신청인이 법인인 경우만 해당한다)를 확인하여야 한다.

예제 이 경우 [ ]은 「전자정부법」 제36조제1항에 따른 행정정보의 공동이용을 통하여 [ ]를 확인하여야 한다. 규칙 제38조의4(관제교육훈련기관 지정절차 등)

정답 국토교통부장관, 법인 등기사항증명서

1. 관제교육훈련계획서(관제교육훈련평가계획을 포함한다)
2. 관제교육훈련기관 운영규정
3. 정관이나 이에 준하는 약정(법인 그 밖의 단체에 한정한다)
4. 관제교육훈련을 담당하는 강사의 자격·학력·경력 등을 증명할 수 있는 서류 및 담당업무
5. 관제교육훈련에 필요한 강의실 등 시설 내역서
6. 관제교육훈련에 필요한 모의관제시스템 등 장비 내역서
7. 관제교육훈련기관에서 사용하는 직인의 인영

② 국토교통부장관은 제1항에 따라 관제교육훈련기관의 지정 신청을 받은 때에는 영 제20조의3에서 준용하는 영 제16조제2항에 따라 그 지정 여부를 종합적으로 심사한 후 별지 제24호의4서식의 관제교육훈련기관 지정서를 신청인에게 발급하여야 한다.

예제 **관제교육훈련기관으로 지정받으려는 자는 관제교육훈련기관 지정신청서에 다음 각 7호의 서류를 첨부하여 국토교통부장관에게 제출하여야 한다(규칙 제38조의4(관제교육훈련기관 지정절차 등).**

1. ( ) 2. ( )
3. ( ) 4. ( )
5. ( ) 6. ( )
7. ( )

정답
1. 관제교육훈련계획서
2. 관제교육훈련기관 운영규정
3. 정관이나 이에 준하는 약정
4. 강사의 자격·학력·경력 등을 증명할 수 있는 서류 및 담당업무
5. 관제교육훈련에 필요한 강의실 등 시설 내역서
6. 관제교육훈련에 필요한 모의관제시스템 등 장비 내역서
7. 관제교육훈련기관에서 사용하는 직인의 인영

예제 **관제교육훈련기관 지정을 받기 위해 국토교통부장관에게 제출하는 서류로 옳지 않은 것은?**

가. 관제교육훈련에 필요한 실물관제시스템 등 장비 내역서

나. 관제교육훈련을 담당하는 강사의 자격 · 학력 · 경력 등을 증명할 수 있는 서류 및 담당업무

다. 관제교육훈련기관에서 사용하는 직인의 인영

라. 관제교육훈련기관 운영규정

해설 실물관제시스템이 아닌 모의관제시스템 등 장비 내역서이다.

예제 **관제교육훈련기관으로 지정받으려는 자는 관제교육훈련기관 지정신청서를 제출 시 첨부하여야 하는 서류 중 틀린 것은?**

가. 관제교육훈련계획서

나. 관제교육훈련에 필요한 강의실 등 시설 내역서

다. 관제교육훈련에 필요한 모의 운전 연습기 등 장비 내역서

라. 관제교육훈련기관에서 사용하는 직인의 인영

해설 철도안전법 시행규칙 제38조의4(관제교육훈련기관 지정절차 등): '관제교육훈련에 필요한 모의관제시스템 등 장비 내역서가 맞다.'

규칙 제38조의5(관제교육훈련기관의 세부 지정기준 등)

① 영 제20조의3에 따른 관제교육훈련기관의 세부 지정기준은 별표 11의3과 같다.

② 국토교통부장관은 관제교육훈련기관이 제1항 및 영 제20조의3에서 준용하는 영 제17조 제1항에 따른 지정기준에 적합한지의 여부를 2년마다 심사하여야 한다.

예제 **국토교통부장관은 관제교육훈련기관이 [ ]에 적합한 지의 여부를 [ ]마다 심사하여야 한다(규칙 제38조의5(관제교육훈련기관의 세부 지정기준 등)).**

정답 지정기준, 2년

[관제교육훈련기관의 세부 지정기준 (제38조의5제1항 관련)]

1. 인력기준

가. 자격기준

등급	학력 및 경력
책임교수	1) 박사학위 소지자로서 철도교통에 관한 업무에 10년 이상 또는 철도교통관제 업무에 5년 이상 근무한 경력이 있는 사람 2) 석사학위 소지자로서 철도교통에 관한 업무에 15년 이상 또는 철도교통관제 업무에 8년 이상 근무한 경력이 있는 사람 3) 학사학위 소지자로서 철도교통에 관한 업무에 20년 이상 또는 철도교통관제 업무에 10년 이상 근무한 경력이 있는 사람 4) 철도 관련 4급 이상의 공무원 경력 또는 이와 같은 수준 이상의 자격 및 경력이 있는 사람 5) 대학의 철도교통관제 관련 학과에서 조교수 이상으로 재직한 경력이 있는 사람 6) 선임교수 경력이 3년 이상 있는 사람
선임교수	1) 박사학위 소지자로서 철도교통에 관한 업무에 5년 이상 또는 철도교통관제 업무나 철도차량 운전 관련 업무에 3년 이상 근무한 경력이 있는 사람 2) 석사학위 소지자로서 철도교통에 관한 업무에 10년 이상 또는 철도교통관제 업무나 철도차량 운전 관련 업무에 5년 이상 근무한 경력이 있는 사람 3) 학사학위 소지자로서 철도교통에 관한 업무에 15년 이상 또는 철도교통관제 업무나 철도차량 운전 관련 업무에 8년 이상 근무한 경력이 있는 사람 4) 철도 관련 5급 이상의 공무원 경력 또는 이와 같은 수준 이상의 자격 및 경력이 있는 사람 5) 대학의 철도교통관제 관련 학과에서 전임강사 이상으로 재직한 경력이 있는 사람 6) 교수 경력이 3년 이상 있는 사람
교수	철도교통관제 업무에 1년 이상 또는 철도차량 운전업무에 3년 이상 근무한 경력이 있는 사람으로서 다음의 어느 하나에 해당하는 학력 및 경력을 갖춘 사람 1) 학사학위 소지자로서 철도교통관제사나 철도차량 운전업무수행자에 대한 지도교육 경력이 2년 이상 있는 사람 2) 전문학사 소지자로서 철도교통관제사나 철도차량 운전업무수행자에 대한 지도교육 경력이 3년 이상 있는 사람 3) 고등학교 졸업자로서 철도교통관제사나 철도차량 운전업무수행자에 대한 지도교육 경력이 5년 이상 있는 사람 4) 철도교통관제와 관련된 교육기관에서 강의 경력이 1년 이상 있는 사람

예제 **관제교육훈련기관의 인력기준에 대한 설명으로 옳지 않은 것은?**

가. **책임교수 - 박사학위 소지자로서 철도교통에 관한 업무에 5년 이상 또는 철도차량 운전 관련 업무에 3년 이상 근무한 경력이 있는 사람**

나. 선임교수 - 석사학위 소지자로서 철도교통에 관한 업무에 10년 이상 또는 철도교통관제 업무나 철도차량 운전 관련 업무에 5년 이상 근무한 경력이 있는 사람

다. 교수 - 철도교통관제와 관련된 교육기관에서 강의 경력이 1년 이상 있는 사람

라. 책임교수 - 학사학위 소지자로서 철도교통에 관한 업무에 20년 이상 또는 철도교통관제 업무에 10년 이상 근무한 경력이 있는 사람

해설 책임교수는 박사학위 소지자로서 철도교통에 관한 업무에 10년 이상 또는 철도교통관제 업무에 5년 이상 근무한 경력이 있는 사람이다.

예제 **관제교육훈련기관의 책임교수는 박사학위 소지자로서 철도교통에 관한 업무에 (　　) 또는 철도교통관제 업무에 (　　)근무한 경력이 있는 사람이다.**

정답 10년 이상, 5년 이상

1. 보유기준

1회 교육생 30명을 기준으로 철도교통관제 전임 책임교수 1명, 비전임 선임교수, 교수를 각 1명 이상 확보하여야 하며, 교육인원이 15명 추가될 때마다 교수 1명 이상을 추가로 확보하여야 한다. 이 경우 추가로 확보하여야 하는 교수는 비전임으로 할 수 있다.

2. 시설기준

가. 강의실

면적 60제곱미터 이상의 강의실을 갖출 것. 다만, 1제곱미터당 교육인원은 1명을 초과하지 아니하여야 한다.

나. 실기교육장

1) 모의관제시스템을 설치할 수 있는 실습장을 갖출 것

2) 30명이 동시에 실습할 수 있는 면적 90제곱미터 이상의 컴퓨터지원시스템 실습장을 갖출 것

다. 그 밖에 교육훈련에 필요한 사무실·편의시설 및 설비를 갖출 것

3. 장비기준

가. 모의관제시스템

장비명	성능기준	보유기준
전 기능 모의관제시스템	• 제어용 서버 시스템 • 대형 표시반 및 Wall Controller 시스템 • 음향시스템 • 관제사 콘솔 시스템 • 교수제어대 및 평가시스템	1대 이상 보유

나. 컴퓨터지원교육시스템

장비명	성능기준	보유기준
컴퓨터 지원교육시스템	• 열차운행계획 • 철도관제시스템 운용 및 실무 • 열차운행선 관리 • 비상 시 조치 등	관련 프로그램 및 컴퓨터 30대 이상 보유

4. 관제교육훈련에 필요한 교재를 갖출 것

5. 다음 각 목의 사항을 포함한 업무규정을 갖출 것

가. 관제교육훈련기관의 조직 및 인원

나. 교육생 선발에 관한 사항

다. 연간 교육훈련계획: 교육과정 편성, 교수인력의 지정 교과목 및 내용 등

라. 교육기관 운영계획

마. 교육생 평가에 관한 사항

바. 실습설비 및 장비 운용방안

사. 각종 증명의 발급 및 대장의 관리

아. 교수인력의 교육훈련

자. 기술도서 및 자료의 관리·유지

차. 수수료 징수에 관한 사항

카. 그 밖에 국토교통부장관이 관제교육훈련에 필요하다고 인정하는 사항

규칙 제38조의6(관제교육훈련기관의 지정취소 · 업무정지 등)

① 법 제21조의7제5항에서 준용하는 법 제15조의2에 따른 관제교육훈련기관의 지정취소 및 업무정지의 기준은 별표 9와 같다.

② 관제교육훈련기관 지정취소 · 업무정지의 통지 등에 관하여는 제23조제2항을 준용한다. 이 경우 "운전교육훈련기관"은 "관제교육훈련기관"으로 본다.

제21조의8(관제자격증명시험)

① 관제자격증명을 받으려는 사람은 관제업무에 필요한 지식 및 실무역량에 관하여 국토교통부장관이 실시하는 학과시험 및 실기시험(이하 "관제자격증명시험"이라 한다)에 합격하여야 한다.

② 관제자격증명시험에 응시하려는 사람은 제21조의5제1항에 따른 신체검사와 관제적성검사에 합격한 후 관제교육훈련을 받아야 한다.

> ☞ 「철도안전법」 제21조의5 제1항 (관제자격증명의 신체검사)
> 관제자격증명을 받으려는 사람은 관제업무에 적합한 신체상태를 갖추고 있는지 판정받기 위하여 국토교통부장관이 실시하는 신체검사에 합격하여야 한다.

③ 국토교통부장관은 다음 각 호의 어느 하나에 해당하는 사람에게는 국토교통부령으로 정하는 바에 따라 관제자격증명시험의 일부를 면제할 수 있다.

1. 운전면허를 받은 사람
2. 「국가기술자격법」 제2조제1호에 따른 국가기술자격으로서 국토교통부령으로 정하는 철도관제 관련 분야의 자격을 가진 사람

> ☞ 「국가기술자격법」 제2조(정의)
> 이 법에서 사용하는 용어의 뜻은 다음과 같다.
> 1. "국가기술자격"이란 「자격기본법」에 따른 국가자격 중 산업과 관련이 있는 기술 · 기능 및 서비스 분야의 자격을 말한다.
> 2. "국가기술자격의 등급"이란 기술인력이 보유한 직무 수행능력의 수준에 따라 차등적으로 부여되는 국가기술자격의 단계를 말한다.
> 3. "국가기술자격의 직무분야"란 산업현장에서 요구되는 직무 수행능력의 내용에 따라 국가기술자격을 분

류한 것으로서 고용노동부령으로 정하는 것을 말한다.

4. "국가기술자격의 종목"이란 국가기술자격의 등급을 직종별로 구분한 것으로 국가기술자격 취득의 기본 단위를 말한다.
5. 관제자격증명시험의 과목, 방법 및 절차 등에 필요한 사항은 국토교통부령으로 정한다.

[철도관제사자격요건]

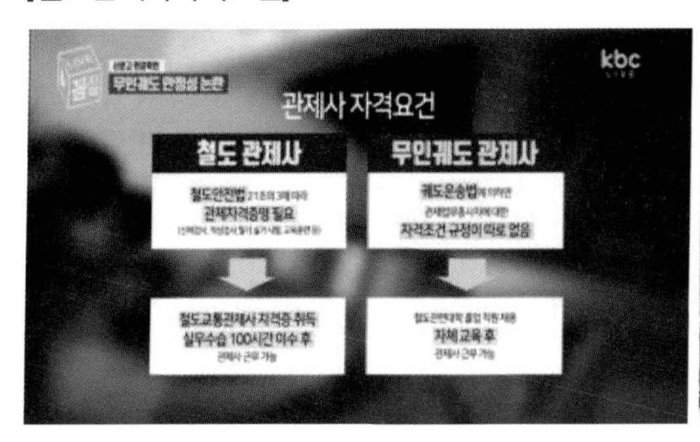

네이버블로그

예제 **철도안전법령상 관제자격증명시험에 대한 설명으로 옳지 않은 것은?**

가. 운전면허를 받은 사람은 국토교통부령으로 정하는 바에 따라 관제자격증명시험의 일부를 면제할 수 있다.

나. 관제자격증명시험에 응시하려는 사람은 신체검사와 운전관제적성검사에 합격한 후 관제교육훈련을 받아야 한다.

다. 관제자격증명시험의 과목, 방법 및 절차 등에 필요한 사항은 대통령령으로 정한다.

라. 국토교통부령으로 정하는 철도관제 관련 분야의 자격을 가진 사람은 국토교통부령으로 정하는 바에 따라 관제자격증명시험의 일부를 면제할 수 있다.

해설 철도안전법 제21조의8(관제자격증명시험): 관제자격증명시험의 과목, 방법 및 절차 등에 필요한 사항은 국토교통부령으로 정한다.

예제 **관제자격증명시험의 과목, 방법 및 절차 등에 필요한 사항은 (　　　)으로 정한다(제21조의 8(관제자격증명시험).**

정답 국토교통부령

규칙 제38조의7(관제자격증명시험의 과목 및 합격기준)

① 법 제21조의8제1항에 따른 관제자격증명시험(이하 "관제자격증명시험"이라 한다) 중 실기시험은 모의관제시스템을 활용하여 시행한다.

② 관제자격증명시험의 과목 및 합격기준은 별표 11의4와 같다. 이 경우 실기시험은 학과시험을 합격한 경우에만 응시할 수 있다.

③ 관제자격증명시험 중 학과시험에 합격한 사람에 대해서는 학과시험에 합격한 날부터 2년이 되는 날이 속하는 해의 12월 31일까지 실시하는 관제자격증명시험에 있어 학과시험의 합격을 유효한 것으로 본다.

④ 관제자격증명시험의 방법·절차, 실기시험 평가위원의 선정 등에 관하여 필요한 세부사항은 국토교통부장관이 정한다.

예제 관제자격증명시험 실기시험은 [ ]을 활용하여 시행한다(규칙 제38조의7(관제자격증명시험의 과목 및 합격기준)).

정답 모의관제시스템

예제 관제자격증명시험 중 [ ]에 합격한 사람에 대해서는 학과시험에 합격한 날부터 [ ]이 되는 날이 속하는 해의 [ ]일까지 실시하는 관제자격증명시험에 있어 학과시험의 합격을 유효한 것으로 본다(규칙 제38조의7(관제자격증명시험의 과목 및 합격기준)).

정답 학과시험, 2년, 12월 31

예제 관제자격증명시험의 과목 및 합격기준에 관한 내용으로 틀린 것은?

가. 관제자격증명시험 중 실기시험은 모의운전시스템을 활용하여 시행한다.

나. 학과시험에 합격한 날부터 2년이 되는 날이 속하는 해의 12월 31일까지 실시하는 관제자격증명시험에 있어 학과시험의 합격을 유효한 것으로 본다.

다. 실기시험은 학과시험을 합격한 경우에만 응시할 수 있다.

라. 관제자격증명시험의 방법·절차, 실기시험 평가위원의 선정 등에 관하여 필요한 세부사항은 국토교통부장관이 정한다.

해설 철도안전법 시행규칙 제38조의7(관제자격증명시험의 과목 및 합격기준) 제3항: 관제자격증명시험 중 실기시험은 모의관제시스템을 활용하여 시행한다.

[관제자격증명시험의 과목 및 합격기준 (제38조의7제2항 관련)]

1. 학과시험 및 실기시험 과목

학과시험	실기시험
가. 철도관련법 나. 관제관련규정 다. 철도시스템 일반 라. 철도교통 관제운영 마. 비상 시 조치 등	가. 열차운행계획 나. 철도관제시스템 운용 및 실무 다. 열차운행선 관리 라. 비상 시 조치 등

예제 관제자격증명시험의 실기시험 과목으로 옳지 않은 것은?

가. 열차운행계획
나. 철도관제시스템 운용 및 실무
다. 철도교통관제운영
라. 비상 시 조치 등

해설 철도교통관제운영 과목은 학과시험 과목이다.

예제 관제자격증명시험의 학과(필기)시험 과목은

1.( )
2.( )
3.( )
4.( )
5.( )

정답 1. 철도관련법, 2. 관제관련규정, 3. 철도시스템 일반, 4. 철도교통 관제운영, 5. 비상 시 조치 등

예제 관제자격증명시험의 실기시험 과목은

1.( )
2.( )
3.( )
4.( )

정답 1. 열차운행계획, 2. 관제시스템운용 및 실무, 3. 열차운행선관리, 4. 비상 시 조치 등

학과시험의 일부 면제

가. 법 제21조의8제3항제1호에 따라 운전면허를 받은 사람에 대해서는 제1호의 학과시험 과목 중 철도관련법 과목 및 철도시스템 일반 과목을 면제한다.

나. 법 제21조의8제3항제2호에 따라 「국가기술자격법」 제2조제1호에 따른 국가기술자격으로서 제38조의9에 따른 국가기술자격을 가진 사람에 대해서는 제1호의 학과시험 과목 중 해당 국가기술자격의 시험과목과 동일한 과목을 면제한다.

다. 법률 제13436호 철도안전법 일부개정법률 부칙 제3조제5항 단서에 따라 종전의 법 제22조제1항(법률 제13436호 철도안전법 일부개정법률로 개정되기 전의 것을 말한다)에 따라 실무수습 · 교육을 이수한 사람에 대해서는 제1호의 학과시험 과목 전부를 면제한다.

규칙 제38조의8(관제자격증명시험 시행계획의 공고)

관제자격증명시험 시행계획의 공고에 관하여는 제25조를 준용한다. 이 경우 "운전면허시험"은 "관제자격증명시험"으로, "필기시험및 기능시험"은 "학과시험 및 실기시험"으로 본다.

시행령 제20조의4(관제자격증명 갱신 및 취득절차의 일부 면제)

법 제21조의3에 따른 철도교통관제사 자격증명(이하 "관제자격증명"이라 한다)의 갱신 및 취득절차의 일부 면제에 관하여는제19조 및 제20조를 준용한다. 이 경우 "운전면허"는 "관제자격증명"으로, "운전교육훈련"은"관제교육훈련"으로, "운전면허시험 중 필기시험"은 "관제자격증명시험 중 학과시험"으로 본다.

예제 **철도교통관제사 자격증명(이하 "관제자격증명"이라 한다)의 갱신 및 취득절차의 일부 면제에 관하여 "[ ]"는 "관제자격증명"으로, "[ ]"은"관제교육훈련"으로, "[ ]"은 "관제자격증명시험 중 학과시험"으로 본다. (시행령 제20조의4(관제자격증명 갱신 및 취득절차의 일부 면제))**

정답 운전면허, 운전교육훈련, 운전면허시험 중 필기시험

☞ 「철도안전법」 제21조의3(관제자격증명)
관제업무에 종사하려는 사람은 국토교통부장관으로부터 철도교통관제사 자격증명을 받아야 한다.

규칙 제38조의9(관제자격증명시험의 일부 면제 대상)

법 제21조의8제3항제2호에서 "국토교통부령으로 정하는 철도관제 관련 분야의 자격"이란 별표 11의4에 따른 관제자격증명시험의 학과시험 과목 중 어느 하나의 과목과 동일한 과목을 시험과목으로 하는 국가기술자격을 말한다.

제21조의8(관제자격증명시험)

제3항 국토교통부장관은 다음 각 호의 어느 하나에 해당하는 사람에게는 국토교통부령으로 정하는 바에 따라 관제자격증명시험의 일부를 면제할 수 있다.

1. 운전면허를 받은 사람
2. 「국가기술자격법」 제2조제1호에 따른 국가기술자격으로서 국토교통부령으로 정하는 철도관제 관련 분야의 자격을 가진 사람

예제 **관제자격증명시험과 관련된 내용이다. 다음 중 틀린 것은?**

가. 관제자격증명을 받으려는 사람은 관제업무에 필요한 지식 및 실무역량에 관하여국토교통부장관이 실시하는 학과시험 및 실기시험에 합격하여야 한다.

나. 관제자격증명시험에 응시하려는 사람은 신체검사와 관제적성검사에 합격한 후 관제교육훈련을 받아야 한다.

다. 관제자격증명시험의 과목, 방법 및 절차 등에 필요한 사항은 대통령령으로 정한다.

라. 운전면허를 받은 사람은 대통령령으로 정하는 바에 따라 관제자격증명시험의 일부를 면제할 수 있다.

해설 제21조의8(관제자격증명시험): 운전면허를 받은 사람은 국토교통부령으로 정하는 바에 따라 관제자격증명시험의 일부를 면제할 수 있다.

규칙 제38조의10(관제자격증명시험 응시원서의 제출 등)

① 관제자격증명시험에 응시하려는사람은 별지 제24호의5서식의 관제자격증명시험 응시원서에 다음 각 호의 서류를 첨부하여 한국교통안전공단에 제출하여야 한다.

1. 신체검사의료기관이 발급한 신체검사 판정서(관제자격증명시험 응시원서 접수일 이

전 2년 이내인 것에 한정한다)

2. 관제적성검사기관이 발급한 관제적성검사 판정서(관제자격증명시험 응시원서 접수일 이전 10년 이내인 것에 한정한다)
3. 관제교육훈련기관이 발급한 관제교육훈련 수료증명서
4. 철도차량 운전면허증의 사본(철도차량 운전면허 소지자에 한정한다)
5. 「국가기술자격법」 제2조제1호에 따른 국가기술자격의 자격증 사본(제38조의9에 따른 국가기술자격을 가진 사람에 한정한다)

예제 **관제자격증명시험에 응시하려는 사람이 관제자격증명시험 응시원서에 첨부하여야 하는 서류에 해당되지 않는 것은?**

가. 관제적성검사 판정서(관제자격증명시험 응시원서 접수일 이전 2년 이내인 것에 한정한다)
나. 관제교육훈련기관이 발급한 관제교육훈련 수료증명서
다. 철도차량 운전면허증의 사본(철도차량 운전면허 소지자에 한정한다)
라. 「국가기술자격법」 제2조제1호에 따른 국가기술자격의 자격증 사본

해설 철도안전법 시행규칙 제38조의10(관제자격증명시험 응시원서의 제출 등) 제1항: 관제적성검사기관이 발급한 관제적성검사 판정서(관제자격증명시험 응시원서 접수일이전 10년 이내인 것에 한정한다)

② 한국교통안전공단은 제1항제1호부터 제4호까지의 서류를 영 제63조제1항제7호에 따라 관리하는 정보체계에 따라 확인할 수 있는 경우에는 그 서류를 제출하지 아니하도록 할 수 있다.

③ 한국교통안전공단은 제1항에 따라 관제자격증명시험 응시원서를 접수한 때에는 별지 제24호의6서식의 관제자격증명시험 응시원서 접수대장에 기록하고 별지 제24호의5서식의 관제자격증명시험 응시표를 응시자에게 발급하여야 한다. 다만, 응시원서 접수 사실을 영 제63조제1항제7호에 따라 관리하는 정보체계에 따라 관리하는 경우에는 응시원서 접수 사실을 관제자격증명시험 응시원서 접수대장에 기록하지 아니할 수 있다.

④ 한국교통안전공단은 관제자격증명시험 응시원서 접수마감 7일 이내에 시험일시 및 장소를 한국교통안전공단 게시판 또는 인터넷 홈페이지 등에 공고하여야 한다.

예제 [ ]은 관제자격증명시험 응시원서 접수마감 [ ] 이내에 시험일시 및 장소를 한국교통안전공단 게시판 또는 인터넷 홈페이지 등에 공고하여야 한다.

정답 한국교통안전공단, 7일

규칙 제38조의11(관제자격증명시험 응시표의 재발급 등)

관제자격증명시험 응시표의 재발급 및 관제자격증명시험결과의 게시 등에 관하여는 제27조 및 제28조를 준용한다. 이 경우 "운전면허시험"은 "관제자격증명시험"으로, "필기시험 및 기능시험"은 "학과시험 및 실기시험"으로 본다.

[관제사자격증명시험 응시원서]

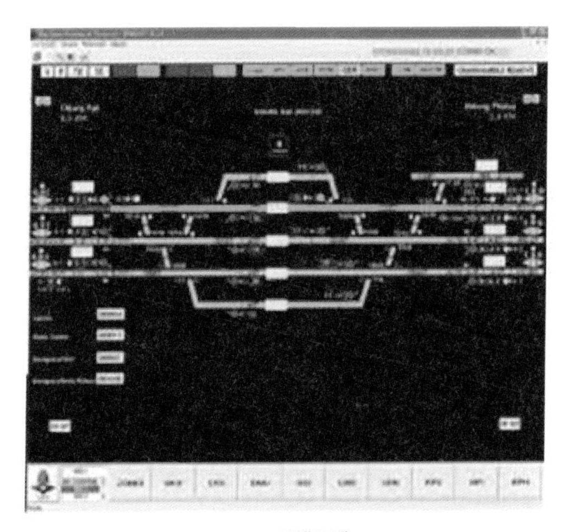

㈜테크빌

제21조의9(관제자격증명서의 발급 및 관제자격증명의 갱신 등)

관제자격증명서의 발급 및 관제자격증명의 갱신 등에 관하여는 제18조 및 제19조를 준용한다. 이 경우 "운전면허시험"은 "관제자격증명시험"으로, "운전면허"는 "관제자격증명"으로, "운전면허증"은 "관제자격증명서"로, "철도차량의 운전업무"는 "관제업무"로 본다.

☞「철도안전법」 제18조 (운전면허의 발급 등)

① 국토교통부장관은 운전면허시험에 합격하여 운전면허를 받는 사람에게 국토교통부령으로 정하는 바에 따라 철도차량 운전면허증을 발급하여야 한다.

② 제1항에 따라 운전면허를 받은 사람(이하 "운전면허 취득자라 한다)이 운전면허증을 잃어버렸거나 운전면허증이 헐어서 쓸 수 없게 되었을 때 또는 운전면허증의 기재사항이 변경되었을 때에는 국토교통부령으로 정하는 바에 따라 운전면허증의 재발급이나 기재사항의 변경을 신청할 수 있다.

☞「철도안전법」 제19조 (운전면허의 갱신)

① 운전면허의 유효기간은 10년으로 한다.

② 운전면허 취득자로서 제1항에 따른 유효기간 이후에도 그 운전면허의 효력을 유지하려는 사람은 운전면허의 유효기간 만료 전에 국토교통부령으로 정하는 바에 따라 운전면허의 갱신을 받아야 한다.

③ 국토교통부장관은 제2항 및 제5항에 따라 운전면허의 갱신을 신청한 사람이 다음 각 호의 어느 하나에 해당하는 경우에는 운전면허증을 갱신하여 발급하여야 한다.

1. 운전면허의 갱신을 신청하는 날 전 10년 이내에 국토교통부령으로 정하는 철도차량의 운전업무에 종사한 경력이 있거나 국토교통부령으로 정하는 바에 따라 이와 같은 수준 이상의 경력이 있다고 인정되는 경우
2. 국토교통부령으로 정하는 교육훈련을 받은 경우

④ 운전면허 취득자가 제2항에 따른 운전면허의 갱신을 받지 아니하면 그 운전면허의 유효기간이 만료되는 날의 다음 날부터 그 운전면허의 효력이 정지된다.

⑤ 제4항에 따라 운전면허의 효력이 정지된 사람이 6개월의 범위에서 대통령령으로 정하는 기간 안에 운전면허의 갱신을 신청하여 운전면허의 갱신을 받지 아니하면 그 기간이 만료되는 날의 다음 날부터 그 운전면허는 효력을 잃는다.

⑥ 국토교통부장관은 운전면허 취득자에게 그 운전면허의 유효기간이 만료되기 전에 국토교통부령으로 정하는 바에 따라 운전면허의 갱신에 과난 내용을 통지하여야 한다.

⑦ 국토교통부장관은 제5항에 따라 운전면허의 효력이 실효된 사람이 운전면허를 다시 받으려는 경우 대통령령으로 정하는 바에 따라 그 절차의 일부를 면제할 수 있다.

규칙 제38조의12(관제자격증명서의 발급 등)

① 관제자격증명시험에 합격한 사람은 한국교통안전공단에 별지 제24호의7서식의 관제자격증명서 (재)발급신청서를 제출(「정보통신망 이용촉진 및 정보보호 등에 관한 법률」 제2조제1항제1호에 따른 정보통신망을 이용한 제출을 포함한다)하여야 한다.

② 제1항에 따라 관제자격증명서 발급 신청을 받은 한국교통안전공단은 별지 제24호의8서식의 철도교통 관제자격증명서를 발급하여야 한다.

③ 제2항에 따라 관제자격증명서를 발급받은 사람(이하 "관제자격증명 취득자"라 한다)이

관제자격증명서를 잃어버렸거나 헐어 못 쓰게 된 때에는 별지 제24호의7서식의 관제자격증명서 (재)발급신청서에 분실사유서나 헐어 못 쓰게 된 관제자격증명서를 첨부하여 한국교통안전공단에 제출하여야 한다.

④ 제3항에 따라 관제자격증명서 재발급 신청을 받은 한국교통안전공단은 별지 제24호의8서식의 철도교통 관제자격증명서를 재발급하여야 한다.

⑤ 한국교통안전공단은 제2항 및 제4항에 따라 관제자격증명서를 발급하거나 재발급한 때에는 별지 제24호의9서식의 관제자격증명서 관리대장에 이를 기록·관리하여야 한다. 다만, 관제자격증명서의 발급이나 재발급 사실을 영 제63조제1항제7호에 따라 관리하는 정보체계에 따라 관리하는 경우에는 별지 제24호의9서식의 관제자격증명서 관리대장에 이를 기록·관리하지 아니할 수 있다.

규칙 제38조의13(관제자격증명서 기록사항 변경)

관제자격증명서의 기록사항 변경에 관하여는 제30조를 준용한다. 이 경우 “운전면허 취득자”는 “관제자격증명 취득자”로, “철도차량운전면허증”은 “관제자격증명서”로, “별지 제19호서식의 철도차량 운전면허증 관리대장”은“별지 제24호의9서식의 관제자격증명서 관리대장”으로 본다.

규칙 제38조의14(관제자격증명의 갱신절차)

① 법 제21조의9에 따라 관제자격증명을 갱신하려는 사람은 관제자격증명의 유효기간 만료일 전 6개월 이내에 별지 제24호의10서식의 관제자격증명 갱신신청서에 다음 각 호의 서류를 첨부하여 한국교통안전공단에 제출하여야 한다.

1. 관제자격증명서
2. 법 제21조의9에 따라 준용되는 법 제19조제3항 각 호에 해당함을 증명하는 서류

② 제1항에 따라 갱신받은 관제자격증명의 유효기간은 종전 관제자격증명 유효기간의 만료일 다음 날부터 기산한다.

예제 관제자격증명을 갱신하려는 사람은 관제자격증명의 유효기간 만료일 전 (   ) 이내에 관제자격증명 갱신신청서에 서류를 첨부하여 (   )에 제출하여야 한다(규칙 제38조의13(관제자격증명서 기록사항 변경)).

정답 6개월, 한국교통안전공단

규칙 제38조의15(관제자격증명 갱신에 필요한 경력 등)

① 법 제21조의9에 따라 준용되는 법제19조제3항제1호에서 "국토교통부령으로 정하는 관제업무에 종사한 경력"이란 관제자격증명의 유효기간 내에 6개월 이상 관제업무에 종사한 경력을 말한다.

② 법 제21조의9에 따라 준용되는 법 제19조제3항제1호에서 "이와 같은 수준 이상의 경력"이란 다음 각 호의 어느 하나에 해당하는 업무에 2년 이상 종사한 경력을 말한다.

1. 관제교육훈련기관에서의 관제교육훈련업무
2. 철도운영자등에게 소속되어 관제업무종사자를 지도·교육·관리하거나 감독하는 업무

③ 법 제21조의9에 따라 준용되는 법 제19조제3항제2호에서 "국토교통부령으로 정하는 교육훈련을 받은 경우"란 관제교육훈련기관이나 철도운영자등이 실시한 관제업무에 필요한 교육훈련을 관제자격증명 갱신신청일 전까지 40시간 이상 받은 경우를 말한다.

④ 제1항 및 제2항에 따른 경력의 인정, 제3항에 따른 교육훈련의 내용 등 관제자격증명 갱신에 필요한 세부사항은 국토교통부장관이 정하여 고시한다.

예제 "국토교통부령으로 정하는 관제업무에 종사한 경력"이란 관제자격증명의 유효기간 내에 [   ]이상 관제업무에 종사한 경력을 말한다(규칙 제38조의15(관제자격증명 갱신에 필요한 경력 등)).

정답 6개월

예제 "국토교통부령으로 정하는 교육훈련을 받은 경우"란 [   ]이나 철도운영자등이 실시한 관제업무에 필요한 교육훈련을 관제자격증명 갱신신청일 전까지 [   ] 이상 받은 경우를 말한다(규칙 제38조의15(관제자격증명 갱신에 필요한 경력 등)).

정답 관제교육훈련기관, 40시간

예제 **관제교육훈련기관에서의 [ ]와 철도운영자등에게 소속되어 [ ]를 지도 · 교육 · 관리하거나 감독하는 업무에 [ ] 이상 종사한 경력이 있으면 관제자격증명 [ ]에 필요한 경력이 확보된다.**

정답 관제교육훈련업무, 관제업무종사자, 2년, 갱신

예제 **관제자격증명 갱신에 필요한 경력으로 틀린 것은?**

가. 철도운영자등에게 소속되어 관제업무종사자를 지도 · 교육 · 관리하거나 감독하는 업무에 2년 이상 종사한 경력

나. 관제교육훈련기관에서의 관제교육훈련업무에 2년 이상 종사한 경력

다. 관제교육훈련기관이나 철도운영자등이 실시한 관제업무에 필요한 교육훈련을 관제자격증명 갱신 신청일 전까지 20시간 이상 받은 경우

라. 관제자격증명의 유효기간 내에 6개월 이상 관제업무에 종사한 경력

해설 철도안전법 시행규칙 제38조의15(관제자격증명 갱신에 필요한 경력 등): 다. '관제교육훈련기관이나 철도운영자등이 실시한 관제업무에 필요한 교육훈련을 관제자격증명 갱신 신청일 전까지 40시간 이상 받은 경우'가 맞다.

규칙 제38조의16(관제자격증명 갱신 안내 통지)

관제자격증명 갱신 안내 통지에 관하여는 제33조를 준용한다. 이 경우 "운전면허"는 "관제자격증명"으로, "별지 제21호서식의 철도차량운전면허 갱신통지서"는 "별지제24호의 11서식의 관제자격증명 갱신통지서"로 본다.

제21조의10(관제자격증명서의 대여 금지)

관제자격증명을 받은 사람은 다른 사람에게 그 관제자격증명서를 대여하여서는 아니 된다.

제21조의11(관제자격증명의 취소 · 정지 등)

① 국토교통부장관은 관제자격증명을 받은 사람이 다음 각 호의 어느 하나에 해당할 때에

는 관제자격증명을 취소하거나 1년 이내의 기간을 정하여 관제자격증명의 효력을 정지시킬 수 있다. 다만, 제1호부터 제4호까지의 어느 하나에 해당할 때에는 관제자격증명을 취소하여야 한다.

1. 거짓이나 그 밖의 부정한 방법으로 관제자격증명을 취득하였을 때
2. 제21조의4에서 준용하는 제11조제2호부터 제4호까지의 어느 하나에 해당하게 되었을 때
3. 관제자격증명의 효력정지 기간 중에 관제업무를 수행하였을 때
4. 제21조의10을 위반하여 관제자격증명서를 다른 사람에게 대여하였을 때
5. 관제업무 수행 중 고의 또는 중과실로 철도사고의 원인을 제공하였을 때
6. 제40조의2제2항을 위반하였을 때

예제 **다음 중 관제자격증명을 반드시 취소하여야 하는 것으로 틀린 것은?**

가. 거짓이나 그 밖의 부정한 방법으로 관제자격 증명을 취득하였을 때

나. 관제업무 수행 중 고의 또는 중과실로 관제규정을 위반하였을 때

다. 관제자격증명서를 다른 사람에게 대여하였을 때

라. 관제자격증명의 효력정지 기간 중에 관제업무를 수행하였을 때

해설 제21조의11(관제자격증명의 취소 · 정지 등): '관제업무 수행 중 고의 또는 중과실로 철도사고의 원인을 제공하였을 때' 관제자격증명을 취소된다.

☞「철도안전법」 제40조의2제2항 (철도종사자의 준수사항)

관제업무종사자는 관제업무 수행 중 다음 각 호의 사항을 준수하여야 한다.

1. 국토교통부령으로 정하는 바에 따라 운전업무종사자 등에게 열차 운행에 관한 정보를 제공할 것
2. 철도사고 및 운행장애(이하 "철도사고등"이라 한다)발생 시 국토교통부령으로 정하는 조치 사항을 이행할 것

7. 제41조제1항을 위반하여 술을 마시거나 약물을 사용한 상태에서 관제업무를 수행하였을 때
8. 제41조제2항을 위반하여 술을 마시거나 약물을 사용한 상태에서 관제업무를 하였다고 인정할 만한 상당한 이유가 있음에도 불구하고 국토교통부장관 또는 시 · 도지사의 확인 또는 검사를 거부하였을 때

예제 철도관제사 자격증명을 반드시 취소하여야 하는 사유로 맞는 것은?

가. 효력정지 기간 중에 관제업무를 수행하였을 때

나. 고의로 철도사고의 원인을 제공하였을 때

다. 운전업무종사자 등에게 열차 운행에 관한 정보를 제공하지 않았을 때

라. 술을 마신 상태에서 관제업무를 수행하였을 때

해설 '효력정지 기간 중에 관제업무를 수행하였을 때'는 철도관제사 자격증명을 반드시 취소하여야 하는 사유가 아니다.

규칙 제38조의17(관제자격증명의 취소 및 효력정지 처분의 통지 등)

관제자격증명의 취소 및효력정지 처분의 통지 등에 관하여는 제34조를 준용한다. 이 경우 "운전면허"는 "관제자격증명"으로, "별지 제22호서식의 철도차량 운전면허 취소·효력정지 처분 통지서"는 "별지제24호의12서식의 관제자격증명 취소·효력정지 처분 통지서"로, "운전면허증"은 "관제자격증명서"로 본다.

규칙 제38조의18(관제자격증명의 취소 또는 효력정지 처분의 세부기준)

법 제21조의11제1항에 따른 관제자격증명의 취소 또는 효력정지 처분의 세부기준은 별표 11의5와 같다.

[관제자격증명의 취소 또는 효력정지 처분의 세부기준]

위반사항 및 내용	근거별 조문	처분기준			
		1차위반	2차위반	3차위반	4차위반
1. 거짓이나 그 밖의 부정한 방법으로 관제자격증명을 취득한 경우	법 제21조의11제1항제1호	자격증명취소			
2. 법 제21조의4에서 준용하는 법 제11조제2호부터 제4호까지의 어느 하나에 해당하게 된 경우	법 제21조의11제1항제2호	자격증명취소			
3. 관제자격증명의 효력정지 기간 중에 관제업무를 수행한 경우	법 제21조의11제1항제3호	자격증명			

위반사항 및 내용	근거별 조문	처분기준			
		1차위반	2차위반	3차위반	4차위반
		취소			
4. 법 제21조의10을 위반하여 관제자격증명서를 다른 사람에게 대여한 경우	법 제21조의11제1항제4호	자격 증명 취소			
5. 관제업무 수행중 고의 또는 중 과실로 철도사고의 원인을 제공한 경우	법 제21조의11제1항제5호				
(1) 사망자가 발생한 경우		자격 증명 취소			
(2) 부상자가 발생한 경우		효력 정지 3개월	자격 증명 취소		
(3) 1천만원 이상 물적 피해가 발생한 경우		효력 정지 3개월	효력 정지 3개월	자격 증명 취소	
6. 법 제40조의2제2항제1호를 위반한 경우	법 제21조의11제1항제6호	효력 정지 1개월	효력 정지 2개월	효력 정지 3개월	효력 정지 4개월
7. 법 제40조의2제2항제2호를 위반한 경우	법 제21조의11제1항제6호	효력 정지 1개월	자격 증명 취소		
8. 법 제41조제1항을 위반하여 술을마신 상태(혈중 알코올농도 0.1퍼센트 이상)에서 관제업무를 수행한 경우	법 제21조의11제1항제7호	자격 증명 취소			
9. 법 제41조제1항을 위반하여 술을마신 상태(혈중 알코올농도 0.02퍼센트 이상 0.1퍼센트 미만)에서 관제업무를 수행하다가 철도사고의 원인을 제공한 경우	법 제21조의11제1항제7호	자격 증명 취소			
10. 법 제41조제1항을 위반하여 술을 마신 상태(혈중알코올농도 0.02퍼센트 이상 0.1퍼센트 미만)에서 관제업무를 수행한 경우(제9호의 경우는 제외한다)	법 제21조의11제1항제7호	효력 정지 3개월	자격 증명 취소		
11. 법 제41조제1항을 위반하여 약물을 사용한 상태에서 관제업무를 수행한 경우	법 제21조의11제1항제7호	자격 증명 취소			

위반사항 및 내용	근거별 조문	처분기준			
		1차위반	2차위반	3차위반	4차위반
12. 법 제41조제2항을 위반하여 술을 마시거나 약물을 사용한 상태에서 관제업무를 하였다고 인정할 만한 상당한 이유가 있음에도 불구하고 국토교통부장관 또는 시·도지사의 확인 또는 검사를 거부한 경우	법 제21조의11제1항제8호	자격증명 취소			

예제 **다음 중 관제업무수행 중 고의 또는 중과실로 철도사고의 원인을 제공하여 부상자가 발생한 경우 2차 위반 시 처분으로 옳은 것은?**

가. 효력정지 1개월
나. 효력정지 2개월
다. 효력정지 3개월
라. 자격증명 취소

해설 관제업무수행 중 고의 또는 중과실로 철도사고의 원인을 제공하여 부상자가 발생한 경우 2차 위반 시 처분으로는 자격증명 취소이다.

규칙 제38조의19(관제자격증명의 유지·관리)

한국교통안전공단은 관제자격증명 취득자의 관제자격증명의 발급·갱신·취소 등에 관한 사항을 별지 제24호의13서식의 관제자격증명서발급대장에 기록하고 유지·관리하여야 한다.

규칙 제39조(관제업무 실무수습)

① 법 제22조에 따라 관제업무에 종사하려는 사람은 다음 각호의 관제업무 실무수습을 모두 이수하여야 한다.
  1. 관제업무를 수행할 구간의 철도차량 운행의 통제·조정 등에 관한 관제업무 실무수습
  2. 관제업무 수행에 필요한 기기 취급방법 및 비상 시 조치방법 등에 대한 관제업무 실무수습

② 철도운영자등은 제1항에 따른 관제업무 실무수습의 항목 및 교육시간 등에 관한 실무수습 계획을 수립하여 시행하여야 한다. 이 경우 총 실무수습 시간은 100시간 이상으로 하여야 한다.

③ 제2항에도 불구하고 관제업무 실무수습을 이수한 사람으로서 관제업무를 수행할 구간 또는 관제업무 수행에 필요한 기기의 변경으로 인하여 다시 관제업무 실무수습을 이수하여야 하는 사람에 대해서는 별도의 실무수습 계획을 수립하여 시행할 수 있다.

④ 제1항에 따른 관제업무 실무수습의 방법·평가 등에 관하여 필요한 세부사항은 국토교통부장관이 정하여 고시한다.

예제 **다음 중 관제업무 실무수습에 대한 설명으로 옳지 않은 것은?**

가. 관제업무에 종사하려는 사람은 관제업무 수행에 필요한 기기 취급방법 및 비상 시 조치방법 등에 대한 관제업무 실무수습을 이수해야 한다.

나. 관제업무에 종사하려는 사람은 관제업무를 수행할 구간의 철도차량 운행의 통제·조정 등에 관한 관제업무 실무수습을 이수해야 한다.

다. 관제업무 실무수습의 방법·평가 등에 관하여 필요한 세부사항은 한국교통안전공단이사장이 정하여 고시한다.

라. 관제업무 실무수습을 이수한 사람으로서 관제업무를 수행할 구간 또는 관제업무 수행에 필요한 기기의 변경으로 인하여 다시 관제업무 실무수습을 이수하여야 하는 사람에 대해서는 별도의 실무수습 계획을 수립하여 시행할 수 있다.

해설 철도안전법 시행규칙 제39조(관제업무 실무수습): 관제업무 실무수습의 방법·평가 등에 관하여 필요한 세부사항은 국토교통부장관이 정하여 고시한다.

예제 **철도운영자등은 관제업무 실무수습의 항목 및 교육시간 등에 관한 [ ]을 수립하여 시행하여야 한다. 이 경우 총 실무수습 [ ]시간은 이상으로 하여야 한다(규칙 제39조(관제업무 실무수습)).**

정답 실무수습 계획, 100시간

예제 **철도안전법령상 관제업무 실무수습에 필요한 요건으로 옳지 않은 것은?**

가. 관제업무에 종사하려는 사람은 관제업무를 수행할 구간의 철도차량 운행의 통제·조정 등에 관한 관제업무 실무수습을 이수하여야 한다.

나. 관제업무에 종사하려는 사람은 관제업무 수행에 필요한 기기 취급방법 및 비상 시 조치 방법 등에 대한 관제업무 실무수습을 이수하여야 한다.

다. 관제업무 실무수습의 방법 · 평가 등에 관하여 필요한 세부사항은 국토교통부장관이 정하여 고시한다.

라. 국토교통부장관은 관제업무 실무수습 시간을 100시간 이상으로 하여야 한다.

해설 철도안전법 시행규칙 제39조(관제업무 실무수습): 철도운영자등은 총 실무수습 시간은 100시간 이상으로 하여야 한다.

예제 **다음 중 괄호 안에 들어갈 내용으로 순서대로 알맞게 짝지어진 것은?**

교육훈련 이수 후 관제업무 수행에 필요한 기기 취급, 비상 시 조치, 열차운행의 통제 · 조정 등에 관한 실무수습 ·교육을 ( ) 이상 받을 것

가. 100시간 나. 200시간
다. 360시간 라. 410시간

해설 철도안전법 시행규칙 제39조(관제업무 실무수습): 철도운영자등은 제1항에 따른 관제업무 실무수습의 항목 및 교육시간 등에 관한 실무수습 계획을 수립하여 시행하여야 한다. 이 경우 총 실무수습 시간은 100시간 이상으로 하여야 한다.

예제 **철도운영자등은 제1항에 따른 관제업무 실무수습의 항목 및 교육시간 등에 관한 실무수습 계획을 수립하여 시행하여야 한다. 이 경우 총 실무수습 시간은 [   ]으로 하여야 한다.**

정답 100시간 이상

규칙 제39조의2(관제업무 실무수습의 관리 등)

① 철도운영자등은 제39조제2항 및 제3항에 따른 실무수습 계획을 수립한 경우에는 그 내용을 한국교통안전공단에 통보하여야 한다.

예제 **[   ]등은 제39조제2항 및 제3항에 따른 [   ]을 수립한 경우에는 그 내용을 한국교통안전공단에 통보하여야 한다.**

정답 철도운영자, 실무수습 계획

② 철도운영자등은 관제업무에 종사하려는 사람이 제39조제1항에 따른 관제업무 실무수습을 이수한 경우에는 별지 제25호서식의 관제업무종사자 실무수습 관리대장에 실무수습을 받은 구간 등을 기록하고 그 내용을 한국교통안전공단에 통보하여야 한다.

③ 철도운영자등은 관제업무에 종사하려는 사람이 제39조제1항에 따라 관제업무 실무수습을 받은 구간 외의 다른 구간에서 관제업무를 수행하게 하여서는 아니 된다.

예제 **철도운영자등은 실무수습 계획을 수립한 경우에는 그 내용을 [ ]에 통보하여야 한다(규칙 제39조의2(관제업무 실무수습의 관리 등)).**

정답 한국교통안전공단

제22조의2(무자격자의 관제업무 금지 등)

철도운영자등은 관제자격증명을 받지 아니하거나(제21조의11에 따라 관제자격증명이 취소되거나 그 효력이 정지된 경우를 포함한다) 제22조에 따른 실무수습을 이수하지 아니한 사람을 관제업무에 종사하게 하여서는 아니 된다.

제23조(운전업무종사자 등의 관리)

① 철도차량 운전·관제업무 등 대통령령으로 정하는 업무에 종사하는 철도종사자는 정기적으로 신체검사와 적성검사를 받아야 한다.

② 제1항에 따른 신체검사·적성검사의 시기, 방법 및 합격기준 등에 관하여 필요한 사항은 국토교통부령으로 정한다.

③ 철도운영자등은 제1항에 따른 업무에 종사하는 철도종사자가 같은 항에 따른 신체검사·적성검사에 불합격하였을 때에는 그 업무에 종사하게 하여서는 아니 된다.

④ 철도운영자등은 제1항에 따른 신체검사·적성검사를 제13조에 따른 신체검사 실시 의료기관 및 적성검사기관에 각각 위탁할 수 있다.

예제 **다음 철도안전법령상 운전업무종사자 등의 관리에 관한 설명으로 틀린 것은?**

가. 국토교통부장관은 신체검사 실시 의료 기관 및 적성검사기관에 각각 위탁할 수 있다.

나. 신체검사·적성검사의 시기, 방법 및 합격기준 등에 관하여 필요한 사항은 국토교통부령으로 정한다.

다. 철도차량 운전·관제업무 등 국토교통부령으로 정하는 업무에 종사하는 철도종사자는 정기적으로 신체검사와 적성검사를 받아야 한다.

라. 철도운영자등은 신체검사·적성검사에 불합격하였을 때에는 그 업무에 종사하게 하여서는 아니 된다.

해설 철도안전법 제23조(운전업무종사자 등의 관리): 제1항 철도차량 운전·관제업무 등 대통령령으로 정하는 업무에 종사하는 철도종사자는 정기적으로 신체검사와 적성검사를 받아야 한다.

시행령 제21조(신체검사 등을 받아야 하는 철도종사자)

법 제23조제1항에서 "대통령령으로 정하는 업무에 종사하는 철도종사자"란 다음 각 호의 어느 하나에 해당하는 철도종사자를 말한다.

1. 운전업무종사자
2. 관제업무종사자
3. 정거장에서 철도신호기·선로전환기 및 조작판 등을 취급하는 업무를 수행하는 사람

예제 **철도안전법령상 대통령령으로 정하는 업무에 종사하는 철도종사자로서 정기적으로 신체검사 및 적성검사를 받아야 하는 철도종사자가 아닌 자는?**

가. 운전업무종사자

나. 관제업무종사자

다. 여객에게 승무 및 역무서비스를 담당하는 자

라. 정거장에서 선로전환기 및 조작판 등을 취급하는 업무를 수행하는 자

해설 철도안전법 시행령 제21조(신체검사 등을 받아야 하는 철도종사자) 법 제23조제1항: 여객에게 승무 및 역무서비스를 담당하는 자는 정기적으로 신체검사 및 적성검사를 받지 않아도 된다.

규칙 제40조(운전업무종사자 등에 대한 신체검사)

① 법 제23조제1항에 따른 철도종사자에 대한 신체검사는 다음 각 호와 같이 구분하여 실시한다.

1. 최초검사: 해당 업무를 수행하기 전에 실시하는 신체검사
2. 정기검사: 최초검사를 받은 후 2년마다 실시하는 신체검사

예제 **정기검사는 최초검사를 받은 후 [ ]마다 실시하는 신체검사이다(규칙 제40조(운전업무종사자 등에 대한 신체검사)).**

정답 2년

3. 특별검사: 철도종사자가 철도사고등을 일으키거나 질병 등의 사유로 해당 업무를 적절히 수행하기가 어렵다고 철도운영자등이 인정하는 경우에 실시하는 신체검사

② 영 제21조제1호 또는 제2호에 따른 운전업무종사자 또는 관제업무종사자는 법 제12조 또는 법 제21조의5에 따른 운전면허의 신체검사 또는 관제자격증명의 신체검사를 받은 날에 제1항제1호에 따른 최초검사를 받은 것으로 본다. 다만, 해당 신체검사를 받은 날부터 2년 이상이 지난 후에 운전업무나 관제업무에 종사하는 사람은 제1항제1호에 따른 최초검사를 받아야 한다.

예제 **해당 신체검사를 받은 날부터 [ ] 이상이 지난 후에 [ ]나 [ ]에 종사하는 사람은 제1항 제1호에 따른 [ ]를 받아야 한다.**

정답 2년, 운전업무, 관제업무, 최초검사

③ 정기검사는 최초검사나 정기검사를 받은 날부터 2년이 되는 날(이하 "신체검사 유효기간만료일"이라 한다) 전 3개월 이내에 실시한다. 이 경우 정기검사의 유효기간은 신체검사유효기간 만료일의 다음날부터 기산한다.

④ 제1항에 따른 신체검사의 방법 및 절차 등에 관하여는 제12조를 준용하며, 그 합격기준은 별표 2 제2호와 같다.

예제 정기검사는 최초검사나 정기검사를 받은 날부터 2년이 되는 날 전 [   ] 이내에 실시한다. 이 경우 정기검사의 유효기간은 신체검사 유효기간 만료일의 [   ]부터 기산한다(규칙 제40조(운전업무종사자 등에 대한 신체검사)).

정답 3개월, 다음날

예제 운전업무종사자에 대하여 실시하는 신체검사에 관한 설명으로 맞는 것은?

가. 일반검사 : 국토교통부에서 정해 논 기간을 정하여 실시하는 신체검사

나. 최초검사 : 해당 업무를 수행하기 전에 실시하는 신체검사

다. 정기검사 : 최초검사를 받은 후 2년마다 실시하는 신체검사

라. 특별검사 : 철도종사자가 철도사고 등을 일으키거나 질병 등의 사유로 해당 업무를 적절히 수행하기가 어렵다고 국토교통부장관이 인정한 경우에 실시하는 신체검사

해설 철도안전법 시행규칙 제40조(운전업무종사자 등에 대한 신체검사): 최초검사는 해당 업무를 수행하기 전에 실시하는 신체검사이다.

규칙 제41조(운전업무종사자 등에 대한 적성검사)

① 법 제23조제1항에 따른 철도종사자에 대한 적성검사는 다음 각 호와 같이 구분하여 실시한다.

1. 최초검사: 해당 업무를 수행하기 전에 실시하는 적성검사
2. 정기검사: 최초검사를 받은 후 10년(50세 이상인 경우에는 5년)마다 실시하는 적성검사
3. 특별검사: 철도종사자가 철도사고등을 일으키거나 질병 등의 사유로 해당 업무를 적절히 수행하기 어렵다고 철도운영자등이 인정하는 경우에 실시하는 적성검사

② 영 제21조제1호 또는 제2호에 따른 운전업무종사자 또는 관제업무종사자는 운전적성검사 또는 관제적성검사를 받은 날에 제1항제1호에 따른 최초검사를 받은 것으로 본다. 다만, 해당 운전적성검사 또는 관제적성검사를 받은 날부터 10년(50세 이상인 경우에는 5년) 이상이 지난 후에 운전업무나 관제업무에 종사하는 사람은 제1항제1호에 따른 최초검사를 받아야 한다.

③ 정기검사는 최초검사나 정기검사를 받은 날부터 10년(50세 이상인 경우에는 5년)이 되

는 날(이하 "적성검사 유효기간 만료일"이라 한다) 전 12개월 이내에 실시한다. 이 경우 정기검사의 유효기간은 적성검사 유효기간 만료일의 다음날부터 기산한다.

④ 제1항에 따른 적성검사의 방법·절차 등에 관하여는 제16조를 준용하며, 그 합격기준은 별표 13과 같다.

예제 정기검사는 최초검사를 받은 후 [ ]마다 실시하는 적성검사이다(규칙 제41조(운전업무종사자 등에 대한 적성검사)).

정답 10년

예제 정기검사의 유효기간은 적성검사 유효기간 만료일의 [ ]부터 기산한다(규칙 제41조(운전업무종사자 등에 대한 적성검사)).

정답 다음날

예제 **철도안전법령상 운전업무종사자 등에 대한 신체검사에 관한 설명으로 틀린 것은?**

가. 최초검사 : 해당 업무를 수행하기 전에 실시하는 신체검사

나. 정기검사 : 최초검사를 받은 후 2년마다 실시하는 신체검사

다. 특별검사 : 철도종사자가 철도사고등을 일으키거나 질병 등의 사유로 해당 업무를 적절히 수행하기가 어렵다고 철도운영자등이 인정하는 경우에 실시하는 신체검사

라. 정기검사는 최초검사나 정기검사를 받은 날부터 2년이 되는 날 전 1개월 이내에 실시한다. 이 경우 정기검사의 유효기간은 신체검사 유효기간 만료일부터 기산한다.

해설 철도안전법 시행규칙 제40조(운전업무종사자 등에 대한 신체검사): 정기검사는 최초검사나 정기검사를 받은 날부터 10년(50세 이상인 경우에는 5년)이 되는 날(이하 "적성검사 유효기간 만료일"이라 한다) 전 12개월 이내에 실시한다. 이 경우 정기검사의 유효기간은 적성검사 유효기간 만료일의 다음날부터 기산한다.

예제 **다음 중 운전업무종사자 등에 대하여 실시하는 신체검사로 틀린 것은?**

가. 최초검사

나. 수시검사

다. 정기검사

라. 특별검사

해설 철도안전법 시행규칙 제40조(운전업무종사자 등에 대한 신체검사)

1. 최초검사: 해당 업무를 수행하기 전에 실시하는 신체검사
2. 정기검사: 최초검사를 받은 후 2년마다 실시하는 신체검사
3. 특별검사: 철도종사자가 철도사고등을 일으키거나 질병 등의 사유로 해당 업무를 적절히 수행하기가 어렵다고 철도운영자등이 인정하는 경우에 실시하는 신체검사

예제 운전업무에 종사하는 사람은 얼마마다 신체검사와 적성검사를 받아야 하는가?

가. 신체검사 : 1년, 적성검사 : 4년
나. 신체검사 : 5년, 적성검사 : 10년
다. 신체검사 : 2년, 적성검사 : 10년
라. 신체검사 : 10년, 적성검사 : 2년

해설 철도안전법 시행규칙 제40조(운전업무종사자 등에 대한 신체검사): 정기검사는 최초검사나 정기검사를 받은 날부터 2년이 되는 날 (이하 "신체검사 유효기간 만료일"이라 한다) 전 3개월 이내에 실시한다. 이 경우 정기검사의 유효기간은 신체검사 유효기간 만료일의 다음날부터 기산한다. 적성검사는 10년마다 받아야 한다.

철도안전법 시행규칙 제41조(운전업무종사자 등에 대한 적성검사)

제3항 정기검사는 최초검사나 정기검사를 받은 날부터 10년이 되는 날(이하 "적성검사 유효기간 만료일"이라 한다) 전 12개월 이내에 실시한다. 이 경우 정기검사의 유효기간은 적성검사 유효기간 만료일의 다음날부터 기산한다.

예제 운전업무종사자에 대하여 실시하는 적성검사에 관한 설명으로 맞지 않는 것은?

가. 최초검사 : 해당 업무를 수행하기 전에 실시하는 적성검사
나. 정기검사 : 최초검사를 받은 후 10년마다 실시하는 적성검사
다. 특별검사 : 철도종사자가 철도사고 등을 일으키거나 질병 등의 사유로 해당업무를 적절히 수행하기 어렵다고 철도운영자등이 인정하는 경우에 실시하는 적성검사
라. 정기검사는 최초검사나 정기검사를 받은 날부터 3년이 되는 날 전 6개월 이내에 실시한다. 이 경우 정기검사의 유효기간은 적성검사 유효기간 만료일부터 기산한다.

해설 철도안전법 시행규칙 제41조(운전업무종사자 등에 대한 적성검사): 정기검사는 최초검사나 정기검사를 받은 날부터 10년이 되는 날 전 12개월 이내에 실시한다. 이 경우 정기검사의 유효기간은 적성검사 유효기간 만료일의 다음날부터 기산한다.

예제 정기검사는 최초검사나 [ ]를 받은 날부터[ ]이 되는 날 전 [ ] 이내에 실시한다. 이 경우 정기검사의 유효기간은 적성검사 유효기간 만료일의 [ ]부터 기산한다.

정답 정기검사, 10년, 12개월, 다음날

[운전업무종사자등의 적성검사 항목 및 불합격기준 (제41조제4항 관련)]

검사대상	검사주기	검사항목		불합격기준
		문답형 검사	반응형 검사	
1. 영 제21조 제1호의 운전업무 종사자 [고속철도차량 · 제1종 전기차량 · 제2종 전기차량 · 디젤차량 · 노면전차운전업무 종사자]	정기검사	작업태도	• 속도예측능력 • 주의력 −선택적 주의력 −지속적 주의력 • 안정도	• 작업태도 검사와 반응형 검사의 점수 합계가 40점 미만인 사람
	특별검사	• 지능 • 작업태도 • 품성	• 속도예측능력 • 주의력 −선택적 주의력 −주의배분능력 −지속적 주의력 • 거리지각능력 • 안정도	• 지능검사 점수가 85점 미만인 사람(해당 연령대 기준 적용) • 반응형 검사 중 속도예측능력과 선택적 주의력 검사 결과가 부적합 등급으로 판정된 사람 • 작업태도 검사와 반응형 검사의 점수 합계가 50점 미만인 사람 • 품성검사 결과 부적합자로 판정된 사람
[철도장비 업무 종사자]	정기검사	작업태도	• 속도예측 • 주의력 −선택적 주의력 −주의배분능력	작업태도 검사와 반응형 검사의 점수 합계가 40점 미만인 사람
	특별검사	• 지능 • 작업태도 • 품성	• 속도예측능력 • 주의력검사 −선택적 주의력 −주의배분능력	• 지능검사 점수가 85점 미만인 사람(해당 연령대 기준적용) • 반응형 검사 중 속도예측능력 검사와 선택적 주의력 검사 결과가 부적합 등급으로 판정된 사람 • 작업태도 검사와 반응형 검사의 점수 합계가 50점 미만인 사람 • 품성검사 결과 부적합자로 판정된 사람
2. 영 제21조제2호의 관제업무종사자	정기검사	작업태도	• 주의력 −선택적 주의력	• 작업태도 검사와 반응형 검사의 점수 합계가 40점 미만인 사람

			−주의배분능력 • 민첩성 −적응능력 −판단력 −동작 정확력 −정서 안정도	
	특별검사	지능·작업태도·품성	• 주의력 −선택적 주의력 −주의배분능력 • 민첩성 −적응능력 −판단력 −동작 정확력 −정서 안정도	• 지능검사 점수가 85점 미만인 사람(해당 연령대 기준 적용) • 작업태도 검사, 선택적 주의력검사, 주의배분능력 검사, 적응능력 검사 중 부적합 등급이 2개 이상이거나 작업태도 검사와 반응형 검사의 점수합계가 50점 미만인 사람 • 품성검사결과 부적합자로 판정된 사람
3. 영 제21조제3호의 정거장에서 철도신호기·선로전환기 및 조작판 등을 취급하는 업무를 수행하는 사람	최초검사	지능·작업태도·품성	• 주의력 −주의배분능력 −민첩성 −적응능력 −판단력 −동작 정확력 −정서 안정도	• 지능검사 점수가 85점 미만인 사람(해당 연령대 기준 적용) • 작업태도 검사, 주의배분능력 검사, 적응능력 검사, 판단력검사, 동작 정확력 검사 중 부적합 등급이 2개 이상이거나 작업태도 검사와 반응형 검사의 점수 합계가 50점 미만인 사람 • 품성검사 결과 부적합자로 판정된 사람
	정기검사	작업태도	• 주의력 −주의배분능력 • 민첩성 −적응능력 −판단력 −동작 정확력 −정서 안정도	• 작업태도 검사, 주의배분능력검사, 적응능력 검사, 판단력 검사, 동작 정확력 감사 중 부적합 등급이 3개 이상이거나 작업태도 검사와 반응형 검사의 점수 합계가 40점 미만인 사람
	특별검사	지능·작업태도·품성	• 주의력 −주의배분능력 • 민첩성 −적응능력 −판단력 −동작 정확력 −정서 안정도	• 지능검사 점수가 85점 미만인 사람(해당 연령대 기준 적용) • 작업태도 검사, 주의배분능력 검사, 적응능력 검사, 판단력 검사, 동작 정확력 검사 중 부적합 등급이 2개 이상이거나 작업태도 검사와 반응형 검사의 점수 합계가 50점 미만인 사람 • 품성검사결과 부적합자로 판정된 사람

예제 철도안전법령상 운전업무종사자 등에 대하여 실시하는 신체검사가 아닌 것은?

가. 특별검사　　　　나. 정기검사
다. 수시검사　　　　라. 최초검사

해설 철도안전법 시행규칙 제40조(운전업무종사자 등에 대한 신체검사) 제1항: 수시검사는 운전업무종사자 등에 대하여 실시하는 신체검사가 아니다.

규칙 제41조의2(철도종사자의 안전교육 대상 등)

① 법 제24조제1항에 따라 철도운영자등이 철도안전에 관한 교육(이하 "철도안전교육"이라 한다)을 실시하여야 하는 대상은 다음 각호와 같다.
  1. 법 제2조제10호가목부터 라목까지에 해당하는 사람
  2. 영 제3조제2호부터 제5호까지 및 같은 조 제7호에 해당하는 사람

② 철도운영자등은 철도안전교육을 강의 및 실습의 방법으로 매 분기마다 6시간 이상 실시하여야 한다.

③ 철도안전교육의 내용은 별표 13의2와 같다.

④ 철도운영자등은 철도안전교육을 법 제69조에 따른 안전전문기관 등 안전에 관한 업무를 수행하는 전문기관에 위탁하여 실시할 수 있다.

⑤ 제1항부터 제4항까지에서 규정한 사항 외에 철도안전교육이 평가방법 등에 필요한 세부사항은 국토교통부장관이 정하여 고시한다.

[철도종사자에 대한 안전교육의 내용 (제41조의2제3항 관련)]

교육내용	교육방법
• 철도안전법령 및 안전관련 규정 • 철도운전 및 관제이론 등 분야별 안전업무수행 관련 사항 • 철도사고 사례 및 사고예방대책 • 철도사고 및 운행장애 등 비상 시 응급조치 및 수습복구대책 • 안전관리의 중요성 등 정신교육 • 근로자의 건강관리 등 안전·보건관리에 관한 사항 • 철도안전관리체계 및 철도안전관리시스템(Safety Management System) • 위기대응체계 및 위기대응 매뉴얼 등	강의 및 실습

제24조(철도종사자에 대한 안전교육)

① 철도운영자등은 자신이 고용하고 있는 철도종사자에 대하여 철도안전에 관한 교육을 실시하여야 한다.

② 제1항에 따라 철도운영자등이 실시하여야 하는 교육의 대상, 과정, 내용, 방법, 시기, 그 밖에 필요한 사항은 국토교통부령으로 정한다.

제24조의2(철도차량정비기술자의 인정 등)

① 철도차량정비기술자로 인정을 받으려는 사람은 국토교통부장관에게 자격 인정을 신청하여야 한다.

② 국토교통부장관은 제1항에 따른 신청인이 대통령령으로 정하는 자격, 경력 및 학력 등 철도차량정비기술자의 인정 기준에 해당하는 경우에는 철도차량정비기술자로 인정하여야 한다.

③ 국토교통부장관은 제1항에 따른 신청인을 철도차량정비기술자로 인정하면 철도차량정비기술자로서의 등급 및 경력 등에 관한 증명서(이하 "철도차량정비경력증"이라 한다)를 그 철도차량정비기술자에게 발급하여야 한다.

④ 제1항부터 제3항까지의 규정에 따른 인정의 신청, 철도차량정비경력증의 발급 및 관리 등에 필요한 사항은 국토교통부령으로 정한다.

시행령 제21조의2(철도차량정비기술자의 인정 기준)

법 제24조의2제2항에 따른 철도차량정비기술자의 인정 기준은 별표 1의2와 같다.

[철도차량정비기술자의 인정 기준 (제21조의 2관련)]

1. 철도차량정비기술자는 자격, 경력 및 학력에 따라 등급별로 구분하여 인정하되, 등급별 세부기준은 다음 표와 같다.

등급구분	역량지수
1등급 철도차량정비기술자	80점 이상
2등급 철도차량정비기술자	60점 이상 80점 미만
3등급 철도차량정비기술자	40점 이상 60점 미만
4등급 철도차량정비기술자	10점 이상 40점 미만

2. 제1호에 따른 역량지수의 계산식은 다음과 같다.
   역량지수 = 자격별 경력점수 + 학력점수

국가기술자격 구분	점수
기술사 및 기능장	10점/년
기사	8점/년
산업기사	7점/년
기능사	6점/년
국가기술자격증이 없는 경우	5점/년

학력점수

학력점수	점수	
	철도차량정비 관련 학과	철도차량정비 관련 학과 외의 학과
석사 이상 35점 30점	35점	30점
학사	25점	20점
전문학사(3년제)	20점	15점
전문학사(2년제)	15점	10점
고등학교 졸업	5점	

규칙 제42조(철도차량정비기술자의 인정 신청)

법 제24조의2제1항에 따라 철도차량정비기술자로 인정(등급변경 인정을 포함한다)을 받으려는 사람은 별지 제25호의2서식의 철도차량정비기술자 인정 신청서에 다음 각 호의 서류를 첨부하여 한국교통안전공단에 제출해야 한다.

1. 별지 제25호의3서식의 철도차량정비업무 경력확인서
2. 국가기술자격증 사본(영 별표 1의2에 따른 자격별 경력점수에 포함되는 국가기술자격의 종목에 한정한다)
3. 졸업증명서 또는 학위증명서(해당하는 사람에 한정한다)
4. 사진
5. 철도차량정비경력증(등급변경 인정 신청의 경우에 한정한다)
6. 정비교육훈련 수료증(등급변경 인정 신청의 경우에 한정한다)

예제 철도차량정비기술자의 인정 신청에 관한 내용으로 틀린 것은?

가. 철도차량정비경력증(등급변경 인정 신청의 경우를 제한한다)
나. 사진
다. 졸업증명서
라. 국가기술자격증 사본

해설 철도안전법 시행규칙 제42조(철도차량정비기술자의 인정 신청): 철도차량정비기술자로 인정(등급변경 인정을 포함한다)을 받으려는 사람은 철도차량정비기술자 인정 신청서에 다음 각 호의 서류를 첨부하여 한국교통 안전공단에 제출해야 한다.

규칙 제42조의2(철도차량정비경력증의 발급 및 관리)

① 한국교통안전공단은 제42조에 따라 철도차량정비기술자의 인정(등급변경 인정을 포함한다) 신청을 받으면 영 제21조2에 따른 철도차량정비기술자 인정 기준에 적합한지를 확인한 후 별지 제25호의5서식의 철도차량정 비경력증을 신청인에게 발급해야 한다.
② 한국교통안전공단은 제42조에 따라 철도차량정비기술자의 인정 또는 등급변경을 신청한 사람이 영 제21조의2에 따른 철도차량정비기술자 인정 기준에 부적합하다고 인정한 경우에는 그 사유를 신청인에게 서면으로 통지해야 한다.
③ 철도차량정비경력증의 재발급을 받으려는 사람은 별지 제25호의5의서식의 철도차량정비경력증 재발급 신청서에 사진을 첨부하여 한국교통안전공단에 제출해야 한다.
④ 한국교통안전공단은 제3항에 따른 철도차량정비경력증 재발급 신청을 받은 경우 특별한 사유가 없으면 신청인에게 철도차량정비경력증을 재발급해야 한다.

⑤ 한국교통안전공단은 제1항 또는 제4항에 따라 철도차량정비경력증을 발급 또는 재발급하였을 때에는 별지 제25호의6서식의 철도차량정비경력증 발급대장에 발급 또는 재발급에 관한 사실을 기록·관리하여야 한다. 다만, 철도차량정비경력증의 발급이나 재발급 사실을 영 제63조제1항제7호에 따른 정보체계로 관리하는 경우에는 따로 기록·관리하지 않아도 된다.

⑥ 한국교통안전공단은 철도차량정비경력증의 발급(재발급을 포함한다) 및 취소 현황을 매 반기의 말일을 기준으로 다음 달 15일까지 별지 제25호의7서식에 따라 국토교통부장관에게 제출해야 한다.

시행령 제21조의3(정비교육훈련 실시기준)

① 법 제24조의4제1항에 따른 정비교육훈련(이하 "정비 교육훈련"이라 한다)의 실시기준은 다음 각 호와 같다.

1. 교육내용 및 교육방법: 철도차량정비에 관한 법령, 기술기준 및 정비기술 등 실무에 관한 이론 및 실습 교육
2. 교육시간: 철도차량정비업무의 수행기간 5년마다 35시간 이상

② 제1항에서 정한 사항 외에 정비교육훈련에 필요한 구체적인 사항은 국토교통부령으로 정한다.

규칙 제42조의3(정비교육훈련의 기준 등)

① 영 제21조의3제1항에 따른 정비교육훈련의 실시 시기 및 시간 등은 별표 13의3과 같다.

② 철도차량정비기술자가 철도차량정비기술자의 상위 등급으로 등급변경의 인정을 받으려는 경우 제1항에 따른 정비교육훈련을 받아야 한다.

[정비교육훈련의 실시시기 및 시간 등 (제42조의3 관련)]

1. 정비교육훈련의 시기 및 시간

교육훈련 시기	교육훈련 시간
기존에 정비 업무를 수행하던 철도차량 차종이 아닌 새로운 철도차량 차종의 정비에 관한 업무를 수행하는 경우 그 업무를 수행하는 날부터 1년 이내	35시간 이상
철도차량정비업무의 수행기간 5년마다	35시간 이상

2. 정비교육훈련의 면제 및 연기

가. 「고등교육법」에 따른 학교, 철도차량 또는 철도용품 제작회사, 과학기술분야 정부출연 연구기관 등의 설립 · 운영 및 육성에 관한 법률 등 관계 법령에 따라 설립된 연구기관 · 교육기관 및 주무관청의 허가를 받아 설립된 학회 · 협회 등에서 철도차량정비와 관련된 교육훈련을 받은 경우 위 표에 따른 정비교육훈련을 받은 것으로 본다. 이 경우 해당 기관으로부터 교육과목 및 교육시간이 명시된 증명서(교육수료증 또는 이수증 등)를 발급 받은 경우에 한정한다.

나. 철도차량정비기술자는 질병 · 입대 · 해외출장 등 불가피한 사유로 정비교육훈련을 받아야 하는 기한까지 정비교육훈련을 받지 못할 경우에는 정비교육훈련을 연기할 수 있다.
이 경우 연기 사유가 없어진 날부터 1년 이내에 정비교육훈련을 받아야 한다. 정비교육훈련은 강의 · 토론 등으로 진행되는 이론교육과 철도차량정비 업무를 실습하는 실기교육으로 시행하되, 실기교육을 30% 이상 포함해야 한다.

4. 그 밖에 정비교육훈련의 교육과목 및 교육내용, 교육의 신청 방법 및 절차 등에 관한 사항은 국토교통부장관이 정하여 고시한다.

시행령 제21조의4(정비교육훈련기관 지정기준 및 절차)

① 법 제24조의4제2항에 따른 정비교육훈련기관(이하 "정비교육훈련기관"이라 한다)의 지정기준은 다음 각 호와 같다.

1. 정비교육훈련 업무 수행에 필요한 상설 전담조직을 갖출 것
2. 정비교육훈련 업무를 수행할 수 있는 전문인력을 확보할 것
3. 정비교육훈련에 필요한 사무실, 교육장 및 교육 장비를 갖출 것
4. 정비교육훈련기관의 운영 등에 관한 업무규정을 갖출 것

② 정비교육훈련기관으로 지정을 받으려는 자는 제1항에 따른 지정기준을 갖추어 국토교통부장관에게 정비교육훈련기관 지정 신청을 해야 한다.

③ 국토교통부장관은 제2항에 따라 정비교육훈련기관 지정 신청을 받으면 제1항에 따른 지정기준을 갖추었는지 여부 및 철도차량정비기술자의 수급 상황 등을 종합적으로 심

사한 후 그 지정 여부를 결정해야 한다.

④ 국토교통부장관은 정비교육훈련기관을 지정한 때에는 다음 각 호의 사항을 관보에 고시해야 한다.

1. 정비교육훈련기관의 명칭 및 소재지
2. 대표자의 성명
3. 그 밖에 정비교육훈련에 중요한 영향을 미친다고 국토교통부장관이 인정하는 사항

⑤ 제1항부터 제4항까지에서 규정한 사항 외에 정비교육훈련기관의 지정기준 및 절차 등에 관한 세부적인 사항은 국토교통부령으로 정한다.

영 제21조의5(정비교육훈련기관의 변경사항 통지 등)

① 정비교육훈련기관은 제21조의4제4항 각 호의 사항이 변경된 때에는 그 사유가 발생한 날부터 15일 이내에 국토교통부장관에게 그 내용을 통지해야 한다.

② 국토교통부장관은 제1항에 따른 통지를 받은 때에는 그 내용을 관보에 고시해야 한다.

규칙 제42조의4(정비교육훈련의 기준 등)

① 영 제21조의4제1항에 따른 정비교육훈련기관(이하 "정비교육훈련기관"이라 한다)의 세부 지정기준은 별표 13의4와 같다.

② 국토교통부장관은 정비교육훈련기관이 제1항에 따른 정비교육훈련기관의 지정기준에 적합한지의 여부를 2년마다 심사해야 한다.

③ 정비교육훈련기관의 변경사항 통지에 관해서는 제22조제3항을을 준용한다. 이 경우 "운전교육훈련기관"은 "정비교육훈련기관"으로 본다.

예제 **국토교통부장관은 정비교육훈련기관이 정비교육훈련기관의 지정기준에 적합한지의 여부를 [ ]마다 심사해야 한다(시행령 제21조의4(정비교육훈련기관 지정기준 및 절차)).**

정답 2년

[정비교육훈련기관의 세부 지정기준(제42조의4제1항 관련)]

등급	학력 및 경력
책임교수	1) 1등급 철도차량정비경력증 소지자로서 철도교통에 관한 업무에 10년 이상 또는 철도 차량정비에 관한 업무에 5년 이상 근무한 경력이 있는 사람 2) 2등급 철도차량정비경력증 소지자로서 철도교통에 관한 업무에 15년 이상 또는 철도 차량정비에 관한 업무에 8년 이상 근무한 경력이 있는 사람 3) 3등급 철도차량정비경력증 소지자로서 철도교통에 관한 업무에 20년 이상 또는 철도 차량정비에 관한 업무에 10년 이상 근무한 경력이 있는 사람 4) 철도 관련 4급 이상의 공무원 경력 또는 이와 같은 수준 이상의 자격 및 경력이 있는 사람 5) 대학의 철도차량정비 관련 학과에서 조교수 이상으로 재직한 경력이 있는 사람 6) 선임교수 경력이 3년 이상 있는 사람
선임교수	1) 1등급 철도차량정비경력증 소지자로서 철도교통에 관한 업무에 5년 이상 또는 철도차량정비에 관한 업무에 3년 이상 근무한 경력이 있는 사람 2) 2등급 철도차량정비경력증 소지자로서 철도교통에 관한 업무에 10년 이상 또는 철도차량정비에 관한 업무에 5년 이상 근무한 경력이 있는 사람 3) 3등급 철도차량정비경력증 소지자로서 철도교통에 관한 업무에 15년 이상 또는 철도차량정비에 관한 업무에 8년 이상 근무한 경력이 있는 사람 4) 철도 관련 5급 이상의 공무원 경력 또는 이와 같은 수준 이상의 자격 및 경력이 있는 사람 5) 대학의 철도차량정비 관련 학과에서 전임강사 이상으로 재직한 경력이 있는 사람 6) 교수 경력이 3년 이상 있는 사람
교수	1) 1등급 철도차량정비경력증 소지자로서 철도차량정비 업무에 근무한 경력이 있는 사람 2) 2등급 철도차량정비경력증 소지자로서 철도교통에 관한 업무에 5년 이상 또는 철도차량정비에 관한 업무에 3년 이상 근무한 경력이 있는 사람 3) 3등급 철도차량정비경력증 소지자로서 철도차량 정비업무수행자에 대한 지도교육 경력이 2년 이상 있는 사람 4) 4등급 철도차량정비경력증 소지자로서 철도차량 정비업무수행자에 대한 지도교육 경력이 3년 이상 있는 사람 5) 철도차량 정비와 관련된 교육기관에서 강의 경력이 1년 이상 있는 사람

예제 다음 중 정비교육훈련기관의 책임교수가 될 수 있는 조건으로 옳지 않는 것은?

가. 1등급 철도차량정비기술자로서 철도교통에 관한 업무에 10년 이상 또는 철도차량정비에 관한 업무에 5년 이상 근무한 경력이 있는 사람.

나. 2등급 철도차량정비경력증 소지자로서 철도교통에 관한 업무에 15년 이상 또는 철도차량정비에 관한 업무에 7년 이상 근무한 경력이 있는 사람.

다. 3등급 철도차량정비경력증 소지자로서 철도교통에 관한 업무에 20년 이상 또는 철도차량정비에 관한 업무에 10년 이상 근무한 경력이 있는 사람

라. 철도 관련 4급 이상의 공무원 경력 또는 이와 같은 수준 이상의 자격 및 경력이 있는 사람

해설 정비교육훈련기관의 세부 지정기준(제42조의4제1항 관련) 책임교수는 2등급 철도차량정비경력증 소지자로서 철도교통에 관한 업무에 15년 이상 또는 철도차량정비에 관한 업무에 8년 이상 근무한 경력이 있는 사람이어야 한다.

규칙 제42조의5(정비교육훈련기관의 지정의 신청 등)

① 영 제21조의4제2항에 따라 정비교육

훈련기관으로 지정을 받으려는 자는 별지 제25호의8서식의 정비교육훈련기관 지정신청서에 다음 각 호의 서류를 첨부하여 국토교통부 장관에게 제출해야 한다. 이 경우 국토교통부장관은 전자정부법 제35조제1항에 따른 행정정보의 공동이용을 통하여 법인 등기사항증명서(신청인이 법인인 경우에만 해당한다)를 확인해야 한다.

1. 정비교육훈련계획서(정비교육훈련평가계획을 포함한다)
2. 정비교육훈련기관 운영규정
3. 정관이나 이에 준하는 약정
4. 정비교육훈련을 담당하는 강사의 자격·학력·경력 등을 증명할 수 있는 서류 및 담당업무
5. 정비교육훈련에 필요한 강의실 등 시설 내역서
6. 정비교육훈련에 필요한 실습 시행 방법 및 절차
7. 정비교육훈련기관에서 사용하는 직인의 인영(印影: 도장 찍은 모양)

② 국토교통부장관은 영 제21조의4제4항에 따라 정비교육훈련기관으로 지정한 때에는 별지 제25호의9서식의 정비교육훈련기관 지정서를 신청인에게 발급해야 한다.

규칙 제42조의6(정비교육훈련기관의 지정취소 등)

① 법 제24조의4제5항에서 준용하는 법 제15조의2에 따른 정비교육 훈련기관의 지정취소 및 업무정지의 기준은 별표 13의5와 같다.

② 국토교통부장관은 정비교육훈련기관의 지정을 취소하거나 업무정지의 처분을 한 경우에는 지체 없이 그 정비교육훈련기관에 별지 제11호의3서식의 지정기관 행정처분서를 통지하고 그 사실을 관보에 고시해야 한다.

[정비교육훈련기관의 지정취소 및 업무정지의 기준(제42조의6제1항 관련)]

1. 일반기준
   가. 위반행위의 횟수에 따른 행정처분의 가중된 부과기준은 최근 1년간 같은 위반 행위로 행정처분을 받은 경우에 적용한다. 이 경우 기간의 계산은 위반행위에 대하여 행정처분을 받은 날과 그 처분 후 다시 같은 위반행위를 하여 적발된 날을 기준으로 한다.
   나. 비고 제1호에 따라 가중된 행정처분을 하는 경우 가중처분의 적용 차수는 그 위반행위 전 부과처분 차수(비고 제1호에 따른 기간 내에 행정처분이 둘 이상 있었던 경우에는 높은 차수를 말한다)의 다음 차수로 한다.
   다. 위반행위가 둘 이상인 경우로서 그에 해당하는 각각의 처분기준이 다른 경우에는 그 중 무거운 처분기준(무거운 처분기준이 같을 때에는 그 중 하나의 처분기준을 말한다)에 따르며, 위반행위가 둘 이상인 경우로서 그에 해당하는 각각의 처분기준이 같은 경우에는 무거운 처분기준의 2분의 1까지 가중할 수 있되, 각 처분기준을 합산한 기간을 초과할 수 없다.
   라. 처분권자는 위반행위의 동기 · 내용 및 위반의 정도 등 다음 각 목에 해당하는 사유를 고려하여 그 처분을 감경할 수 있다. 이 경우 그 처분이 업무정지인 경우에는 그 처분기준의 2분의 1의 범위에서 감경할 수 있고, 지정취소의 경우(거짓이나 그 밖에 부정한 방법으로 지정을 받은 경우나 업무정지 명령을 위반하여 그 정지기간 중 적성검사 업무를 한 경우는 제외한다)에는 3개월의 업무정지 처분으로 감경할 수 있다.
      1) 위반행위가 고의나 중대한 과실이 아닌 사소한 부주의나 오류로 인한 것으로 인정되는 경우
      2) 위반의 내용 · 정도가 경미하여 이해관계인에게 미치는 피해가 적다고 인정되는 경우

2. 개별기준

위반 사항	해당 법조문	처분기준			
		1차 위반	2차 위반	3차 위반	4차 위반
1. 거짓이나 그 밖에 부정한 방법으로 시징을 받은 경우	법제15조의2 제1항제1호	지정취소			
2. 업무정지 명령을 위반하여 그 정지기간 중 정비교육훈련업무를 한 경우	법제15조의2 제1항제2호	지정취소			
3. 법 제24조의4제3항에 따른 지정기준에 맞지 않은 경우	법제15조의2 제1항제3호	경고 또는 보완명령	업무정지 1개월	업무정지 3개월	지정취소
4. 법 제24조의4제4항을 위반 하여 정당한 사유 없이 정비 교육훈련업무를 거부한 경우	법제15조의2 제1항제4호	경고	업무정지 1개월	업무정지 3개월	지정취소
5. 법 제24조의4제4항을 위반하여 거짓이나 그 밖의 부정한 방법으로 정비교육훈련수료증을 발급한 경우	법제15조의2 제1항제5호	업무정지 1개월	업무정지 3개월	지정취소	

제24조의3(철도차량정비기술자의 명의 대여금지 등)

① 철도차량정비기술자는 자기의 성명을 사용하여 다른 사람에게 철도차량정비 업무를 수행하게 하거나 철도차량정비경력증을 빌려 주어서는 아니 된다.

② 누구든지 다른 사람의 성명을 사용하여 철도차량정비 업무를 수행하거나 다른 사람의 철도차량정비경력증을 빌려서는 아니 된다.

③ 누구든지 제1항이나 제2항에서 금지된 행위를 알선해서는 아니 된다.

제24조의4(철도차량정비기술교육훈련)

① 철도차량정비기술자는 업무 수행에 필요한 소양과 지식을 습득하기 위하여 대통령령으로 정하는 바에 따라 국토교통부장관이 실시하는 교육·훈련(이하 "정비교육훈련"이라 한다)을 받아야 한다.

② 국토교통부장관은 철도차량정비기술자를 육성하기 위하여 철도차량정비 기술에 관한 전문 교육훈련기관(이하 "정비교육훈련기관"이라 한다)을 지정하여 정비교육훈련을 실시하게 할 수 있다.

③ 정비교육훈련기관의 지정기준 및 절차 등에 필요한 사항은 대통령령으로 정한다.

④ 정비교육훈련기관은 정당한 사유 없이 정비교육훈련 업무를 거부하여서는 아니 되고, 거짓이나 그 밖의 부정한 방법으로 정비교육훈련 수료증을 발급하여서는 아니 된다.

⑤ 정비교육훈련기관의 지정취소 및 업무정지 등에 관하여는 제15조의2를 준용한다. 이 경우 "운전적성검사기관"은 "정비교육훈련기관"으로, "운전적성검사 업무"는 "정비교육훈련 업무"로, "제15조제5항"은 "제24조의4제3항"으로, "제15조제6항"은 "제24조의4제4항"으로, "운전적성검사 판정서"는 "정비교육훈련 수료증"으로 본다.

☞ 「철도안전법」 제15조의2(운전적성검사기관의 지정취소 및 업무정지)

① 국토교통부장관은 운전적성검사기관이 다음 각 호의 어느 하나에 해당할 때에는 지정을 취소하거나 6개월 이내의 기간을 정하여 업무의 정지를 명할 수 있다. 다만, 제1호 및 제2호에 해당할 때에는 지정을 취소하여야 한다.

1. 거짓이나 그 밖의 부정한 방법으로 지정을 받았을 때
2. 업무정지 명령을 위반하여 그 정지기간 중 운전적성검사 업무를 하였을 때
3. 제15조제5항에 따른 지정기준에 맞지 아니하게 되었을 때

4. 제15조제6항을 위반하여 정당한 사유 없이 운전적성검사 업무를 거부하였을 때
5. 제15조제6항을 위반하여 거짓이나 그 밖의 부정한 방법으로 운전적성검사 판정서를 발급하였을 때

② 제1항에 따른 지정취소 및 업무정지의 세부기준 등에 관하여 필요한 사항은 국토교통부령으로 정한다.
③ 국토교통부장관은 제1항에 따라 지정이 취소된 운전적성검사기관이나 그 기관의 설립 · 운영자 및 임원이 그 지정이 취소된 날부터 2년이 지나지 아니하고 설립 · 운영하는 검사기관을 운전적성검사기관으로 지정하여서는 아니 된다.

예제 **다음 중 철도차량정비교육훈련기관에 관한 설명으로 틀린 것은?**

가. 국토교통부장관은 철도차량정비기술자를 육성하기 위하여 철도차량정비 기술에 관한 전문 교육훈련기관을 지정하여 정비교육훈련을 실시하게 할 수 있다.
나. 정비교육훈련기관의 지정기준 및 절차 등에 필요한 사항은 국토교통부령으로 정한다.
다. 정비교육훈련기관은 정당한 사유 없이 정비교육훈련을 거부하여서는 아니 된다.
라. 정비교육훈련기관은 거짓이나 그 밖의 부정한 방법으로 정비교육훈련 수료증을 발급하여서는 아니 된다.

해설 철도안전법 제24조의4(철도차량정비기술교육훈련): 정비교육훈련기관의 지정기준 및 절차 등에 필요한 사항은 대통령령으로 정한다.

제24조의5(철도차량정비기술자의 인정취소 등)

① 국토교통부장관은 철도차량정비기술자가 다음 각 호의 어느 하나에 해당하는 경우 그 인정을 취소하여야 한다.
1. 거짓이나 그 밖의 부정한 방법으로 철도차량정비기술자로 인정받은 경우
2. 제24조의2제2항에 따른 자격기준에 해당하지 아니하게 된 경우

☞ 「철도안전법」 제24조의2(철도차량정비기술자의 인정 등)
제2항 국토교통부장관은 제1항에 따른 신청인이 대통령령으로 정하는 자격, 경력 및 학력 등 철도차량정비기술자의 인정 기준에 해당하는 경우에는 철도차량정비기술자로 인정하여야 한다.

3. 철도차량정비 업무 수행 중 고의로 철도사고의 원인을 제공한 경우

② 국토교통부장관은 철도차량정비기술자가 다음 각 호의 어느 하나에 해당하는 경우 1년의 범위에서 철도차량정비기술자의 인정을 정지시킬 수 있다.

1. 다른 사람에게 철도차량정비경력증을 빌려 준 경우
2. 철도차량정비 업무 수행 중 중과실로 철도사고의 원인을 제공한 경우

예제 **다음 중 철도차량정비기술자의 인정을 취소하여야 하는 사유가 아닌 것은?**

가. 거짓이나 그 밖의 부정한 방법으로 인정을 받은 경우
나. 철도차량정비기술자의 자격기준에 해당하지 않는 경우
다. 철도차량정비 업무 수행 중 고의로 철도사고의 원인을 제공한 경우
라. 철도차량정비 업무 수행 중 중과실로 철도사고의 원인을 제공한 경우

해설 철도안전법 제24조의5(철도차량정비기술자의 인정취소 등): 철도차량정비 업무 수행 중 중과실로 철도사고의 원인을 제공한 경우'는 1년의 범위에서 철도차량정비기술자의 인정을 정지시킬 수 있는 사유이다.

주관식 문제 총정리

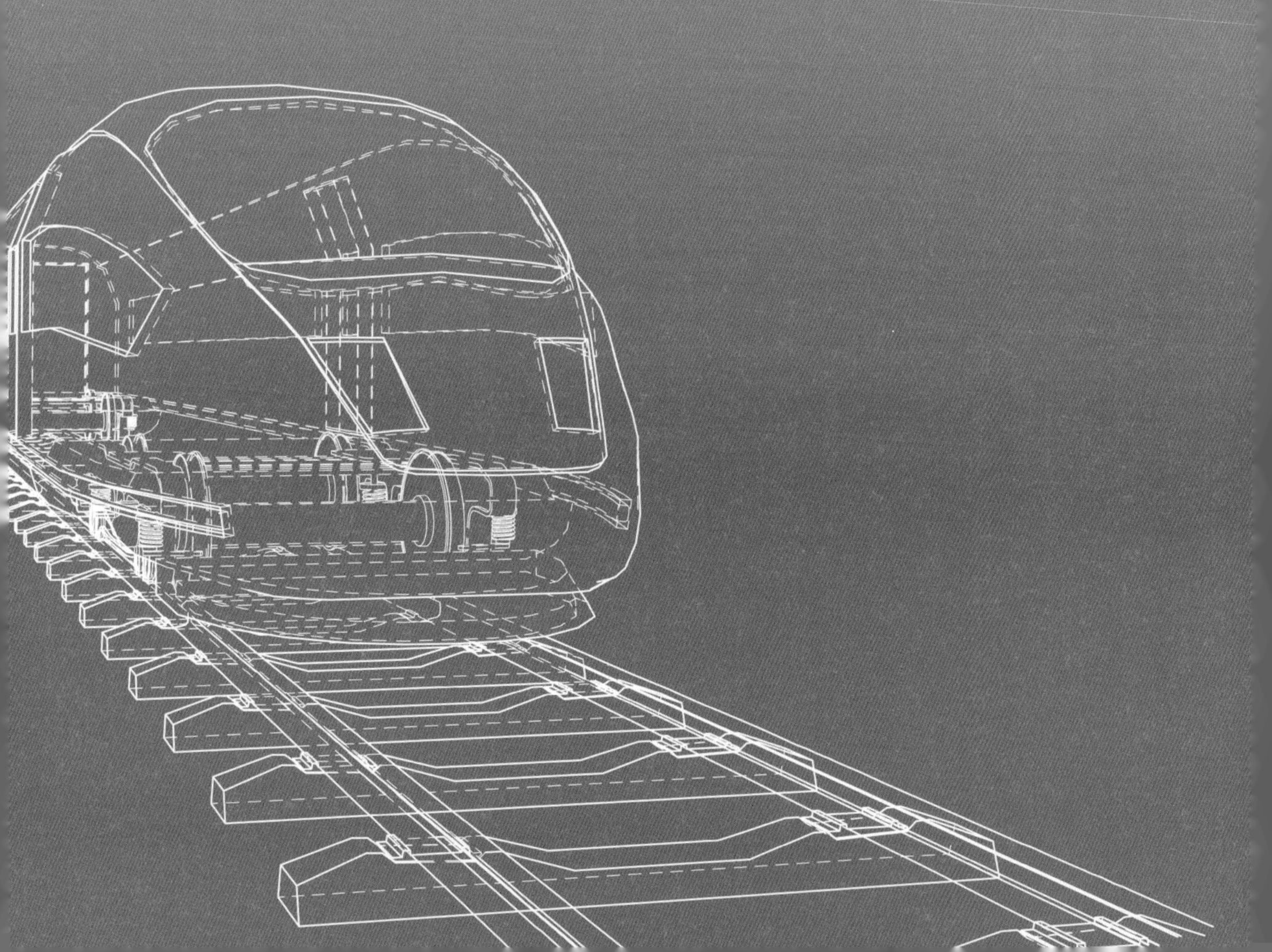

주관식 문제 총정리

▣ 철도관련법의 위상 및 체계

예제 철도안전법은 [ ]에서 제정한다.

철도안전법 시행령은 [ ]령이다

철도안전법 시행 규칙은 [ ]령이다.

정답 국회, 대통령, 국토교통부

예제 철도안전법은 [ ]이다.

정답 법률

예제 [ ]은 어떤 법률을 시행하는 데 필요한 규정을 주요 내용으로 하는 명령, 일반적으로 대통령령으로 제정된다.

정답 시행령(철도안전법 시행령)

예제 [ ]은 대통령의 시행에 대한 필요한 사항을 규정한, 일반적으로 국토교통령으로 제정된다.

정답 시행규칙(철도안전법 시행규칙)

예제 [ ]은 철도안전을 확보하기 위하여 필요한 사항을 정하는 특별법이다.

정답 철도안전법

예제 철도관련법의 종류에는

1.( ) 2.( )
3.( ) 4.( )
5.( ) 6.( ) 등이 있다.

정답 (1) 철도산업발전기본법, (2) 철도건설법, (3) 철도안전법, (4) 철도사업법, (5) 도시철도법, (6) 궤도운송법 등이 있다.

예제 대통령령으로 정하는 주요 철도관계 법령은?

1.( ) 2.( )
3.( ) 4.( )
5.( ) 6.( )

정답 1. 도시철도법, 2. 철도건설법, 3. 철도사업법, 4. 철도산업발전기본법, 5. 한국철도공사(KORAIL), 6. 한국철도시설공단법

▣ 철도안전법 체계 및 철도산업발전기본법과의 관계

예제 철도산업발전기본법이 제정 근거가 되는 3개의 법은?

정답 철도건설법, 철도사업법, 철도안전법

제1장 총칙

제1조(목적)

예제 이 법은 철도안전을 확보하기 위하여 필요한 사항을 규정하고 [ ]를 확립함으로써 [ ]에 이바지함을 목적으로 한다.

정답 철도안전 관리체계, 공공복리의 증진

예제 철도안전법은 ( )장 ( )조로 구성되어 있다.

정답 9, 83(2020.12.12 철도안전법 개정: 9장 83조로 구성)

제2조(정의)

1. 철도

예제 철도산업발전기본법에서 [ ]라 함은 여객 또는 화물을 운송하는데 필요한 [ ]과 [ ] 및 이와 관련된 [ ]가 유기적으로 구성된 운송체계를 말한다.

정답 철도, 철도시설, 철도차량, 운영지원체계

2. 전용철도

예제 전용철도란 다른 사람의 [ ]에 따른 [ ]으로 하지 아니하고 자신의 [ ]에 따라 [ ]을 수행하기 위하여 설치하거나 운영하는 철도를 말한다(철도사업법2조).

정답 수요, 영업을 목적, 수요, 특수 목적

3. 철도시설

예제 '철도시설'에은 철도의 선로, 역시설[[ ], [ ], [ ] 등을 포함한다] 및 철도운영을 위한 [ ]를 포함한다.

정답 물류시설 · 환승시설 및 편의시설, 건축물 · 건축설비

4. 철도운영

예제 "철도운영"에는 철도시설 · 철도차량 및 철도부지 등을 활용한( )를 포함한다.

정답 부대사업개발 및 서비스

5. 철도차량

예제 "철도차량"이라 함은 선로를 운행할 목적으로 제작된 [ ], [ ], [ ] 및 [ ]를 말한다.

정답 동력차 · 객차 · 화차, 특수차

6. 열차

예제 "열차"란 선로를 [ ]할 목적으로 철도운영자가 편성하여 [ ]를 부여한 철도차량을 말한다.

정답 운행, 열차번호

7. 선로

예제 "선로"란 철도차량을 운행하기 위한 궤도와 이를 받치는 노반(路盤) 또는 (   )로 구성된 시설을 말한다.

정답 인공구조물

10. 철도종사자

예제 철도종사자란 철도차량의 운행을 [   ]·[   ]·[   ]하는 업무(이하 "[   ]"라 한다)에 종사하는 사람을 포함한다.

정답 집중 제어, 통제, 감시, 관제업무

예제 철도종사자란 철도차량의 운행선로 또는 그 인근에서 [   ] 또는 [   ]와 관련한 작업의 [   ]하고 해당 선로를 운행하는 열차의 [   ]하는 사람(이하 "[   ]"라 한다)을 포함한다.

정답 철도시설의 건설, 관리, 일정을 조정, 운행일정을 조정, 철도운행안전관리자

11. 철도사고

예제 "철도사고"란 철도운영 또는[   ]와 관련하여 사람이 [   ] 물건이 [   ]되는 사고를 말한다.

정답 철도시설관리, 죽거나 다치거나, 파손

12. 운행장애

예제 "운행장애"란 철도차량의 운행에 [   ]을 주는 것으로서 철도사고에 [   ] 것을 말한다.

정답 지장, 해당되지 아니하는

13. 철도차량정비

예제 “철도차량정비”란 철도차량(철도차량을 구성하는 부품 · 기기 · 장치를 포함한다)을 [ ], [ ], [ ] 및 [ ]하는 행위를 말한다.

정답 점검 · 검사, 교환, 수리

시행령 제2조(정의)

1. 정거장

예제 [ ]이란 여객의 승하차(여객 이용시설 및 편의시설을 포함한다), [ ], [ ](철도차량을 연결하거나 분리하는 작업을 말한다), [ ] 또는 대피를 목적으로 사용되는 장소를 말한다.

정답 정거장, 화물의 적하, 열차의 조성, 열차의 교차통행

2. 선로전환기

예제 [ ]란 철도차량의 [ ]를 변경시키는 기기를 말한다.

정답 선로전환기, 운행선로

시행령 제3조(안전운행 또는 질서유지 철도종사자)

예제 「철도안전법」에서 “[ ]으로 정하는 철도종사자”란 아래 [ ]업무에 해당하는 사람을 말한다.

정답 대통령령

1. 운전업무에 종사
2. 운행을 집중 제어 · 통제 · 감시
3. 승무서비스
4. 역무서비스
5. 철도시설의 건설 또는 관리의 협의 · 지휘 · 감독 · 안전관리
6. 작업의 일정을 조정하고 해당 선로를 운행하는 열차의 운행일정을 조정
7. 철도차량의 안전운행 및 질서유지와 철도차량 및 철도시설의 점검 · 정비

예제 그 밖의 철도종사자(시행령3조)란 철도운영 및 철도시설관리와 관련하여 철도차량의 [ ] 및 [ ]와 철도차량 및 철도시설의 [ ], [ ]등에 관한 업무에 종사하는 사람으로서 [ ]으로 정하는 사람이다.

정답 안전운행, 질서유지, 점검 · 정비, 대통령령

제4조(국가 등의 책무)

예제 "철도운영자등"(철도안전법4조(국가 등의 책무))은 철도운영이나 철도시설 관리를 할 때에는 법령에서 정하는 바에 따라 철도안전을 위하여 필요한 조치를 하고, [ ]나 [ ]가 시행하는 철도안전시책에 적극 협조하여야 한다.

정답 국가, 지방자치단체

제2장 철도안전관리체계

제5조(철도안전 종합계획)

예제 국토교통부장관은 [ ]마다 철도안전에 관한 [ ](이하 “[ ]”이라 한다)을 수립하여야 한다.

정답 5년, 종합계획, 철도안전 종합계획

예제 철도안전 종합계획(철도안전법 제5조)에는 아래의 [ ]사항이 포함되어야 한다.

1. 추진 목표 및 방향
2. 시설의 확충, 개량 및 점검
3. 정비 및 점검
4. 법령의 정비 등 제도개선
5. 인력의 양성 및 수급관리
6. 교육훈련
7. 연구 및 기술개발

예제 철도안전 종합계획(철도안전법 제5조)에는 철도안전에 관한 시설의, [ ], [ ] 및 점검 등에 관한 사항을 포함한다.

정답 확충, 개량

예제 국토교통부장관은 철도안전 종합계획을 [ ]하거나 [ ]하기 위하여 필요하다고 인정하면 관계 중앙행정기관의 장 또는 [ ]에게 관련 자료의 제출을 요구할 수 있다.

정답 수립, 변경, 시 · 도지사

예제 국토교통부장관은 철도안전 종합계획을 [ ]하거나 [ ]하였을 때에는 이를[ ]에 고시하여야 한다.

정답 수립, 변경, 관보

시행령 제4조(철도안전 종합계획의 경미한 변경)

예제 "대통령령으로 정하는 경미한 사항의 변경"이란 다음에 해당하는 변경을 말한다.

1. 원래 계획의 [ ] 이내에서의 변경
2. 단위사업의 [ ]의 변경
3. 철도안전 [ ]을 변경

정답 100분의 10, 시행시기, 종합계획

예제 철도안전 종합계획(영 제4조: 경미한 변경)에서 [ ]를 원래 계획의 [ ] 이내에서의 변경은 "대통령령으로 정하는 경미한 사항의 변경"에 해당된다.

정답 총사업비, 100분의 10

제6조(시행계획)

예제 국토교통부장관, 시·도지사 및 [ ] 등은 철도안전 종합계획에 따라 소관별로 철도안전 종합계획의 단계적 시행에 필요한 [ ]을 수립·추진하여야 한다(제6조(시행계획)).

정답 철도운영자, 연차별 시행계획

예제 시행계획의 수립 및 시행절차 등에 관하여 필요한 사항은 [ ]으로 정한다.

정답 대통령령

시행령 제5조(시행계획 수립절차 등)

예제 철도안전법령상(영 제5조) 시·도지사 및 철도운영자등은 [ ]의 [ ]을 매년 [ ]까지 국토교통부장관에게 제출하여야 한다.

정답 다음 연도, 시행계획, 10월말

예제 철도안전법령상(영 제5조) 시·도지사 및 철도운영자등은 국토교통부장관에게 [ ]까지 [ ]의 [ ]을 제출하여야 한다.

정답 2월말, 전년도 시행계획, 추진실적

제7조(안전관리체계의 승인)

예제 철도운영자등은 철도운영을 하거나 [ ]을 관리하려는 경우에는 인력, 시설, 차량, 장비, 운영절차, 교육훈련 및 비상대응계획 등 철도 및 철도시설의 [ ]에 관한 유기적 체계를 갖추어 [ ]의 승인을 받아야 한다(제7조 안전관리 승인).

정답 철도시설, 안전관리, 국토교통부장관

규칙 제2조(안전관리체계 승인 신청 절차 등)

예제 철도운영자 및 철도시설관리자가 안전관리체계를 승인받으려는 경우에는[ ] 또는 [ ] 개시 예정일 [ ]전까지 철도안전관리체계 [ ]에 다음 각 호의 서류를 첨부하여 국토교통부장관에게 제출하여야 한다(규칙 제2조(안전관리체계 승인 신청 절차 등)).

정답 철도운용, 철도시설 관리, 90일, 승인신청서

예제 철도운영자 등이 승인받은 안전관리체계를 변경하려는 경우에는 변경된 [ ] 또는 철도시설 관리 개시 예정일 [ ]일 전(변경사항의 경우에는 [ ]일 전)까지 철도안전관리체계 변경승인신청서에 서류를 첨부하여 국토교통부장관에게 제출하여야 한다(규칙 제2조(안전관리체계 승인 신청 절차 등)).

정답 철도운영, 30, 90

예제 국토교통부장관이 안전관리체계의 승인 또는 변경승인 신청을 받은 경우에는 [ ] 이내에 승인 또는 변경에 필요한 [ ] 등의 계획서를 작성하여 신청인에게 통보하여야 한다(규칙 제2조(안전관리체계 승인 신청 절차 등)).

정답 15, 검사

예제 예정일 90일 전까지 철도안전관리체계 승인신청서에 다음 각 호의 서류를 첨부하여 국토교통부장관에게 제출하여야 한다.

정답 철도안전관리체계 승인신청서 시 필요한 서류

1. 철도사업면허증
2. 조직 · 인력의 구성, 업무 분장 및 책임
3. 철도안전관리시스템
   ① 철도안전관리시스템 개요
   ② 철도안전경영
   ③ 문서화
   ④ 위험관리
   ⑤ 요구사항 준수
   ⑥ 철도사고 조사 및 보고
   ⑦ 내부 점검
   ⑧ 비상대응
   ⑨ 교육훈련
   ⑩ 안전정보
   ⑪ 안전문화

예제 안전관리체계를 승인받기 위해 필요한 열차운행체계에 관한 서류는?

정답 열차운행체계에 관한 서류
① 철도운영 개요
② 철도사업면허
③ 열차운행 조직 및 인력
④ 열차운행 방법 및 절차
⑤ 열차 운행계획
⑥ 승무 및 역무
⑦ 철도관제업무
⑧ 철도보호 및 질서유지
⑨ 열차운영 기록관리
⑩ 위탁 계약자 감독 등 위탁업무 관리에 관한 사항

예제 철도안전관리체계 승인신청서(규칙 제2조)에 다음 각 호의 사항를 적시한 3개의 서류 [[ ], [ ], [ ]]를 첨부하여 국토교통부장관에게 제출하여야 한다.

정답 철도안전관리시스템에 관한 서류, 열차운행체계에 관한 서류, 유지관리체계에 관한 서류

예제 안전관리체계의 승인 또는 변경승인을 위한 검사(규칙 제4조)는 다음 각 호에 따른 [ ]와 [ ]로 구분하여 실시한다.

정답 서류검사, 현장검사

예제 안전관리체계의 승인 또는 변경승인을 위한 검사를 협의 요청을 받은 [ ]는 협의를 요청받은 날부터 [ ] 이내에 의견을 제출하여야 하며, 그 기간 내에 의견을 제출하지 아니하면 의견이 없는 것으로 본다.

정답 시 · 도지사, 20일

규칙 제5조(안전관리기준 고시방법)

예제 안전관리기준은 [ ]의 [ ]를 거쳐 [ ]에 고시한다.

정답 철도기술심의위원회, 심의, 관보

예제 국토교통부장관은 철도운영자등이 [ ]를 지속적으로 유지하는지를 점검·확인하기 위하여 국토교통부령으로 정하는 바에 따라 [ ] 또는 [ ]로 검사할 수 있다.

정답 안전관리체계, 정기, 수시

규칙 제6조(안전관리체계의 유지·검사 등)

예제 국토교통부장관은 안전관리체계에 대하여 [ ]마다 [ ]의 정기검사를 실시할 수 있다.

정답 1년, 1회

예제 국토교통부장관은 제1항에 따라 정기검사 또는 수시검사를 시행하려는 경우에는 검사 시행일 [ ]까지 다음 각 호의 내용이 포함된 [ ]을 검사 대상 철도운영자등에게 통보하여야 한다.

정답 15일 전, 검사계획

예제 정기검사 또는 수시검사를 마친 경우 검사 결과보고서에 포함될 사항 중 하나는 '철도사고에 따른 [ ]·[ ] 및 [ ]등에 따른 [ ]'이다(규칙 제6조(안전관리체계의 유지·검사 등).

정답 사망자, 중상자의 수, 철도사고, 재산피해액

제9조의2(과징금)

예제 국토교통부장관은 철도운영자등에 대하여 그 업무의 제한이나 정지가 철도 이용자 등에게 심한 불편을 주거나 그 밖에 공익을 해할 우려가 있는 경우에는 업무의 제한이나 정지를 갈음하여 [ ] 이하의 과징금을 부과할 수 있다.

정답 30억원

예제 위반행위가 [ ]로서 각 처분내용이 모두 [ ]인 경우에는 각 처분기준에 따른 [ ]을 넘지 않는 범위에서 [ ]에 해당하는 과징금 금액의 [ ]의 범위에서 가중할 수 있다.

정답 둘 이상인 경우, 업무정지, 과징금을 합산한 금액, 무거운 처분기준, 2분의 1

규칙 제8조(철도운영자등에 대한 안전관리 수준평가의 대상 및 기준 등)

예제 철도운영자등의 안전관리 수준에 대한 평가의 대상 및 기준 (규칙 제8조)에서 사고 분야의 기준은 아래와 같다.

가.[ ]

나.[ ]

다.[ ]

라.[ ]

정답 가. 철도교통사고 건수, 나. 철도안전사고 건수, 다. 운행장애 건수, 라. 사상자 수

제3장 철도종사자 안전관리

제10조(철도차량 운전면허)

예제 철도차량을 운전하려는 사람은 [ ]으로부터 철도차량 운전면허를 받아야 한다. 다만, 제16조에 따른 교육훈련 또는 제17조에 따른 운전면허시험을 위하여 철도차량을 운전하는 경우 등 [ ]으로 정하는 경우에는 그러하지 아니하다(제10조(철도차량 운전면허)).

정답 국토교통부장관, 대통령령

예제 철도차량을 [ ], [ ], [ ]하기 위한 공장 안의 선로에서 철도차량을 운전하여 이동하는 경우 운전면허 없이 철도차량을 운전할 수 있다(시행령 제10조(운전면허 없이 운전할 수 있는 경우)).

정답 제작 · 조립 · 정비

예제 철도안전법 시행령 제10조(운전면허 없이 운전할 수 있는 경우)에서 교육훈련 철도차량 등의 [ ]를 앞면 유리[ ] (운전석 중심으로) 윗부분에 부착한다(시행령 제10조(운전면허 없이 운전할 수 있는 경우)).

정답 표시, 왼쪽

예제 철도차량의 종류별 운전면허는?

1. [ ] 운전면허
2. [ ] 운전면허
3. [ ] 운전면허
4. [ ] 운전면허
5. [ ] 운전면허
6. [ ] 운전면허

정답 1. 고속철도차량 운전면허, 2. 제1종 전기차량 운전면허, 3. 제2종 전기차량 운전면허,
4. 디젤차량 운전면허, 5. 철도장비 운전면허, 6. 노면전차 운전면허

예제 철도차량: 사고복구용 기중기는[ ]운전면허로 운전할 수 있는 철도차량의 종류 중에 하나이다.

정답 철도장비

예제 동력장치가 집중되어 있는 철도차량을 [ ], 동력장치가 분산되어 있는 철도차량을 [ ]로 구분한다.

정답 기관차, 동차

예제 철도차량 운전면허(철도장비 운전면허는 제외한다) 소지자는 철도차량 종류에 관계없이 차량기지 내에서 시속 [ ]이하로 운전하는 철도차량을 운전할 수 있다.

정답 25킬로미터

예제 "대통령령으로 정하는 신체장애인"이란 한쪽 손 이상의 [ ]을 잃었거나 엄지손가락을 제외한 손가락을 [ ] 사람이다.

정답 엄지손가락, 3개 이상 잃은

규칙 제12조(신체검사 방법 · 절차 · 합격기준 등)

예제 [ ]의 신체 검사 또는 [ ]의 신체검사를 받으려는 사람은 신체검사 판정서에 [ ] 등 본인의 기록사항을 작성하여 신체검사 실시 의료기관에 제출하여야 한다.

정답 운전면허, 관제자격증명, 성명 · 주민등록번호

예제 시야의 협착이 [ ]이상인 사람은 신체검사(최초검사 · 특별검사)의 불합격대상이다(철도안전법 제11조(결격사유)).

정답 1/3

제15조(운전적성검사)

예제 운전적성검사에 불합격한 사람은 검사일 부터 [ ] 동안 적성검사를 받을 수 없고, 적성검사과정에서 부정행위를 한 사람은 검사일 부터 [ ]동안 적성검사를 받을 수 없다(제15조(운전적성검사).

정답 3개월, 1년

시행령 제13조(운전적성검사기관 지정절차)

예제 [ ]은 운전적성검사기관 지정 신청을 받은 경우에는 제14조에 따른 지정기준을 갖추었는지 여부, 운전적성검사기관의 [ ], 운전업무종사자의 [ ] 등을 종합적으로 심사한 후 그 지정 여부를 결정하여야 한다(시행령 제13조(운전적성검사기관 지정절차)).

정답 국토교통부장관, 운영계획, 수급상황

시행령 제14조(운전적성검사기관 지정기준)

예제 운전적성검사기관의 지정기준 1은 '운전적성검사 업무의 [ ]을 유지하고 운전적성검사 업무를 원활히 수행하는 데 필요한 상설 [ ]을 갖출 것'이다(시행령 제14조(운전적성검사기관 지정기준)).

정답 통일성, 전담조직

예제 철도안전법령상 운전적성검사기관으로 지정받기 위한 기준은 운전적성검사 업무를 수행할 수 있는 전문검사인력을 [ ]확보해야 한다.

정답 3명 이상

예제 운전적성검사기관의 지정기준은 '[ ]시행에 필요한 사무실, [ ]과 [ ]를 갖출 것'이다.

정답 운전적성검사, 검사장, 검사 장비

시행령 제15조(운전적성검사기관의 변경사항 통지)

예제 운전적성검사 업무의 수행에 중대한 영향을 미치는 사항의 [ ]이 있는 경우에는 해당 사유가 발생한 날부터 [ ] 이내에 국토교통부장관에게 그 사실을 알려야 한다(시행령 제15조(운전적성검사기관의 변경사항 통지)).

정답 변경, 15일

예제 운전적성검사 또는 관제적성검사의 방법·절차·[ ] 및 항목별 배점기준 등에 관하여 필요한 세부사항은 [ ]이 정한다(규칙 제16조(적성검사 방법·절차 및 합격기준 등)).

정답 판정기준, 국토교통부장관

규칙 제17조(운전적성검사기관 또는 관제적성검사기관의 지정절차 등)

예제 운전적성검사기관 또는 관제적성검사기관 지정신청 시 서류는?

1. [ ]계획서
2. [ ]이나 이에 준하는 약정

3. [ ]의 보유 현황 및 [ ] 등을 증명
4. 운전적성검사시설 또는 [ ] 내역서
5. 운전적성검사장비 또는 [ ] 내역서
6. 직인의 [ ]

정답 운영, 정관, 전문인력, 학력 · 경력 · 자격, 관제적성검사시설, 관제적성검사장비, 인영

시행령 제16조(운전교육훈련기관 지정절차)

예제 [ ]은 운전교육훈련기관의 지정 신청을 받은 경우에는 [ ]을 갖추었는지 여부, 운전교육훈련기관의 [ ] 및 운전업무종사자의 수급 상황 등을 종합적으로 심사한 후 그 지정 여부를 결정하여야 한다.

정답 국토교통부장관, 지정기준, 운영계획

시행령 제17조(운전교육훈련기관 지정기준)

1. 운전교육훈련 업무 수행에 필요한 상설 전담조직을 갖출 것

예제 운전교육훈련 업무 수행에 필요한 [ ]을 갖출 것

정답 상설 전담조직

예제 운전교육훈련기관의 운영 등에 관한 [ ]을 갖출 것

정답 업무규정

시행령 제18조(운전교육훈련기관의 변경사항 통지)

예제 운전교육훈련 업무의 [ ]에 중대한 영향을 미치는 사항의 변경이 있는 경우에는 해당 사유가 발생한 날부터 [ ] 이내에 국토교통부장관에게 그 사실을 알려야 한다(시행령 제18조(운전교육훈련기관의 변경사항 통지)).

정답 수행, 15일

규칙 제20조(운전교육훈련의 기간 및 방법 등)

예제 [ ]은 운전면허 종류별로 실제 차량이나 [ ]를 활용하여 실시한다.

정답 교육훈련, 모의운전연습기

예제 운전교육훈련을 받으려는 사람은 운전교육훈련기관에 [ ]을 신청하여야 한다.

정답 운전교육훈련

예제 운전교육훈련의 [ ] 등에 관하여 필요한 세부사항은 [ ]이 정한다.

정답 절차 · 방법, 국토교통부장관

예제 운전교육훈련기관은 운전교육훈련과정별 [ ]가 적어 그 운전교육훈련과정의 개설이 곤란한 경우에는 국토교통부장관의 승인을 받아 해당 운전교육훈련과정을 개설하지 아니하거나 [ ]를 변경하여 시행할 수 있다(규칙 제20조(운전교육훈련의 기간 및 방법 등)).

정답 교육훈련신청자, 운전교육훈련시기

규칙 제21조(운전교육훈련기관의 지정절차 등)

예제 운전교육훈련기관 지정신청서에 첨부해야하는 서류는?

1. [   ]계획서
2. 운영[   ]
3. [   ] 또는 약정
4. 강사의 [   ] 등을 증명할 수 있는 서류
5. 강의실 등 [   ]
6. 철도차량 또는 [   ] 등 장비 내역서
7. 직인의 [   ]

정답 운전교육훈련, 규정, 정관, 자격 · 학력 · 경력, 시설 내역서, 모의운전연습기, 인영

예제 운전교육훈련기관으로 지정받으려는 자는 운전교육훈련기관 지정신청서에 다음 각 호의 서류를 첨부하여 [   ]에게 제출하여야 한다. 이 경우 [   ]은 「전자정부법」 제36조제1항에 따른 행정정보의 공동이용을 통하여 [   ]를 확인하여야 한다(규칙 제21조(운전교육훈련기관의 지정절차 등)).

정답 국토교통부장관, 국토교통부장관, 법인 등기사항증명서

예제 운전교육훈련기관으로 지정받으려는 자는 '운전교육훈련에 필요한 철도차량 또는 [   ]등 [   ]를 국토교통부장관에게 제출하여야 한다(규칙 제21조(운전교육훈련기관의 지정절차 등)).

정답 모의운전연습기, 장비 내역서

예제 1회 교육생 [   ]을 기준으로 철도차량 운전면허 종류별 전임 [   ], [   ], [   ]를 각 [   ] 이상 확보하여야 한다.

정답 30명, 책임교수, 선임교수, 교수, 1명

예제 교육훈련기관은 [ ]이 동시에 실습할 수 있는 컴퓨터지원시스템 실습장([ ])을 갖추어야 한다(규칙 제21조(운전교육훈련기관의 지정절차 등)).

정답 30명, 면적 90㎡ 이상

예제 국토교통부장관은 운전교육훈련기관이 [ ]에 적합한지의 여부를[ ]년마다 심사하여야 한다(규칙 제22조(운전교육훈련기관의 세부 지정기준 등)).

정답 지정기준, 2

규칙 제23조(교육훈련기관의 지정취소 · 업무정지 등)

예제 국토교통부장관은 교육훈련기관의 지정을 취소하거나 업무정지의 처분을 한 경우에는 [ ] 그 교육훈련기관에 [ ]를 통지하고 그 사실을 [ ]에 고시하여야 한다(규칙 제23조(교육훈련기관의 지정취소 · 업무정지 등).

정답 지체 없이, 지정기관 행정처분서, 관보

규칙 제24조(운전면허시험의 과목 및 합격기준)

예제 운전면허 필기시험에 합격한 날부터 [ ]이 되는 날이 속하는 해의 [ ]까지 실시하는 운전면허시험에 있어 필기시험의 합격을 유효한 것으로 본다(규칙 제24조(운전면허시험의 과목 및 합격기준)).

정답 2년, 12월 31일

예제 운전면허시험의 방법 · 절차, 기능시험 평가위원의 선정 등에 관하여 필요한 세부사항은 [ ]이 정한다(규칙 제24조(운전면허시험의 과목 및 합격기준)).

정답 국토교통부장관

예제 운전면허 [   ]의 합격기준은 과목당 100점을 만점으로 하여 매 과목 [   ] 이상(철도 관련 법의 경우 60점 이상), 총점 평균 [   ] 이상 득점한 사람이 해당된다.

정답 필기시험, 40점, 60점

규칙 제25조(운전면허시험 시행계획의 공고)

예제 한국교통안전공단은 운전면허시험을 실시하려는 때에는 매년 [   ]까지 필기시험 및 기능시험의 일정·응시과목 등을 포함한 다음 해의 [   ]을 인터넷 홈페이지 등에 공고하여야 한다(규칙 제25조(운전면허시험 시행계획의 공고)).

정답 11월 30일, 운전면허시험 시행계획

규칙 제26조(운전면허시험 응시원서의 제출 등)

예제 신체검사의료기관이 발급한 신체검사 판정서(운전면허시험 응시원서 접수일 이전 [   ] 이내인 것에 한정한다)(규칙 제26조(운전면허시험 응시원서의 제출 등))

정답 2년

예제 적성검사기관이 발급한 [적성검사 판정서](철도차량 운전면허시험 응시원서 접수일 이전 [   ] 이내인 것에 한정한다)가 운전면허시험의 응시원서 제출서류에 해당된다.

정답 10년

예제 한국교통안전공단은 운전면허시험 응시원서 접수마감 [   ] 이내에 시험일시 및 장소를 한국교통안전공단 게시판 또는 [   ] 등에 공고하여야 한다(규칙 제26조(운전면허시험 응시원서의 제출 등)).

정답 7일, 인터넷 홈페이지

규칙 제29조(운전면허증의 발급 등)

예제 철도차량 운전면허증 [　　　　]을 받은 [　　　　　　　]은 법 제18조제1항에 따라 철도차량 운전면허증을 발급하여야 한다(규칙 제29조(운전면허증의 발급 등)).

정답 발급 신청, 한국교통안전공단

예제 한국교통안전공단은 철도차량 운전면허증을 [　　]이나 [　　　]한 때에는 별지 제19호서식의 철도차량 운전면허증 [　　　　]에 이를 기록·관리하여야 한다(규칙 제29조(운전면허증의 발급 등)).

정답 발급, 재발급, 관리대장

규칙 제30조(철도차량 운전면허증 기록사항 변경)

예제 기록사항을 [　　　]한 때에는 철도차량 운전면허증 [　　　　　]에 이를 기록·관리하여야 한다.

정답 변경, 관리대장

제19조(운전면허의 갱신)

예제 운전면허의 유효기간은 [　　　]으로 한다.

정답 10년

예제 운전면허의 효력이 정지된 사람이 [　　　]의 범위에서 대통령령으로 정하는기간 내에 운전면허의 [　　]을 신청하여 운전면허의 갱신을 받지 아니하면 그 기간이 만료되는 [　　　　　] 그 운전면허는 효력을 잃는다.

정답 6개월, 갱신, 날의 다음 날부터

시행령 제20조(운전면허 취득절차의 일부 면제)

예제 따라 운전면허의 효력이 [ ]된 사람이 운전면허가 실효된 날부터 [ ] 이내에 실효된 운전면허와 [ ]운전면허를 취득하려는 경우에는 운전면허 취득절차의 일부를 [ ]한다(시행령 제20조(운전면허 취득절차의 일부 면제)).

정답 실효, 3년, 동일한, 면제

규칙 제32조(운전면허 갱신에 필요한 경력 등)

예제 "국토교통부령으로 정하는 철도차량의 운전업무에 종사한 경력"이란 [ ]의 유효기간 내에 [ ] 이상 해당 철도차량을 운전한 경력을 말한다(규칙 제32조(운전면허 갱신에 필요한 경력 등)).

정답 운전면허, 6개월

예제 "이와 같은 수준 이상의 경력"이란 다음 각 호의 어느 하나에 해당하는 업무에 [ ] 이상 종사한 경력을 말한다.

정답 2년

예제 "국토교통부령으로 정하는 교육훈련을 받은 경우"란 [ ]이나 철도운영자등이 실시한 철도차량 운전에 필요한 교육훈련을 운전면허 갱신신청일 전까지 [ ] 이상 받은 경우를 말한다(규칙 제32조(운전면허 갱신에 필요한 경력 등)).

정답 운전교육훈련기관, 20시간

규칙 제33조(운전면허 갱신 안내 통지)

예제 운전면허의 효력이 정지된 사람이 있는 때에는 해당 운전면허의 효력이 [ ]된 날부터 [ ] 이내에 해당 운전면허 취득자에게 이를 통지하여야 한다(규칙 제33조(운전면허 갱신 안내 통지)).

정답 정지, 30일

예제 [ ]은 운전면허의 유효기간 만료일[ ] 전까지 해당 운전면허 취득자에게 운전면허 갱신에 관한 내용을 통지하여야 한다(규칙 제33조(운전면허 갱신 안내 통지)).

정답 한국교통안전공단, 6개월

예제 갱신 안내통지를 받을 사람의 주소 등을 통상적인 방법으로 확인할 수 없거나 통지서를 송달할 수 없는 경우에는 [ ]의 게시판에 [ ] 이상 공고함으로써 [ ]에 갈음할 수 있다.

정답 한국교통안전공단, 14일, 통지

제20조(운전면허의 취소 · 정지 등)

예제 철도차량을 운전 중 고의 또는 중과실로 철도사고를 일으켰을 때 국토교통부장관은 운전면허를 취소하거나 기간을 정하여 운전면허의 효력을 정지시킬 수 있다.

정답 1년 이내의

규칙 제34조(운전면허의 취소 및 효력정지 처분의 통지 등)

예제 철도차량 운전면허 취소 · 효력정지 처분 통지서를 송달할 수 없는 경우에는 운전면허시험기관인 [ ] 또는 인터넷 홈페이지에 [ ]이상 공고함으로써 제1항에 따른 통지에 갈음할 수 있다.

정답 한국교통안전공단 게시판, 14일

예제 운전면허의 취소 또는 효력정지 처분의 통지를 받은 사람은 통지를 받은 날부터 [ ] 이내에 운전면허증을 [ ]에 반납하여야 한다(규칙 제34조(운전면허의 취소 및 효력정지 처분의 통지 등)).

정답 15일, 한국교통안전공단

예제 철도차량 운전면허 취소·효력정지 처분 통지서를 송달할 수 없는 경우에는 운전면허 시험기관인 [ ]에 [ ] 이상 공고함으로써 제1항에 따른 [ ]에 갈음할 수 있다.

정답 한국교통안전공단 게시판, 14일, 통지

예제 철도차량 운전 중 고의나 중과실로 철도사고를 일으켜 부상자가 발생한 경우 1차 위반 시 행해지는 처분은 효력정지[ ]이다.

정답 3개월

규칙 제38조(운전업무 실무수습의 관리 등)

예제 철도운영자등은 [ ]을 수립한 경우에는 그 내용을 [ ]에 통보하여야 한다.

정답 실무수습계획, 한국교통안전공단

예제 [ ]등은 실무수습계획을 수립한 경우에는 그 내용을 [ ]에 통보하여야 한다. (규칙 제38조(운전업무 실무수습의 관리 등))

정답 철도운영자, 한국교통안전공단

시행령 제20조의2(관제적성검사기관의 지정절차 등)

예제 관제적성검사에 관한 전문기관(이하 "관제적성검사기관"이라 한다)의 지정절차, 지정기준 및 변경사항에 따르면 "[ ]"은 "관제적성검사기관"으로, "[ ]"는 "관제업무종사자"로, "[ ]"는 "관제적성검사"로 본다(시행령 제20조의2(관제적성검사기관의 지정절차 등)).

정답 운전적성검사기관, 운전업무종사자, 운전적성검사

제21조의7(관제교육훈련)

예제 [ ]의 선로전환기 취급업무를 담당한 사람은 철도관제교육훈련 중 일부를 면제 받을 수 있다.

정답 5년 이상

예제 철도차량의 운전업무에 대하여 [ ]의 경력을 취득한 사람은 관제교육훈련의 일부를 면제할 수 있다.

정답 5년 이상

시행령 제20조의3(관제교육훈련기관의 지정절차 등)

예제 관제업무에 관한 전문 교육훈련기관(이하 "관제교육훈련기관"이라 한다)의 지정절차, 지정기준 및 변경사항통지에 관하여 "[ ]"은"관제교육훈련기관"으로, "[ ]"는 "관제업무종사자"로, "[ ]"은 "관제교육훈련"으로 본다(시행령 제20조의3(관제교육훈련기관의 지정절차 등)).

정답 운전교육훈련기관, 운전업무종사자, 운전교육훈련

규칙 제38조의2(관제교육훈련의 기간 · 방법 등)

예제 관제교육훈련은 [ ]을 활용하여 실시한다(규칙 제38조의2(관제교육훈련의 기간 · 방법 등)).

정답 모의관제시스템

예제 관제교육훈련의 과목은

가. [ ]
나. [ ]
다. [ ]
라. [ ]이고
교육훈련시간은 [ ]이다.

정답 열차운행계획 및 실습, 철도관제시스템 운용 및 실습, 열차운행선 관리 및 실습, 비상 시 조치 등이고, 교육훈련시간은 360시간이다.

규칙 제38조의4(관제교육훈련기관 지정절차 등)

예제 이 경우 [ ]은 「전자정부법」 제36조제1항에따른 행정정보의 공동이용을 통하여 [ ]를 확인하여야 한다. 규칙 제38조의4(관제교육훈련기관 지정절차 등)

정답 국토교통부장관, 법인 등기사항증명서

예제 관제교육훈련기관으로 지정받으려는 자는 관제교육훈련기관 지정신청서에 다음 각 7호의 서류를 첨부하여 국토교통부장관에게 제출하여야 한다(규칙 제38조의4(관제교육훈련기관 지정절차 등).

1.[ ] 2.[ ]
3.[ ] 4.[ ]
5.[ ] 6.[ ]
7.[ ]

정답 1. 관제교육훈련계획서
2. 관제교육훈련기관 운영규정
3. 정관이나 이에 준하는 약정
4. 강사의 자격 · 학력 · 경력 등을 증명할 수 있는 서류 및 담당업무
5. 관제교육훈련에 필요한 강의실 등 시설 내역서
6. 관제교육훈련에 필요한 모의관제시스템 등 장비 내역서
7. 관제교육훈련기관에서 사용하는 직인의 인영

규칙 제38조의5(관제교육훈련기관의 세부 지정기준 등)

예제 국토교통부장관은 관제교육훈련기관이 [ ]에 적합한지의 여부를 [ ]마다 심사하여야 한다(규칙 제38조의5(관제교육훈련기관의 세부 지정기준 등)).

정답 지정기준, 2년

예제 관제교육훈련기관의 책임교수는 박사학위 소지자로서 철도교통에 관한 업무에 [ ] 또는 철도교통관제 업무에 [ ] 근무한 경력이 있는 사람이다.

정답 10년 이상, 5년 이상

제21조의8(관제자격증명시험)

예제 관제자격증명시험의 과목, 방법 및 절차 등에 필요한 사항은 [ ]으로 정한다(제21조의8(관제자격증명시험).

정답 국토교통부령

규칙 제38조의7(관제자격증명시험의 과목 및 합격기준)

예제 관제자격증명시험 실기시험은 [ ]을 활용하여 시행한다(규칙 제38조의7(관제자격증명시험의 과목 및 합격기준)).

정답 모의관제시스템

예제 관제자격증명시험 중 [ ]에 합격한 사람에 대해서는 학과시험에 합격한 날부터 [ ]이 되는 날이 속하는 해의 [ ]일까지 실시하는 관제자격증명시험에 있어 학과시험의 합격을 유효한 것으로 본다(규칙 제38조의7(관제자격증명시험의 과목 및 합격기준)).

정답 학과시험, 2년, 12월 31

시행령 제20조의4(관제자격증명 갱신 및 취득절차의 일부 면제)

예제 철도교통관제사 자격증명(이하 "관제자격증명"이라 한다)의 갱신 및 취득절차의 일부 면제에 관하여 "[ ]"는 "관제자격증명"으로, "[ ]"은"관제교육훈련"으로, "[ ]"은 "관제자격증명시험 중 학과시험"으로 본다(시행령 제20조의4(관제자격증명 갱신 및 취득절차의 일부 면제)).

정답 운전면허, 운전교육훈련, 운전면허시험 중 필기시험

규칙 제38조의10(관제자격증명시험 응시원서의 제출 등)

예제 [ ]은 관제자격증명시험 응시원서 접수마감 [ ] 이내에 시험일시 및 장소를 한국교통안전공단 게시판 또는 인터넷 홈페이지 등에 공고하여야 한다.

정답 한국교통안전공단, 7일

규칙 제38조의13(관제자격증명서 기록사항 변경)

예제 관제자격증명을 갱신하려는 사람은 관제자격증명의 유효기간 만료일 전 [ ] 이내에 관제자격증명 갱신신청서에 서류를 첨부하여 [ ]에 제출하여야 한다(규칙 제38조의13(관제자격증명서 기록사항 변경)).

정답 6개월, 한국교통안전공단

규칙 제38조의15(관제자격증명 갱신에 필요한 경력 등)

예제 "국토교통부령으로 정하는 관제업무에 종사한 경력"이란 관제자격증명의 유효기간 내에 [ ]이상 관제업무에 종사한 경력을 말한다(규칙 제38조의15(관제자격증명 갱신에 필요한 경력 등)).

정답 6개월

예제 "국토교통부령으로 정하는 교육훈련을 받은 경우"란 [ ]이나 철도운영자등이 실시한 관제업무에 필요한 교육훈련을 관제자격증명 갱신신청일 전까지 [ ] 이상 받은 경우를 말한다(규칙 제38조의15(관제자격증명 갱신에 필요한 경력 등)).

정답 관제교육훈련기관, 40시간

예제 관제교육훈련기관에서의 [ ]와 철도운영자등에게 소속되어 [ ]를 지도·교육·관리하거나 감독하는 업무에 [ ] 이상 종사한 경력이 있으면 관제자격증명 [ ]에 필요한 경력이 확보된다.

정답 관제교육훈련업무, 관제업무종사자, 2년, 갱신

규칙 제39조(관제업무 실무수습)

예제 철도운영자등은 관제업무 실무수습의 항목 및 교육시간 등에 관한 [ ]을 수립하여 시행하여야 한다. 이 경우 총 실무수습 [ ]시간은 이상으로 하여야 한다(규칙 제39조(관제업무 실무수습)).

정답 실무수습 계획, 100시간

규칙 제39조의2(관제업무 실무수습의 관리 등)

예제 [ ]등은 제39조제2항 및 제3항에 따른 [ ]을 수립한 경우에는 그 내용을 한국교통안전공단에 통보하여야 한다.

정답 철도운영자, 실무수습 계획

예제 철도운영자등은 실무수습 계획을 수립한 경우에는 그 내용을 [ ]에 통보하여야 한다(규칙 제39조의2(관제업무 실무수습의 관리 등)).

정답 한국교통안전공단

규칙 제40조(운전업무종사자 등에 대한 신체검사)

예제 정기검사는 최초검사를 받은 후 [ ]마다 실시하는 신체검사이다(규칙 제40조(운전업무종사자 등에 대한 신체검사)).

정답 2년

예제 해당 신체검사를 받은 날부터 [ ] 이상이 지난 후에 [ ]나 [ ]에 종사하는 사람은 제1항제1호에 따른 [ ]를 받아야 한다.

정답 2년, 운전업무, 관제업무, 최초검사

예제 정기검사는 최초검사나 정기검사를 받은 날부터 2년이 되는 날 전 [ ] 이내에 실시한다. 이 경우 정기검사의 유효기간은 신체검사 유효기간 만료일의 [ ]부터 기산한다(규칙 제40조(운전업무종사자 등에 대한 신체검사)).

정답 3개월, 다음날

규칙 제41조(운전업무종사자 등에 대한 적성검사)

예제 정기검사는 최초검사를 받은 후 [ ]마다 실시하는 적성검사이다(규칙 제41조(운전업무종사자 등에 대한 적성검사)).

정답 10년

예제 정기검사의 유효기간은 적성검사 유효기간 만료일의 [ ]부터 기산한다(규칙 제41조(운전업무종사자 등에 대한 적성검사)).

정답 다음날

예제 정기검사는 최초검사나 [ ]를 받은 날부터[ ]이 되는 날 전 [ ] 이내에 실시한다. 이 경우 정기검사의 유효기간은 적성검사 유효기간 만료일의 [ ]부터 기산한다.

정답 정기검사, 10년, 12개월, 다음날

시행령 제21조의4(정비교육훈련기관 지정기준 및 절차)

예제 국토교통부장관은 정비교육훈련기관이 정비교육훈련기관의 지정기준에 적합한지의 여부를 [ ]마다 심사해야 한다(시행령 제21조의4(정비교육훈련기관 지정기준 및 절차)).

정답 2년

[국내문헌]

곽정호, 도시철도운영론, 골든벨, 2014.
김경유 · 이항구, 스마트 전기동력 이동수단 개발 및 상용화 전략, 산업연구원, 2015.
김기화, 김현연, 정이섭, 유원연, 철도시스템의 이해, 태영문화사, 2007.
박정수, 도시철도시스템 공학, 북스홀릭, 2019.
박정수, 열차운전취급규정, 북스홀릭, 2019.
박정수, 철도관련법의 해설과 이해, 북스홀릭, 2019.
박정수, 철도차량운전면허 자격시험대비 최종수험서, 북스홀릭, 2019.
박정수, 최신철도교통공학, 2017.
박정수 · 선우영호, 운전이론일반, 철단기, 2017.
박찬배, 철도차량용 견인전동기의 기술 개발 현황. 한국자기학회 학술연구발 표회 논문개요
집, 28(1), 14-16. [2], 2018.
박찬배 · 정광우. (2016). 철도차량 추진용 전기기기 기술동향. 전력전자학회지, 21(4), 27-34.
백남욱 · 장경수, 철도공학 용어해설서, 아카데미서적, 2003.
백남욱 · 장경수, 철도차량 핸드북, 1999.
서사범, 철도공학, BG북갤러리 ,2006.
서사범, 철도공학의 이해, 얼과알, 2000.
서울교통공사, 도시철도시스템 일반, 2019.
서울교통공사, 비상시 조치, 2019.
서울교통공사, 전동차구조 및 기능, 2019.
손영진 외 3명, 신편철도차량공학, 2011.
원제무, 대중교통경제론, 보성각, 2003.
원제무, 도시교통론, 박영사, 2009.

원제무 · 박정수 · 서은영, 철도교통계획론, 한국학술정보, 2012.
원제무 · 박정수 · 서은영, 철도교통시스템론, 2010.
이종득, 철도공학개론, 노해, 2007.
이현우 외, 철도운전제어 개발동향 분석 (철도차량 동력장치의 제어방식을 중심으로), 2018.
장승민 · 박준형 · 양진송 · 류경수 · 박정수. (2018). 철도신호시스템의 역사 및 동향분석. 2018.
한국철도학회 학술발표대회논문집, , 46-5276호, 국토연구원, 2008.
한국철도학회, 알기 쉬운 철도용어 해설집, 2008.
한국철도학회, 알기쉬운 철도용어 해설집, 2008.
KORAIL, 운전이론 일반, 2017.
KORAIL, 전동차 구조 및 기능, 2017.

[외국문헌]

Álvaro Jesús López López, Optimising the electrical infrastructure of mass transit systems to improve the
use of regenerative braking, 2016.
C. J. Goodman, Overview of electric railway systems and the calculation of train performance 2006
Canadian Urban Transit Association, Canadian Transit Handbook, 1989.
CHUANG, H.J., 2005. Optimisation of inverter placement for mass rapid transit systems by immune
algorithm. IEE Proceedings -- Electric Power Applications, 152(1), pp. 61-71.
COTO, M., ARBOLEYA, P. and GONZALEZ-MORAN, C., 2013. Optimization approach to unified AC/
DC power flow applied to traction systems with catenary voltage constraints. International Journal of
Electrical Power & Energy Systems, 53(0), pp. 434
DE RUS, G. a nd NOMBELA, G., 2 007. I s I nvestment i n H igh Speed R ail S ocially P rofitable? J ournal of
Transport Economics and Policy, 41(1), pp. 3-23
DOMÍNGUEZ, M., FERNÁNDEZ-CARDADOR, A., CUCALA, P. and BLANQUER, J., 2010. Efficient
design of ATO speed profiles with on board energy storage devices. WIT Transactions

on The Built

Environment, 114, pp. 509-520.

EN 50163, 2004. European Standard. Railway Applications – Supply voltages of traction systems.

Hammad Alnuman, Daniel Gladwin and Martin Foster, Electrical Modelling of a DC Railway System with

Multiple Trains.

ITE, Prentice Hall, 1992.

Lang, A.S. and Soberman, R.M., Urban Rail Transit; 9ts Economics and Technology, MIT press, 1964.

Levinson, H.S. and etc, Capacity in Transportation Planning, Transportation Planning Handbook

MARTÍNEZ, I., VITORIANO, B., FERNANDEZ – CARDADOR, A. and CUCALA, A.P., 2007. Statistical dwell

time model for metro lines. WIT Transactions on The Built Environment, 96, pp. 1 – 10.

MELLITT, B., GOODMAN, C.J. and ARTHURTON, R.I.M., 1978. Simulator for studying operational

and power – supply conditions in rapid – transit railways. Proceedings of the Institution of Electrical

Engineers, 125(4), pp. 298 – 303

Morris Brenna, Federica Foiadelli, Dario Zaninelli, Electrical Railway Transportation Systems, John Wiley &

Sons, 2018

ÖSTLUND, S., 2012. Electric Railway Traction. Stockholm, Sweden: Royal Institute of Technology.

PROFILLIDIS, V.A., 2006. Railway Management and Engineering. Ashgate Publishing Limited.

SCHAFER, A. and VICTOR, D.G., 2000. The future mobility of the world population. Transportation

Research Part A: Policy and Practice, 34(3), pp. 171-205. · Moshe Givoni, Development and Impact of

the Modern High－Speed Train: A review, Transport Reciewsm Vol. 26, 2006.
SIEMENS, Rail Electrification, 2018.
Steve Taranovich, Electric rail traction systems need specialized power management, 2018
Vuchic, Vukan R., Urban Public Transportation Systems and Technology, Pretice－Hall Inc., 1981.
W. F. Skene, Mcgraw Electric Railway Manual, 2017

[웹사이트]

한국철도공사 http://www.korail.com
서울교통공사 http://www.seoulmetro.co.kr
한국철도기술연구원 http://www.krii.re.kr
한국개발연구원 http://www.kdi.re.kr
한국교통연구원 http://www.koti.re.kr
서울시정개발연구원 http://www.sdi.re.kr
한국철도시설공단 http://www.kr.or.kr
국토교통부: http://www.moct.go.kr/
법제처: http://www.moleg.go.kr/
서울시청: http://www.seoul.go.kr/
일본 국토교통성 도로국: http://www.mlit.go.jp/road
국토교통통계누리: http://www.stat.mltm.go.kr
통계청: http://www.kostat.go.kr
JR동일본철도 주식회사 https://www.jreast.co.jp/kr/
철도기술웹사이트 http://www.railway－technical.com/trains/

색인

A~Z

ㄱ

ㄴ

ㄷ

ㅁ

ㅂ

ㅅ

ㅇ

저자소개

원제무

원제무 교수는 한양 공대와 서울대 환경대학원을 거쳐 미국 MIT에서 교통공학 박사학위를 받고, KAIST 도시교통연구본부장, 서울시립대 교수와 한양대 도시대학원장을 역임한 바 있다. 도시교통론, 대중교통론, 도시철도론, 철도정책론 등에 관한 연구와 강의를 진행해 오고 있다. 최근에는 김포대 철도경영과 석좌교수로서 전동차 구조 및 기능, 철도운전이론, 철도관련법 등을 강의하고 있다.

서은영

서은영 교수는 한양대 경영학과, 한양대 공학대학원 도시SOC계획 석사학위를 받은 후 한양대 도시대학원에서 '고속철도개통 전후의 역세권 주변 토지 용도별 지가 변화 특성에 미치는 영향 요인분석'으로 도시공학박사를 취득하였다. 그동안 철도정책, 도시철도시스템, 철도관련법, SOC개발론, 도시부동산투자금융 등에도 관심을 가지고 연구논문을 발표해 오고 있다.

현재 김포대학교 철도경영과 학과장으로 철도정책, 철도관련법, 도시철도시스템, 철도경영, 서비스 브랜드 마케팅 등의 과목을 강의하고 있다.

철도관련법 I

초판발행 2021년 4월 10일

지은이 원제무 · 서은영
펴낸이 안종만 · 안상준

편 집 전채린
기획/마케팅 이후근
표지디자인 조아라
제 작 고철민 · 조영환

펴낸곳 (주) 박영사
서울특별시 금천구 가산디지털2로 53, 210호(가산동, 한라시그마밸리)
등록 1959. 3. 11. 제300-1959-1호(倫)
전 화 02)733-6771
f a x 02)736-4818
e-mail pys@pybook.co.kr
homepage www.pybook.co.kr
ISBN 979-11-303-1221-7 93550

정 가 20,000원